高等学校建筑电气技术系列教材

高层建筑电气设计基础

张九根　主编

中国建筑工业出版社

图书在版编目（CIP）数据

高层建筑电气设计基础/张九根主编. —北京：中国建筑工业出版社，1998
（高等学校建筑电气技术系列教材）
ISBN 978-7-112-03408-6

Ⅰ. 高… Ⅱ. 张… Ⅲ. 高层建筑-电气设备-设计-高等学校-教材 Ⅳ. TU976

中国版本图书馆 CIP 数据核字（97）第 27032 号

本书着重针对高层建筑的电气设备的特点，按照近年来颁布的有关新规程、新规范的要求，系统介绍在设计电气工程的各个子系统时如何来满足高层建筑对电气的要求，强调对工程实践的指导作用。

全书共十三章。第一章概论，主要介绍高层建筑的概念、电气设备的特点以及设计要求。第二章至第十二章介绍高层建筑电气的各个系统的设计。第十三章介绍智能建筑的基本概念及其电气系统。

本书为高等院校建筑电气技术专业的教材，也可供有关专业的师生以及从事建筑电气工程和建筑智能化工程的设计与安装的工程技术人员、从事建筑物业管理的人员参考。

高等学校建筑电气技术系列教材
高层建筑电气设计基础
张九根　主编
*
中国建筑工业出版社出版、发行（北京西郊百万庄）
各地新华书店、建筑书店经销
廊坊市海涛印刷有限公司印刷
*
开本：787×1092 毫米　1/16　印张：13¾　字数：332 千字
1998 年 6 月第一版　2013 年 11 月第十次印刷
定价：24.00 元
ISBN 978-7-112-03408-6
（21043）

版权所有　翻印必究
如有印装质量问题，可寄本社退换
（邮政编码 100037）

高等学校建筑电气技术系列教材
编审委员会成员

名誉主任： 谭静文　沈阳建筑工程学院
　　　　　　赵铁凡　中国建设教育协会
主　　任： 梁延东　沈阳建筑工程学院
副 主 任： 汪纪锋　重庆建筑大学
　　　　　　孙光伟　哈尔滨建筑大学
　　　　　　贺智修　北京建筑工程学院
委　　员：（以姓氏笔画为序）
　　　　　　王　俭　西北建筑工程学院
　　　　　　邓亦仁　重庆建筑大学
　　　　　　兰瑞生　沈阳建筑工程学院
　　　　　　孙建民　南京建筑工程学院
　　　　　　李　伟　山东建筑工程学院
　　　　　　李尔学　辽宁工学院
　　　　　　朱首明　中国建筑工业出版社
　　　　　　寿大云　北京建筑工程学院
　　　　　　张　重　吉林建筑工程学院
　　　　　　张九根　南京建筑工程学院
　　　　　　张汉杰　哈尔滨建筑大学
　　　　　　张德江　吉林建筑工程学院
　　　　　　武　夫　安徽建筑工业学院
　　　　　　赵安兴　山东建筑工程学院
　　　　　　赵良斌　西北建筑工程学院
　　　　　　赵彦强　安徽建筑工业学院
　　　　　　高延伟　建设部人事教育劳动司
　　　　　　阎　钿　辽宁工学院
秘　　书： 李文阁　沈阳建筑工程学院

序　言

　　高等学校建筑电气技术系列教材是根据1995年7月31日至8月2日在沈阳召开的建设部部分高等学校建筑电气技术系列教材研讨会的会议精神，由高等学校建筑电气技术系列教材编审委员会组织编写的。

　　本系列教材以适应和满足高等学校电气技术专业（建筑电气技术）教学和科研的需要，培养建筑电气技术专业人才为主要目标，同时也面向从事建筑电气自动化技术的科研、设计、运行及施工单位，提供建筑电气技术标准、规范以及必备的基础理论知识。

　　本系列教材努力做到内容充实，重点突出，条理清楚，叙述严谨。参加本系列教材编写的教师，均长期工作在电气技术专业的教学、科研、开发与应用的第一线。多年的教学与科研实践，使他们具备了扎实的理论基础及较丰富的实践经验。

　　我们真诚地希望，使用本系列教材的广大读者提出宝贵的批评意见，以便改进我们的工作。

　　我们深信，为加速我国建筑电气技术的全面发展，完善与提高我国高等学校建筑电气技术教学与科研工作的建设，高等学校建筑电气技术系列教材的出版将是及时的，也是完全必要的。

高等学校建筑电气技术系列教材
编审委员会
1996年10月6日

前　言

本书是在高等院校电气技术专业教材编审委员会的具体组织和指导下，根据1995年7月在沈阳建筑工程学院召开的建筑电气技术专业教材会议的精神，结合编者多年教学经验和工程实践的体会编写的。

本书为建筑电气技术类专业的试用教材，也可供有关专业的师生以及从事建筑电气工程和建筑智能化工程设计与安装的工程技术人员、从事建筑物业管理人员参考。

本书着重针对高层建筑的电气设备的特点，按照近年来颁布的有关新规程、新规范的要求，系统介绍在设计电气工程的各个子系统时如何来满足高层建筑对电气的要求。根据高层建筑的发展，介绍智能建筑的电气系统。本书注意自身的系统性，注意与其他课程的前后连贯性，不去过多地叙述各个建筑电气子系统的基本组成和基本原理以及设计计算方法，强调对工程实践的指导作用。

全书共十三章。第一章概论，主要介绍高层建筑的概念、电气设备的特点，以及设计要求。第二章至第十二章介绍高层建筑电气的各个系统的设计。第十三章介绍智能建筑的基本概念及其电气系统。本书计划学时为50学时左右。

本书由张九根主编，副主编乔世军、刘春明。第一、二、五、十二章由张九根编写，第三、十三章由乔世军编写，第四、六、十一章由刘春明编写，第七、八章由宋永江编写，第九章由孙光伟编写。全书由孙建民主审。

本书编写过程中得到建设部及高等院校电气技术专业教材编审委员会的指导和帮助，得到哈尔滨建筑大学自控系、南京建筑工程学院机电系的不少领导和同仁的支持和帮助，在此深表谢意。此外，感谢张俊山为本书绘制了大部分插图。

由于编写时间仓促，加之编者水平有限，书中难免有错误和不妥之处，恳请读者赐教。

目 录

第一章 概论 1
    第一节 高层建筑的定义和分类 1
    第二节 高层建筑电气设备的特点 2
    第三节 高层建筑电气设计的内容 3
    第四节 高层建筑电气的发展趋势 7

第二章 供电系统设计 8
    第一节 负荷计算 8
    第二节 配变电所主结线的确定 16
    第三节 变配电设备选择 19
    第四节 自备应急电源和不间断电源 21
    第五节 变电所的位置和布置 37

第三章 照明系统设计 39
    第一节 灯具选择与布置 39
    第二节 照明标准与照度计算 45
    第三节 室内照明设计 51
    第四节 室外照明设计 60
    第五节 照明配电系统设计 66
    第六节 应急照明系统设计 69

第四章 动力系统设计 72
    第一节 常用动力设备的配电 72
    第二节 常用动力设备的控制 74

第五章 低压配电线路 85
    第一节 配线选择 85
    第二节 电气竖井与配电小间 85
    第三节 垂直干线敷设 87
    第四节 楼层水平线路敷设 91

第六章 火灾报警与联动控制系统设计 96
    第一节 系统设计 96
    第二节 消防控制室 101
    第三节 系统供电与线路敷设 102
    第四节 超高层建筑火灾报警与联动系统设计的注意事项 104

第七章 电话通信系统设计 105
    第一节 电话设备 105
    第二节 电话站 106
    第三节 配线方式与线路敷设 109

第八章 广播音响系统设计 112

  第一节 有线广播系统设计 …………………………………………… 112
  第二节 多功能厅扩声系统设计 ………………………………………… 116
第九章 电缆电视系统设计 ……………………………………………………… 119
  第一节 系统设计 ……………………………………………………… 119
  第二节 设备选择 ……………………………………………………… 125
  第三节 CATV 系统中的光缆传输 …………………………………… 127
  第四节 系统供电与防雷接地 ………………………………………… 129
第十章 保安系统设计 …………………………………………………………… 130
  第一节 系统设计概述 ………………………………………………… 130
  第二节 出入口控制系统 ……………………………………………… 133
  第三节 防盗报警系统 ………………………………………………… 134
  第四节 闭路电视监视系统 …………………………………………… 138
  第五节 防盗门控制系统 ……………………………………………… 144
第十一章 建筑物防雷设计 …………………………………………………………… 146
  第一节 防雷等级的确定 ……………………………………………… 146
  第二节 防雷措施 ……………………………………………………… 147
第十二章 接地与安全 ……………………………………………………………… 151
  第一节 接地 …………………………………………………………… 151
  第二节 等电位联结 …………………………………………………… 151
  第三节 PE 线、PEN 线和 EB 线的选择与敷设 …………………… 153
  第四节 接地装置 ……………………………………………………… 155
第十三章 智能建筑自动化系统 …………………………………………………… 157
  第一节 智能建筑构成 ………………………………………………… 157
  第二节 建筑物自动化系统 …………………………………………… 159
  第三节 办公自动化系统 ……………………………………………… 172
  第四节 通讯网络 ……………………………………………………… 180
  第五节 结构化布线系统 ……………………………………………… 193
参考文献 …………………………………………………………………………………… 209

第一章 概　　论

第一节　高层建筑的定义和分类

什么是"高层建筑"？联合国教科文组织下属的世界高层建筑委员会曾于 1972 年在美国宾夕法尼亚州的伯利恒市召开的国际高层建筑会议上专门讨论了这个问题，提出将 9 层及 9 层以上的建筑定义为高层建筑，并建议按建筑的高度将其分为 4 类：

第一类高层建筑：9～16 层（最高到 50m）；

第二类高层建筑：17～25 层（最高到 75m）；

第三类高层建筑：26～40 层（最高到 100m）；

第四类高层建筑（超高层建筑）：40 层以上（高度在 100m 以上）。

但是，不同的国家或地区根据其具体情况，综合建筑类别、材料品种以及防火要求等因素也还有自己的规定。如美国对高层建筑的起始高度规定为 22～25m、或 7 层以上；日本规定为 11 层、31m；德国规定为 22 层（从室内地面起）；法国规定为住宅 50m 以上、其他建筑 28m 以上。

在我国，关于高层建筑的界限规定也未完全统一。行业标准《钢筋混凝土高层建筑结构设计与施工规程》（JGJ3—91）规定，8 层及 8 层以上的钢筋混凝土民用建筑属于高层建筑。行业标准《民用建筑设计通则》（JGJ37—87）、《民用建筑电气设计规范》（JGJ/T16—92）和国家标准《高层民用建筑设计防火规范》（GB50045—95）均规定，10 层及 10 层以上的住宅建筑（包括底层设置商业服务网点的住宅）和建筑高度超过 24m 的其他民用建筑为高层建筑。这里，建筑高度为建筑物室外地面到其檐口或屋面面层高度，屋顶上的了望塔、水箱间、电梯机房、排烟机房和楼梯出口小间等不计入建筑高度和层数内，住宅建筑的地下室、半地下室的顶板面高出室外地面不超过 1.5m 者也不计入层数内。《高层民用建筑设计防火规范》还根据高层建筑的使用性质、火灾危险性、疏散和扑救难度等对高层建筑进行了防火等级的分类，如表 1-1 所示。表中，高级住宅是指建筑装修复杂、室内满铺地毯、家具和陈设高档、设有空调系统的住宅；高级宾馆指建筑标准高、功能复杂，火灾危险性较大和设有空气调节系统的，具有星级条件的旅馆；综合楼是指由两种及两种以上用途的楼层组成的公共建筑，常见的组成形式有商场加办公写字楼层加高级公寓、办公加旅馆加车间仓库、银行金融加旅馆加办公等等；商住楼指底部作商业营业厅、上面作普通或高级住宅的高层建筑；网局级电力调度楼指可调度若干个省（区）电力业务的工作楼，如中南电力调度楼、华北电力调度楼、东北电力调度楼等；重要的办公楼、科研楼、档案楼指这些楼的性质重要（如有关国防、国计民生的重要科研楼等），建筑装修标准高（与普通建筑相比，造价相差悬殊），设备、资料贵重（主要指高、精、尖的设备，机密性大、价值高的资料），火灾危险性大、发生火灾后损失大、影响大（一般来说，可燃物多，火源或电源多，发生火灾后也容易造成损失大、影响大）。

高层建筑物分类表　　　　　　　　　　　　　　表 1-1

名　称	一　类	二　类
居住建筑	高级住宅 19 层及 19 层以上的普通住宅	10 至 18 层的普通住宅
公共建筑	1. 医院 2. 高级旅馆 3. 建筑高度超过 50m 或每层建筑面积超过 1000m² 的商业楼、展览楼、综合楼、电信楼、财贸金融楼 4. 建筑高度超过 50m 或每层建筑面积超过 1500m² 的商住楼 5. 中央级和省级（含计划单列市）广播电视楼 6. 网局级和省级（含计划单列市）电力调度楼 7. 省级（含计划单列市）邮政楼、防灾指挥调度楼 8. 藏书超过 100 万册的图书馆、书库 9. 重要的办公楼、科研楼、档案楼 10. 建筑高度超过 50m 的教学楼和普通的旅馆、办公楼、科研楼、档案楼等	1. 除一类建筑以外的商业楼、展览楼、综合楼、电信楼、财贸金融楼、商住楼、图书馆、书库 2. 省级以下的邮政楼、防灾指挥调度楼、广播电视楼、电力调度楼 3. 建筑高度不超过 50m 的教学楼和普通的旅馆、办公楼、科研楼、档案楼等

第二节　高层建筑电气设备的特点

高层建筑具有建筑面积大、高度高、功能复杂、建筑设备多、能耗大、管理要求高等特点。因而，高层建筑与一般的单层或多层建筑相比，对电气设备的要求便有所不同。换句话说，高层建筑的电气设备有其自身的特点，主要表现在高层建筑的用电设备种类多、用电量大、供电可靠性要求高、电气系统多而复杂、电气线路多、电气用房多、自动化程度高等方面。

一、用电设备种类多

高层建筑，如高级宾馆、商住楼等，必须具备比较完善的、能够满足各种功能要求的设施，如空调系统、给排水系统等等，以使其具有良好的硬件服务环境。所以，高层建筑中用电设备的种类繁多。

二、用电量大，且负荷密度高

由于高层建筑的用电设备多，尤其是空调负荷大，约占总用电负荷的 40% ~ 50%，所以，总的来说，高层建筑的用电大，负荷密度高。一般，象高层旅游宾馆和酒店、高层商住楼、高层办公楼、高层综合楼等高层建筑的负荷密度都在 $60W/m^2$ 以上，有的高达 $150W/m^2$，即便是高层住宅或公寓，负荷密度也有 $10W/m^2$，有的也达到 $50W/m^2$。

三、供电可靠性要求高

高层建筑中的较大部分电力负荷属二级负荷，如高层建筑的客梯、生活水泵电力、宾馆的客房照明等，也有相当数量的负荷属一级负荷，如宾馆的计算机系统电源、医院的主要电力和照明、高层建筑的电话站电源、一类防火建筑的消防用电等。所以，高层建筑对供电可靠性要求高，一般均要求有两个及以上的高压供电电源。为满足一级负荷的供电可靠性要求，很多情况下还需要设置柴油发电机组（或燃气轮发电机组）作为备用电源。

四、电气系统复杂

由于高层建筑的功能比较复杂、用电设备种类多、供电负荷多且可靠性要求高，这就必然使得高层建筑的电气系统很复杂。除了电气子系统多之外，各子系统的复杂程度也高了。例如，对于供电系统而言，为保证向一级负荷供电的可靠性，除了在变电所高低压主结线上采取两路电源或两段母线或两个回路的切换措施外，还需考虑自备应急柴油发电机的起动和投入的切换。又比如，对于火灾报警与联动控制系统而言，由于探测点的数量多、联动控制设备多，这样，就使得系统大了。

五、电气线路多

电气系统复杂了，电气线路也就多了。不仅有高压供电线路、低压配电线路，而且还有火灾报警与消防联动控制线路、音响广播线路、通讯线路等等。

六、电气用房多

复杂的电气系统必将对电气用房提出更多的要求。例如，为了使供电深入负荷中心，除了把变电所设置在地下层、底层外，有时也设置在大楼的顶部或中间层。而电话站、音控室、消防中心、监控中心等都要占用一定的房间。另外，为了解决种类繁多的电气线路在竖向上的敷设，以及干线至各层的分配，必须设置电气竖井和电气小室。

七、自动化程度高

由于高层建筑功能复杂、设备多、用电量大、能耗多，为了降低能耗、减少设备的维修和更新费用、延长设备的使用寿命、提高管理水平，这就要求对高层建筑的设备进行自动化管理，对各类设备的运行、安全状况、能源使用状况及节能等实行综合自动监测、控制与管理，以实现对设备的最优控制和最佳管理。特别是计算机与光纤通信技术的应用，以及人们对信息社会的需求，高层建筑正沿着自动化、节能化、信息化和智能化方向飞速发展。

第三节 高层建筑电气设计的内容

高层建筑的电气设计与一般建筑工程的电气设计一样，都必须遵循有关的设计原则，遵守设计工作的程序。设计必须贯彻国家有关工程设计的政策和法规，应符合现行的国家标准和设计规范，遵守有关行业或地方规程。初步设计的依据必须是经有关部门批准的设计任务书，施工图设计的依据必须是经审批的初步设计文件和修改意见以及工程建筑单位的补充要求。但是，由于高层建筑的功能复杂，以及如前所述的关于高层建筑电气设备的诸多特点，这样，高层建筑电气设计比一般建筑工程的电气设计来说，设计任务更重了，设计内容更多、也更复杂了，与土建和其他专业的配合要求也更高了。本节结合高层建筑电气设备的特点，对高层建筑电气设计的内容作概括性的介绍。

建筑工程设计都有初步设计和施工图设计两个阶段。而象高层建筑这样的大型复杂工程的初步设计还分为方案设计和扩大初步设计两个步骤。在方案设计阶段，电气设计人员除了要对建筑电气的各个子系统进行方案比较，论证技术上的先进性、可靠性和经济上的合理性，最终确定设计方案之外，还要与土建和其他专业进行配合。实际上，电气方案的最终确定是离不开土建和其他专业的配合的。例如，变电所、消防控制中心、电话总机房、音控室、监控中心等电气用房的位置、面积、层高等，以及电气竖井的位置、面积等等都应该和建筑专业协商后才能确定。空调设备和各种机泵的平面位置、负荷大小、设备的控制方式等等都必须由给排水、暖通等专业提供。电气管线的水平敷设，尤其是在走廊吊顶内的走线，以及设备机房内的走线也得和其他专业的管线协调，以免相互"打架"。所以说，一个优秀的工程设计，是各个专业相互之间完美配合的产物。配合工作贯穿于整个工程设计的始终。在初步设计阶段，要提供和索取的是初步条件，而在施工图设计阶段，则必须进一步补充和完善。

一、供电系统设计

供电系统设计的主要内容有负荷计算，确定供电电源及电压，确定变配电所的高低压主结线方案和变配电所的数量、容量、位置和结构型式，功率因数的补偿措施，变配电所高低压开关柜的选型，备用电源的确定等等。

负荷计算是供电设计的基础，计算结果包括总的计算负荷、一级和二级负荷的计算负荷。计算负荷是选择电气设备的依据，也用来确定总的供电指标，以及为确定变配电所的数量和容量等提供依据。一二级负荷的计算负荷用来确定备用电源或应急电源及其容量。

由于高层建筑的电力负荷容量大、供电可靠性要求高，因此，一般均采用两路 10kV 供电电源，高低压系统主结线以单母线分段、互为备用、自动切换方式为主。

在考虑变配电所的位置时，应注意尽量使供电深入负荷中心，因此，高层建筑多在地下室或底层以及设备机房等处设变配电所。对于超高层建筑，还可以在高层区的避难层或技术层内设置变配电所。

高层建筑的自备电源在过去及目前仍以柴油发电机组为主。但是，由于燃气轮发电机组具有体积小、重量轻、噪音低、震动小、点燃成功率高、故障率低等优点，用其作为高层建筑的自备电源已是势在必行。应该注意的是，燃气轮发电机需要大量的空气用于燃烧和冷却，为了进气和排气方便，宜将机组设置在地上层或屋顶。

二、照明系统设计

照明系统设计的内容主要有光源选择，灯具选择与布置，照度计算，不同功能的建筑和不同功能的房间的照明设计，景观照明、环境照明和障碍标志灯等的设计，照明配电方式，照明配电设备的选择与布置，应急照明系统设计等。

照明光源的选择应根据所使用的场所不同，合理地选择光效、显色性、寿命、起动点燃和再启燃时间等光电参数。本着节能的原则，应优先采用高光效光源和高效灯具。

高层建筑的照明配电系统多采用混合配电方式。大楼竖直方向上的干线采用大树干式或分区树干式，尤其是楼层多、负荷大时多采用插接式母干线。楼层水平方向上的配电有放射式和链式等。

应急照明系统一般与正常照明分开，独立自成体系，由两路电源或两回线路供电，自动切换。

三、电力系统设计

电力系统设计包括各种机泵等动力设备的配电，设备的起动、制动和调速方式及控制等内容。

在高层建筑中，有的动力设备的供电可靠性要求高，如电梯和各种消防用机泵，有的动力设备的单台容量大，如空调机组和空调用水泵等，所以，动力设备的配电方式以放射式为主。

四、低压配电线路

照明和电力配电线路的选择和敷设是照明系统和电力系统设计的一部分。高层建筑的配电线路可以分为大楼竖直方向和楼层水平方向两个部分。竖向线路为照明和电力干线，照明干线以插接式母线为主，电力干线以电缆线路为主，电缆用桥架敷设。插接式母线和电缆桥架均敷设在电气竖井内。楼层水平线路有绝缘导线和电缆，绝缘导线或穿管敷设或穿线槽敷设，线槽多敷设在吊顶内。对于设备机房内敷设的线路，一般可采用电缆桥架明敷设。

五、火灾报警和消防联动控制系统设计

火灾报警和消防联动控制系统设计包括保护等级和保护范围的确定、探测器的选择与布置、报警系统的选择、消防设备的联动控制、火灾应急照明与疏散指示标志的设置、消防广播与消防通信设备的选择与布置、消防控制室的位置和面积以及设备布置、系统中各种线路的选择与敷设、消防设备的供电等。

对于高层建筑，火灾报警和消防联动控制系统是一个比较特别的系统，它关系到人的生命和国家财产安全。因此，在设计和选用设备时应把系统和设备的可靠性和安全性放在首位，在此基础上再考虑技术上的先进性和经济上的合理性，以及安装简单、维护容易、使用方便。所选用的产品应是通过国家消防电子产品质量监督检测中心检验合格的产品，并得到国家消防产品质量认证委员会的质量体系认证。

火灾报警和消防联动控制设备的发展很快，从已建成的高层建筑来看，所谓的第二代即地址编码式火灾自动报警设备使用很广泛，第三代即智能模拟量式火灾自动报警设备的应用也越来越多。相信第四代即无线通信型智能模拟寻址系统将很快应用到高层建筑尤其是超高层建筑和智能建筑中。

六、电话系统设计

电话系统的设计包括市话程式的确定、交换机或交接箱容量的确定、配线方式的选择、分线设备的选择与布置、线路的选择与敷设、电话站房的位置和面积以及设备布置、系统供电电源、接地要求等。

高层建筑的电话系统应根据建筑物的规模、使用性质、电话用户容量以及用户对电话通信的要求等因素确定。对于高层住宅楼，一般不设电话总机，而是设交接箱直通市局。对于办公楼，尤其是出租性质的写字楼，办公电话也多直接接至市话网，而大楼内部管理用电话则纳入另设的用户小交换机。对于旅游宾馆、以及一些综合性的商业建筑，由于电话用户比较多、功能要求也比较高，一般均应设置用户小交换机。为了满足人们对通信服务要求的不断提高，高层建筑应尽量选用时分制数字式程控小交换机。中继方式根据交换设备的容量大小以及功能要求来确定，可采用全自动直拨中继、半自动单向中继、半自动双向中继、部分全自动直拨部分半自动接续等中继方式。

高层建筑的电话系统中的主干电缆分为水平干线电缆和垂直干线电缆两部分。干线电缆可以采用封闭式电缆桥架或封闭式金属线槽敷设，如电缆不多也可穿钢管敷设。

七、音响系统设计

音响系统设计的内容包括有线广播系统和多功能厅立体声系统的型式确定、信号节目

源的选择、功放设备容量的选择、扬声器的选择与布置、广播音响线路的选择与敷设、广播音响控制室的位置和面积及其布置、系统供电与接地等。

高层建筑的有线广播系统分为业务性广播系统、服务性广播系统和火灾事故广播系统。在高层办公楼、商业楼、教学楼等建筑中设置业务性广播系统，以满足业务及行政管理为主的语言广播要求。在宾馆及大型公共活动场所设置服务性广播系统，以满足欣赏性为主的音乐广播要求。在高层建筑中设置火灾事故广播系统，以满足火灾时引导人员疏散的要求。

多功能厅的立体声系统兼有语言扩声和音乐广播两个功能，根据厅堂具体的主要功能要求兼顾其辅助功能来确定系统的技术指标。

八、有线电视系统设计

有线电视系统设计包括天线及前端的设计，用户分配网络的系统型式确定，用户终端的位置及安装，系统电平计算及指标分配，线路敷设，前端机房的位置及布置，供电、防雷与接地等。

按有关规定，建筑物内部的电视网络应纳入城镇有线电视网，根据高层建筑的使用性质不同，用户的有线电视系统可能还有自办节目以及接收其他的无线电视节目。因此，不同用途的高层建筑，其有线电视系统的前端是不一样的。

前端机房的位置应考虑城镇有线电视网的进户、接收天线的位置和工作人员的方便等等因素。

一般的高层建筑，有线电视信号传输线路都采用射频同轴电缆。智能建筑可根据情况采用光缆传输。水平电视线路一般穿管暗敷，垂直电视线路可在竖井内敷设或穿管暗敷。

九、保安系统设计

保安系统设计包括传呼系统、防盗报警系统和闭路电视监视系统设计。

传呼系统多用于高层公寓住宅楼，防盗报警系统应用于金融楼、博展楼、档案图书楼、商业楼的营业厅等等重要场所，闭路电视监视系统用于特别重要的场所以及自选商场和大型百货商场的营业厅。如果没有特殊的专业要求，保安系统宜与火灾报警控制系统合并成统一的防灾系统，共用防灾控制室。

保安系统的线路宜暗敷，设备安装布置注意隐蔽和保密。

十、防雷、接地与安全

对于建筑物的防雷等级，《建筑物防雷设计规范》（GB50057—94）按类划分，《民用建筑电气设计规范》（JGJ/T16—92）按级划分，二者是统一的。一级防雷建筑物为第二类防雷建筑物中的重要建筑物，二级防雷建筑物为第二类防雷建筑物中的次要建筑物和第三类防雷建筑物中的重要建筑物，三级防雷建筑物为第三类防雷建筑物中的次要建筑物。

由于高层建筑的高度高，所以其防雷措施不仅包括防直击雷、防感应雷和防雷电波侵入，而且还要采取防侧击的措施，并要做等电位联结。

高层建筑防雷装置的引下线多采用建筑物构造柱内主筋，接地装置多和其他接地系统共用，并充分利用建筑物基础钢筋网作自然接地体。

电气系统（包括电力装置和电子设备）的接地分为功能性接地和保护性接地。功能性接地包括电力系统中性点接地、建筑物防雷接地、电子设备的信号接地和功率接地、电子计算机的直流接地和交流工作接地。保护性接地包括电力用电设备、电子设备和电子计算机等的安全保护接地。上述诸种接地一般共用接地体，综合接地电阻不大于1Ω。

等电位联结是防止触电危险的一项重要安全措施。在采用接地故障保护时应在建筑物内作总等电位联结。当接地故障电流小，接地故障保护装置的动作时间及接地故障时的接触电压超过规定值时，还应作辅助等电位联结。

十一、智能建筑自动化系统设计

智能建筑自动化系统设计包括楼宇自动化系统、通信自动化系统、办公自动化系统、综合布线系统和智能化系统集成中心的设计。

目前，国家尚未制定出关于智能建筑设计的国家标准。因此，在设计智能建筑时，应根据建筑物的使用功能、管理要求和投资标准等因素确定建筑物的智能化水平和系统配置，各项子系统的配置等级应根据工程的具体情况可以有所不同。设计应坚持采用先进、成熟、实用的技术，对集成的各子系统应实行统一的管理和监控，对所采用的系统和设备应符合标准化、开放性的要求并具有可扩性和灵活性。

第四节　高层建筑电气的发展趋势

随着科学技术的飞速发展以及人民生活水平的不断提高，高层建筑正向着自动化、节能化、信息化、智能化方向蓬勃发展。特别是智能建筑的兴起，已经成为衡量一个国家或地区经济发展和科技进步的一个重要标志之一。事实上，智能建筑本身就集自动化、节能化、信息化和智能化于一体，它综合了电工技术、电子技术、电声技术、光技术、自动控制技术、计算机技术、通信技术等等方面的基本理论和最新科技成果，涉及电力、电子、仪表、建材、机械、电脑及通信等多种行业。而且，高层建筑的自动化、节能化、信息化和智能化的功能将随着科学技术的不断进步而不断地得到提高和完善。智能建筑的出现，使建筑电气尤其是高层建筑电气技术成为一门综合性的应用技术。建筑电气技术的供配电系统、照明系统、动力及控制系统、火灾报警与消防联动控制系统、电话通信系统、广播音响系统、有线电视系统、保安系统不再是联系不多而相对独立性很大的系统，而是统一于智能建筑的建筑设备自动化系统、通信自动化系统和办公自动化系统，成为既相互联系又相对独立的子系统。高层建筑电气技术朝着以微电子技术为主体的、综合应用和反应最新科技成就的方向发展。

随着高层建筑向着自动化、节能化、信息化、智能化的方向发展，高层建筑电气设计的要求越来越高，内容也越来越多。为了适应发展的要求，将会制定出一些新的规范，例如，目前尚没有智能建筑设计的国家标准，但已经有了地方标准，如上海市在1995年公布了地方标准，相信不久就会有国家标准。已有的一些设计规范将逐步得到完善，而且逐步向国际标准靠拢，与国际接轨。

为满足高层建筑发展的需要，大量的、采用新技术的、具有高性能的，满足节能要求和具备智能水平的安全可靠的建筑电气产品将得到开发和推广应用，各种定型产品的系列也将越来越齐全。

为提高设计质量、减轻设计人员的设计繁重程度、减少重复劳动、缩短设计周期，将会出现很多功能强、使用简便的建筑电气CAD软件。

第二章 供电系统设计

第一节 负荷计算

负荷计算是供电系统设计的最基本的内容。计算负荷作为按发热条件选择电气设备的依据，并用来计算电压损失和功率损耗，还作为电能消耗量和无功功率补偿的计算依据。一二级负荷的计算负荷用来确定备用电源或应急电源的容量。季节性负荷的确定用以从经济运行条件出发选择变压器的台数和容量。

由于高层建筑的用电设备多、用电量大，准确地进行负荷计算对于合理选择电气设备、节能和节约投资等都具有重要意义。但是，对于高层建筑，不同的功能、不同的级别、不同的服务对象、不同的地理位置、不同的社会条件、不同的设备工艺设计等都使得高层建筑的用电水平和变压器装机容量等各不相同。因此，寻求一个准确的计算负荷并不是一件简单的事。尤其在初步设计阶段，很多用电设备并没有准确的原始数据。所以，在进行负荷计算的时候，应结合工程的具体情况，参照国内外的工程实例，在分析的基础上计算出一个较为准确的计算负荷。

一、高层建筑的电力负荷分布特点

高层建筑的电力负荷通常分为照明（包括电热）、空调和一般电力等三大类，其中，照明、电热和空调负荷属于照明电价负荷，一般电力负荷为非工业电力电价负荷。空调负荷包括：空调用制冷机组、冷冻水泵、冷却水泵、冷却塔风机、新风机组、空调器等等，一般电力负荷包括电梯、生活水泵、消防泵、喷淋泵、锅炉房设备、防排烟风机、正压风机、服务业的厨房和洗衣设备等等。

在高层建筑中，空调负荷属于大宗用电，大约占总用电负荷容量的一半。但不同功能的高层建筑，照明、空调和一般电力这三种负荷的分布还是不一样的。

对于旅游宾馆（饭店、酒店）而言，由于配套服务设施比较齐全，厨房和洗衣房等服务用房的电力设备负荷，以及电梯用电负荷都比较大，而宾馆客房部分的照度要求不高，因此照明负荷较小。一般，旅游宾馆类建筑的照明、空调和一般电力这三种负荷的分布大致为：

照明负荷占 20%～30%，空调负荷占 35%～45%，一般电力占 35%～40%。

对于办公、综合楼建筑而言，由于办公用房和商业用房占有的比重较大，而办公室和营业厅的照度要求都较高，故照明负荷的比重就较宾馆类建筑大些。相反地，由于厨房等服务用房的减少而使一般电力负荷的比重下降。一般，办公、综合楼类建筑的照明、空调和一般电力这三种负荷的分布大致为：

照明负荷占 30%～40%，空调负荷占 35%～45%，一般电力占 30%～35%。

对于高层住宅（公寓）建筑而言，一般电力负荷较小，照明负荷也不大。在全楼不采用中央空调系统的情况下，每家每户安装窗式或分体式空调器，从而使空调负荷的比重显著增加。一般，住宅类建筑的照明、空调和一般电力这三种负荷的分布大致为：

照明负荷占 15%～30%，空调负荷占 50%～65%，一般电力占 15%～25%。

从用电负荷在整个建筑物的分布位置上来看，用电负荷遍布整个大楼的各层。但是，由于空调负荷占总用电负荷的一半左右，而空调负荷中用电量大的设备（如空调制冷机组、冷冻水泵、冷却水泵等）大部分集中布置在地下层，此外，像生活水泵、消火栓泵、喷淋泵等也都布置在地下层。所以，地下层（或大楼底部）是高层建筑物用电负荷集中的地方。

在高层建筑中，电梯是作为人和物上下的主要垂直运输通道。由于高层建筑物人员密度大、楼层高，所以，电梯台数多、负荷量大。电梯机房大多在顶层，再者，象防排烟风机、正压风机、加压泵等设备也布置在大楼的顶部。因而，顶层（或顶部）也是高层建筑物的一个用电负荷集中区。

对于高度在100m以上的超高层建筑，常设有分区电梯，而使部分电梯机房布置在大楼的中部位置。另外，中间泵站和分区空调设备的设置也使超高层建筑物中部成为另一用电负荷密集的地方。

二、高层建筑的负荷级别

1. 高层建筑的电力负荷级别应符合表2-1的规定。

2. 按照《高层民用建筑设计防火规范》的规定，属于一类建筑的消防控制室、消防水泵、消防电梯、防排烟设施、火灾自动报警、自动灭火装置、火灾应急照明和电动防火门窗、卷帘、阀门等消防用电为一级负荷；属于二类建筑的上述消防用电为二级负荷。

3. 高层建筑的电话站为一级负荷，其交流电源的负荷级别应与该建筑工程中最高等级的电力负荷相同。

4. 表2-1中列为一级负荷的电子计算机房，其机房及已记录的媒体存放间的应急照明亦为一级负荷。

5. 当主体建筑中有一级负荷时，与其有关的主要通道照明为一级负荷。

6. 表2-1所列的主体建筑中，当有大量一级负荷时，其附属的锅炉房、冷冻站、空调机房的电力和照明为二级负荷。

7. 对负荷等级没有规定的重要电力负荷，应与有关部门协商确定。

常用重要电力负荷级别　　　　　　　　　　表2-1

序号	建筑物名称	电力负荷名称	负荷级别	备注
1	高层普通住宅	客梯、生活水泵电力、楼梯照明	二级	
2	高层宿舍	客梯、生活水泵电力、主要通道照明	二级	
3	重要办公建筑	客梯电力、主要办公室、会议室、总值班室、档案室及主要通道照明	一级	
4	部、省级办公建筑	客梯电力、主要办公室、会议室、总值班室、档案室及主要通道照明	二级	
5	高等学校高层教学楼	客梯电力、主要通道照明	二级	

续表

序号	建筑物名称	电力负荷名称	负荷级别	备注
6	一、二级旅馆	经营管理用及设备管理用电子计算机系统电源	一级	1
		宴会厅电声、新闻摄影、录像电源,宴会厅、餐厅、娱乐厅、高级客房、康乐设施、厨房及主要通道照明,地下室污水泵、雨水泵电力,厨房部分电力,部分客梯电力	一级	
		其余客梯电力,一般客房照明	二级	
7	科研院所及高等学校重要实验室		一级	2
8	重要图书馆	检索用电子计算机系统电源	一级	1
		其他用电	二级	
9	县(区)级及以上医院	急诊部用房、监护病房、手术部、分娩室、婴儿室、血液病房的净化室、血液透析室、病理切片分析、CT扫描室、区域用中心血库、高压氧仓、加速器机房和治疗室及配血室的电力和照明,培养箱、冰箱、恒温箱的电源	一级	
		电子显微镜电源、客梯电力	二级	
10	银行	主要业务用电子计算机系统电源,防盗信号电源	一级	1
		客梯电力,营业厅、门厅照明	二级	3
11	大型百货商店	经营管理用电子计算机系统电源	一级	1
		营业厅、门厅照明	一级	
		自动扶梯、客梯电力	二级	
12	中型百货商店	营业厅、门厅照明、客梯电力	二级	
13	广播电台	电子计算机系统电源	一级	1
		直接播出的语言播音室、控制室、微波设备及发射机房的电力和照明	一级	
		主要客梯电力,楼梯照明	二级	
14	电视台	电子计算机系统电源	一级	1
		直接播出的电视演播厅、中心机房、录像室、微波机房及发射机房的电力和照明	一级	
		洗印室、电视电影室、主要客梯电力,楼梯照明	二级	
15	市话局、电信枢纽、卫星地面站	载波机、微波机、长途电话交换机、市内电话交换机、文件传真机、会议电话、移动通信及卫星通信等通信设备的电源;载波机室、微波机室、交换机室、测量室、转接台室、传输室、电力室、电池室、文件传真机室、会议电话室、移动通信室、调度机室及卫星地面站的应急照明,营业厅照明,用户电传机	一级	4
		主要客梯电力,楼梯照明	二级	

注：1. 指该一级负荷为特别重要负荷;
2. 指一旦中断供电将造成人身伤亡或重大政治影响、经济损失的实验室,例如生物制品实验室等;
3. 指在面积较大的银行营业厅中,供暂时工作用的应急照明为一级负荷;
4. 重要通信枢纽的一级负荷为特别重要负荷。

三、高层建筑电力负荷计算

高层建筑电力负荷计算的方法主要有单位指标法和需要系数法。单位指标法主要用于方案设计阶段进行负荷的估算，也可用于住宅建筑的施工图设计阶段的负荷计算，以及用于对施工图设计结果的评价。需要系数法用于初步设计和施工图设计阶段的负荷计算。

1．单位指标法

单位指标法的计算公式为

$$\left. \begin{array}{l} P_C = \dfrac{K_P N}{1000} \\ S_C = \dfrac{K_S N}{1000} \end{array} \right\} \quad (2\text{-}1)$$

式中　P_C——有功计算负荷，kW；

　　　S_C——视在功率计算负荷，kVA；

　　　K_P——单位负荷指标，W/m²，W/户，W/人，W/床；

　　　K_S——单位负荷指标，VA/m²，VA/户，VA/人，VA/床；

　　　N——单位数量，为建筑面积（m²），户数，人数或床数。

当采用单位建筑面积用电指标时，亦称为负荷密度法。

各种单位负荷指标参见表 2-2～表 2-6。对于旅游宾馆，可按 65～80W/m² 或 2000～2400W/床估算。

上海市部分宾馆用电指标　　　　表 2-2

序号	工程名称	高度(m)	建筑面积(m²)	装机容量(kVA)	装机密度(VA/m²)	单位指标(kVA/)
1	龙申大酒家	27	9185	630	68.6	
2	复兴岛大酒店	28	3123	320	102.5	
3	仙霞宾馆	30	16907	1260	74.5	
4	海虹宾馆	30	10575	1260	119.1	
5	田林宾馆	36	18000	1600	88.9	
6	和新饭店	34	11782	1000	84.9	
7	金沙江大酒店	42	16560	2000	120.8	
8	海鸥饭店	48	12500	1890	100.8	
9	天鹅信谊宾馆	50	12893	1260	97.7	
10	丝绸之路大酒店	59	14800	2050	138.5	
11	百乐门大酒店	74	27392	1260	46.0	3.2 房
12	建国饭店	77	37800	3600	95.2	
13	龙门宾馆	81	30090	1600	53.2	
14	上海宾馆	81	44600	3600	80.7	
15	华亭宾馆	90	100000	6700	67.0	5.5 房
16	华夏宾馆	94	38500	1600	41.6	

续表

序号	工程名称	高度(m)	建筑面积(m²)	装机容量(kVA)	装机密度(VA/m²)	单位指标(kVA/)
17	国际贵都大饭店	95	58300	5000	85.8	
18	银河宾馆	105	72070	6000	83.3	7.2 房
19	花园饭店	120	60945	2500	41.0	5 房
20	希尔顿酒店	144	71460	6250	87.5	7.8 房
21	新锦江大酒店	153	65122	8000	122.8	11 房

全国其他部分城市旅游宾馆用电指标　　　　　　　表 2-3

序号	工程名称	高度(m)	建筑面积(m²)	装机容量(kVA)	装机密度(VA/m²)	单位指标(kVA/)
1	深圳亚洲大酒店	114	62500	6000	96.0	
2	深圳西丽大厦		14700	1600	108.8	
3	深圳上海宾馆		10500	1260	120.0	
4	北京长城饭店		67000	4100	61.2	
5	北京西苑饭店		62100	8000	126.6	12.3 套房
6	北京和平饭店		68570	3600	52.5	
7	广州白云宾馆	107	58601	3120	53.2	3.9 房
8	广州花园酒店	112	170000	16000	94.1	13.3 房
9	广州中国大酒店		159000	14800	93.1	14.6 房
10	广州白天鹅宾馆	100	110000	6200	56.4	6.2 房
11	武汉晴川饭店		19500	2260	115.9	4.5 床
12	西安宾馆		20000	2000	100.0	4 床
13	长沙芙蓉饭店		18000	2000	111.1	3.8 床
14	成都锦江宾馆		38000	1577	41.5	1.5 床

上海市部分办公、综合楼用电指标　　　　　　　表 2-4

序号	工程名称	高度(m)	建筑面积(m²)	装机容量(kVA)	装机密度(VA/m²)
1	上海能源研究所综合楼	29	5724.7	630	110.0
2	商检大楼	40	8189	800	97.7
3	上海邮电大厦	42	31660	2000	63.2
4	江苏路电话局	46	11365	800	70.4

续表

序号	工程名称	高度(m)	建筑面积(m²)	装机容量(kVA)	装机密度(VA/m²)
5	气象大楼	56	11000	1260	114.5
6	能源部华东电力设计院	56	17900	1600	89.4
7	三湘大厦	58	11295	1260	111.6
8	中锐大楼	58	9711.58	800	82.4
9	新民晚报大厦	65	13677	1430	104.6
10	南泰大厦	72	24827	2115	85.2
11	上海市政协大楼	73	14269	2000	140.2
12	新虹桥大厦	91	22822	4600	154.5
13	华东电力大楼	97	22067	2050	74.8
14	柏树大厦	97	50400	4000	79.4
15	联谊大厦	107	29771	4600	154.5
16	上海电信大楼	109	49272	6460	131.1
17	联合大厦	129	57523	2500	43.5

中国民用建筑电气负荷研究专题组1984年12月提供的旅游宾馆用电指标（表2-5）。

旅游宾馆用电指标　　　　表2-5

序号	负荷名称	K_P (W/m²)		K_P (W/床)	
		平均值	推荐值	平均值	推荐值
1	全馆总负荷	72	65～79	2242	2000～2400
2	全馆总照明	15	13～17	928	850～1000
3	全馆总电力	56	50～62	2366	2100～2600
4	冷冻机房	17	15～19	969	870～1100
5	锅炉房	5	4.5～5.9	156	140～170
6	水泵房	1.2	1.2	43	40～50
7	风机	0.3	0.3	8	7～9
8	电梯	1.4	1.4	28	25～30
9	厨房	0.9	0.9	55	30～60
10	洗衣机房	1.3	1.3	48	45～
11	窗式空调	10	10	357	320～400

日本电气设备设计计算手册提供的高层建筑的用电指标　　　　表 2-6

序 号	负 荷 类 别	K_S (VA/m^2)
1	照 明	15~40
2	冷气设备	20~70
3	给排水卫生用设备	4~20
4	电 梯	7~15
5	通讯设备	3~4
6	电子计算机	3~6

2. 需要系数法

需要系数法的计算公式为

$$P_C = K_C P \tag{2-2}$$

式中　P_C——有功计算负荷，kW；

　　　P——用电负荷的设备功率，kW；

　　　K_C——需要系数，见表 2-7~表 2-10。

中国民用建筑电气负荷研究专题组 1984 年 12 月提供的旅游宾馆需要系数（表 2-7）。

旅游宾馆需要系数　　　　表 2-7

序 号	负 荷 名 称	需要系数 K_C		自然平均功率因数 $\cos\varphi$	
		平均值	推荐值	平均值	推荐值
1	全馆总负荷	0.45	0.4~0.5	0.84	0.8
2	全馆总照明	0.55	0.5~0.6	0.82	0.8
3	全馆总电力	0.4	0.35~0.45	0.9	0.85
4	冷冻机房	0.65	0.65~0.75	0.87	0.8
5	锅炉房	0.65	0.65~0.75	0.8	0.75
6	水泵房	0.65	0.6~0.7	0.86	0.8
7	风 机	0.65	0.6~0.7	0.83	0.8
8	电 梯	0.2	0.18~0.22	直流 0.5 交流 0.8	直流 0.4 交流 0.8
9	厨 房	0.4	0.35~0.45	0.7~0.75	0.7
10	洗衣机房	0.3	0.3~0.35	0.6~0.65	0.7
11	窗式空调	0.4	0.35~0.45	0.8~0.85	0.8
12	总同期系数 K_Σ	0.92~0.94			

全国建筑电气情报网推荐的高层住宅建筑需要系数　　　　　表2-8

序　号	户　　　　数	需　要　系　数 K_C
1	20 户以下	>0.6
2	20～50 户	0.6～0.5
3	50～100 户	0.5～0.4
4	100 户以上	<0.4

日本资料推荐的高层住宅需要系数　　　　　表2-9

户　数	综合需要系数	估计最大负荷（kVA）
2	1	6
4	1	12
6	0.91	16.4
8	0.78	18.7
10	0.66	19.8
12	0.61	22
14	0.58	24.2
16	0.55	26.4
18	0.53	28.6
20	0.52	31.2
22	0.51	33.7
24	0.5	36
26	0.49	38.2
28	0.49	41.2
30	0.48	43.2
32	0.48	46.1
34	0.47	47.9
36	0.47	50.8
38	0.46	52.4
40	0.46	55.2

日本电气设备设计计算手册提供的高层建筑需要系数　　　　表 2-10

序号	负荷类别	需要系数 K_C	
		百货店　出租店铺	事务所　高层大楼
1	电灯负荷	0.74~1	0.43~0.78
2	动力负荷	0.38~0.63	0.41~0.54
3	冷气设备负荷	0.45~0.58	0.56~0.8
4	综合需要系数	0.48~0.63	0.41~0.55

第二节　配变电所主结线的确定

一、供电电源

高层建筑中一二级负荷的比重比较大，供电可靠性要求高，因此，必须有两个及以上的供电电源。

在确定供电电源时，应结合高层建筑的负荷级别、用电容量、用电单位的电源情况和电力系统的供电情况等因素，保证满足供电可靠性和经济合理性的要求。根据有关规范规定，一级负荷应由两个电源供电，当一个电源发生故障时另一电源应不致同时受到损坏。在一级负荷容量较大或有高压用电设备时应采用两路高压电源，如一级负荷容量不大时，应优先采用从电力系统或临近单位取得第二低压电源，亦可采用应急发电机组。如一级负荷仅为照明或电话站负荷时，宜采用蓄电池组作备用电源。应急电源可以是独立于正常电源的发电机组、供电网络中有效地独立于正常电源的专门馈电线路或蓄电池。二级负荷的供电系统应做到当发生电力变压器故障或线路常见故障时不致中断供电或中断后能迅速恢复供电，有条件时宜由两回线路供电，在负荷较小或地区条件困难时，亦可由一回 6kV 及以上专用架空线路供电；当采用电缆线路时应由两根电缆组成电缆段，且每段电缆应能承受二级负荷的 100%，且互为热备用。

常用的高层建筑供电方案如下。

1. 0.22/0.38kV 低压电源供电

此种供电方式多用于高层建筑电力负荷较小，可靠性要求稍低，可以从大楼邻近变电所取得足够的低压供电回路（包括供电回路数和每回路的供电容量）的情况。

由这种方式供电的高层建筑一般为商品住宅楼、某一单位内的办公楼或住宅楼、高等学校教学楼等。例如，上海雁荡大厦是上海对外机构和外商用于办公和居住的综合大楼，总容量为 1582.8kW，从邻近的 2×1000kVA 地区变电所用电缆引入 6 路低压电源。上海达安大厦是一幢商品公寓住宅楼，总负荷为 1000kW，从附近的一座变电所用电缆引入 5 路低压电源。其中住户用电两路，电梯、泵房及公共照明用电两路，裙房用电一路。上海双阳大楼是一幢高度为 54m 的商品住宅楼，总用电量为 200kW，由 630kVA 小区变电站引入两路低压电源。

2. 一路 10（6）kV 高压电源、一路 0.22/0.38kV 低压电源供电

此种供电方式用于取得第二高压电源较困难或虽能取得第二高压电源但经济上不合理，而且可以从邻近处取得低压电源作为备用电源的情况。由这种方式供电的高层建筑一般也多为电力负荷较小、可靠性要求稍低的商住楼和单位内的办公楼等。

3. 两路 10（6）kV 电源供电

此种供电方式用于负荷容量较大、供电可靠性要求较高的高层宾馆、办公楼、医院病房楼等高层建筑，是高层建筑中最常用的供电方式之一。

4. 两路 10（6）kV 电源供电、自备发电机组备用

此种供电方式用于负荷容量大、供电可靠性要求高，有大量一级负荷的高层建筑。象《高层民用建筑设计防火规范》中规定的一类高层建筑的供电方式。这种方式也是高层建筑中最常用的供电方式。例如，五星级的上海华亭宾馆和希尔顿酒店、上海电信大楼等。

5. 两路 35kV 电源供电、自备发电机组备用

此种供电方式用于对负荷容量特别大的高层建筑或高层建筑群的供电。例如，上海商城的用电负荷为 12745kW，两路 35kV 电源供电，两台 10000kVA/35kV/10kV 变压器，35kV 侧内桥接线，10kV 侧分段单母线接线，10kV 高压深入负荷中心。

二、高压电气主结线

1. 一路电源进线的单母线结线

如图 2-1 所示，这种结线方式适用于高层建筑负荷不大、可靠性要求稍低的场合。

2. 两路电源进线的单母线结线

如图 2-2 所示，两路 10kV 电源一用一备，一般也都用于二级负荷的供电。

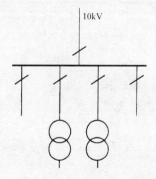
图 2-1　一路电源进线的单母线结线

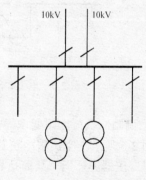
图 2-2　两路电源进线的单母线结线

3. 无联络的分段单母线结线

如图 2-3 所示，两路 10kV 电源进线，两段高压母线无联络，一般采用互为备用的工作方式。这种结线也只用于高层建筑的负荷不大、可靠性要求稍低的场合。

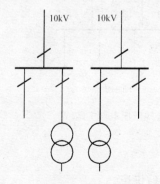
图 2-3　无联络的分段单母线结线

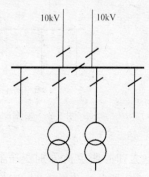
图 2-4　母线联络的分段单母线结线

4. 母线联络的分段单母线结线

如图 2-4 所示,这是高层建筑中最常用的高压主结线形式,两路电源同时供电、互为备用,通常母联开关为断路器,可以手动切换、也可以自动切换。

三、低压电气主结线

高层建筑配变电所的低压主结线一般采用分段单母线结线方式、互为备用、母联开关手动或自动切换。根据变压器台数和电力负荷的分组情况,可以有以下几种常见的低压主结线形式。

1. 电力和照明负荷共用变压器供电

如图 2-5 所示,对于这种结线方式,为了对电力和照明负荷分别计量,应将电力电价负荷和照明电价负荷分别集中,设分计量表。

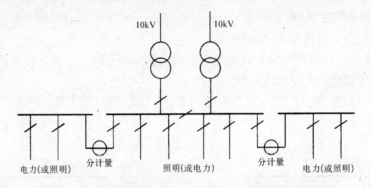

图 2-5 电力和照明负荷共用变压器供电的低压电气主结线

2. 空调制冷负荷专用变压器供电

如图 2-6 所示,空调制冷负荷由专用变压器供电,当在非空调季节空调设备停运时,可将专用变压器亦停运,从而达到经济运行的目的。

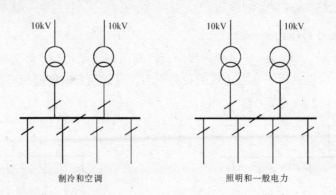

图 2-6 空调制冷负荷专用变压器供电的低压电气主结线

3. 电力和照明负荷分别变压器供电

如图 2-7 所示,电力负荷和照明负荷分别由变压器供电。

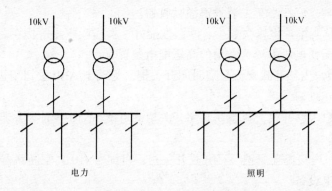

图 2-7 电力和照明负荷分别变压器供电的低压电气主结线

第三节 变配电设备选择

一、变压器选择

由于高层建筑用电量大,为了减少电能损失,供电应深入负荷中心,因此,一般高层建筑的配变电所多设在高层建筑的主体内,尤其以设在地下层为多。当楼层比较高时,特别是超高层建筑,还将变电所分层分区设置,布置在大楼的顶层、中间层。而高层建筑的防火等级又比较高,所以,为了满足防火要求,在高层建筑中,一般选用环氧树脂浇注干式变压器,也可以选用六氟化硫变压器、硅油变压器和空气绝缘干式变压器。

变压器的台数一般根据负荷特点、用电容量和运行方式等条件综合考虑确定。由于高层建筑中一级和二级负荷较大、空调制冷负荷的季节性变化大,而且高层建筑的总用电量比较大,故一般情况下,高层建筑的配变电所中都设置有两台及以上的变压器。

变压器的容量应按计算负荷来选择。对于两台变压器供电的低压单母线系统,当两台变压器采用一用一备的工作方式时,每台变压器的容量按低压母线上的全部计算负荷来确定;当两台变压器采用互为备用工作方式时,正常时每台变压器负担总负荷的一半左右,一台变压器故障时,另一变压器应承担全部负荷中的一二级负荷,以保证对一二级负荷的供电可靠性要求。

低压为 0.4kV 的配电变压器的单台容量一般不宜大于 1250kVA,当技术经济合理时,也可选用 1600kVA 变压器。

二、高压配电设备选择

由于配变电所大多设在高层建筑的主体内,为了满足防火要求,高压开关设备一般选真空断路器、SF6 断路器、负荷开关加高压熔断器。当高压配电室不在地下室时,如果布局能达到防火要求,也可采用性能优良的少油断路器。高压成套配电装置一般选用手车式。

选择电器设备时应符合正常运行、检修、短路和过电压等情况的要求。在高层建筑中,为安全起见,断路器的遮断能力宜提高一档选用。

真空断路器具有不燃性、外形小、重量轻、构造简单、维修容易等优点,但其耐过电压性能较差。所以,当真空断路器用于高压出线回路时,为了防止变压器或高压电动机的操作过电压的影响，应在小车上装设浪涌吸收器。

SF6断路器具有维护检修次数少、断路性能好、操作噪声小等优点。

高层建筑的配变电所中较为常用的高压配电装置有：

BA/BB-10型户内移开式交流金属封闭开关柜，为瑞士ABB公司引进产品，可配SF6断路器、弹簧操作机构。

JYN2-10型户内移开式交流金属封闭开关柜，可配SN10少油断路器、弹簧操作机构或电磁操作机构。

KYN-10型户内交流金属铠装移开式开关柜，可配ZN10真空断路器或SF6断路器。

三、低压配电设备

低压配电设备的选择应满足工作电压、电流、频率、准确等级和使用环境的要求，应尽量满足短路条件下的动热稳定性，对断开短路电流的电器应校验其短路条件下的通断能力。

由于高层建筑的造价高，为少占用面积，一般多采用结构紧凑、防护性质好、维护方便、方案组合灵活、开关分断能力高的抽屉式低压配电柜或固定组合式低压配电柜。

常用的低压配电柜型号有：

MNS型低压开关柜，为瑞士ABB公司引进产品，有固定式和抽出式两种规格，可混合使用。

DOMINO组合式开关柜，为丹麦LK公司引进产品，柜体采用模数组合的设计方案，可组合成抽屉式、固定式或抽屉固定混合式。

GCK、GCL型低压抽出式成套开关设备。GHK1低压固定组合式开关柜。

四、操作电源与所用电源

变配电所的操作电源应根据断路器操动机构的型式、供电负荷等级、继电保护要求、出线回路数等因素来考虑。

高层建筑变配电所内断路器的操动机构主要有电磁操动机构和弹簧储能操动机构两种。电磁操动机构采用直流操作。弹簧储能操动机构既可直流操作又可交流操作，所需合闸功率小，且在无电源时还可以手动储能，所以，弹簧储能操动机构是发展方向。但弹簧储能操动机构结构较复杂、零件多、维护调试的技术要求高、价格上也比电磁操动机构贵。当然，就目前而言，有些地区对选用何种操作机构也还有一定的规定。

交流操作具有投资少、建设快、二次接线简单、运行维护方便等优点。但是，在采用交流操作保护装置时，电压互感器二次负荷增加，有时不能满足要求。此外，交流继电器不配套也使交流操作的使用受到限制。因此，交流操作只用于能满足继电保护要求、出线回路少的小型配变电所，例如应用于负荷等级不很高、负荷容量较小的高层住宅楼、办公楼、综合楼、宾馆等。

对于象五星级宾馆这样的高层建筑，以及超高层建筑等，总用电负荷较多，一级负荷容量比较大，继电保护的要求严格。为了满足可靠性和继电保护等的高要求，一般采用直流操作电源。常用的直流操作电源有镉镍蓄电池直流系统构成的直流系统和带电容储能的硅整流装置。与酸性蓄电池相比，由镉镍蓄电池组成的直流屏具有如下优点：体积小、重量轻，可组装于屏内，也可与其他设备同置于控制室内，从而减少占地面积；成套性强，镉镍直流屏内有电池、充电和浮充电设备以及直流馈出回路三大部分，另外还装有绝缘监察、电压监视、闪光回路、电压调节、过电流过电压保护等装置；安装方便，电缆沟和基础型钢可与其他并列屏一并考虑；维护简单，只需定期检查电池液面，每半年进行一次充放电循环以活化电池；镉镍电池在运行中不散发有害气体、无爆炸危险，对周围环境、设备和人体健康无影响；对充电要求不高，它的内阻小，放电倍率达10～20倍；使用寿命长，一般可达20年或500个放电循环。镉镍电池与硅整流电源相比，价格高，但可靠性也高。

变配电所所用电源应根据变配电所的规模、电压等级、供电负荷等级、操作电源种类等因素来确定。

高层建筑中的35kV变电所一般装设两台容量相同且可互为备用的所用变压器，直流母线采用分段单母线接线，并装设备用电源自动投入装置，蓄电池应能切换至任一母线。

对于高层建筑中的10kV变电所，若负荷级别较高时，一般宜设所用变压器。当负荷级别稍低、采用交流操作时，供给操作、控制、保护、信号等的所用电源，可引自电压互感器。

第四节 自备应急电源和不间断电源

高层建筑的电力负荷等级比较高，其中有不少设备属一级负荷，为了满足一级负荷尤其是特别重要负荷的供电可靠性要求，大多数高层建筑均设有自备应急电源。

表2-11为全国部分城市高层建筑自备电源设置情况。

在高层建筑中采用的应急电源有：应急发电机组、蓄电池、UPS不间断供电装置。

全国部分城市高层建筑自备电源设置情况　　　　表2-11

序号	工程名称	市电简介	应急机组容量(kW)	生产厂家及型号	安装位置
1	北京长城饭店	2×10kV 4100kVA	750	美国 Cummins	
2	北京西苑饭店	2×10kV 8000kVA	620		
3	广州花园酒店	2×10kV 16000kVA	2×630	兰州电机厂	
4	广州白天鹅宾馆	2×10kV 6200kVA	2×500	英国 Puma	
5	深圳国际贸易中心	2×10kV 10600kVA	900	美国 Caterpillar	地下室
6	深圳国际商业大厦	2×10kV 4410kVA	360	英国 Petbow	首层裙房
7	深圳金融中心	2×10kV	504+280	英国 Crusader	

续表

序号	工程名称	市电简介	应急机组容量(kW)	生产厂家及型号	安装位置
8	深圳罗湖大厦	2×10kV 2520kVA	320	广州柴油机厂	首层
9	深圳金城大厦	2×10kV 5000kVA	410	美国 Caterpillar	首层
10	深圳德兴大厦	2×10kV 4000kVA	495	美国 Caterpillar	首层
11	深圳海丰苑大厦	2×10kV 3000kVA	500	广州柴油机厂	附属房
12	深圳市发展中心	2×10kV 6000kVA	1000		
13	深圳湖心大厦	2×10kV 1260kVA	180	美国 Caterpillar	首层
14	深圳友谊大厦	5000kVA	506	英国 Petbow	附属房
15	上海华亭宾馆	2×10kV 6700kVA	2×500		设备房地下
16	上海希尔顿宾馆	2×10kV 6250kVA	905	SC734B—905	首层
17	上海锦沧文化大酒店	2×6kV 4500kVA	800	KTTA50G—800	
18	上海新虹桥大厦	2×10kV 4500kVA	400	美国 Caterpillar	半地下
19	上海电信大厦	2×6kV 6460kVA	2×500		辅房
20	上海商城	2×35kV 20000kVA	2×1000		裙房六层
21	上海国贸中心	2×35kV 12000kVA	1500		地下二层

一、自备应急柴油发电机组

根据《民用建筑电气设计规范》（JGJ/T16—92）以及其他有关规范的规定，为保证一级负荷中特别重要负荷的供电，应设置应急柴油发电机组。对于有一级负荷，且难以从市电取得第二电源或从市电取得第二电源不经济时也需设应急柴油发电机组。对于大中型商业性大厦，当市电中断供电将会造成经济效益有较大损失时也应设应急柴油发电机组。

1. 柴油发电机组的选择

目前，国内高层建筑中所采用的柴油发电机组有两大类。一类是进口机组，如美国的卡明斯（Cummins）、卡特彼勒（Caterpillar），英国的彼特波（Petbow）、十字军（Crusder）以及德国和日本等国家的产品。另一类是国产机组，生产厂家很多，如福州、广州、上海、南京、无锡、兰州等地均有。进口机组的应用大多在沿海及大城市。

选择柴油发电机组时，宜选用高速柴油发电机组和无刷型自动励磁装置。因为，高速柴油发电机组具有体积小、重量轻、起动运行可靠等优点。无刷型自动励磁装置具有适应各种起动方式、易于实现机组自动化或对发电机组遥控的特点，并且，当与自动电压调整装置配套使用时，可使静态电压调整率保证在 ±2.5% 以内。

所选用的机组应装设快速自动起动装置和电源自动切换装置，并应具有连续三次自起动的功能。机组一般应采用电起动，不宜用压缩空气起动。

2. 柴油发电机组容量的选择

应急柴油发电机组不仅本身造价相当可观，而且带来一系列问题，如排烟、减震、储油、隔离噪声等。所以，对其容量的计算就成了重要课题，以便在保证对重要负荷供电的基础上，合理确定发电机组容量、节省工程造价、减少处理其它技术问题的难度。

发电机组的容量和台数应根据应急负荷大小和投入顺序以及单台电动机最大的起动容量等因素综合考虑确定。机组总台数不宜超过两台。

发电机的容量应根据下面三方面的计算结果并选最大值来确定，按稳定负荷计算，其中应考虑单相负荷的影响；按最大的单台电动机或成组电动机起动的尖峰负荷计算；按起动电动机时发电机母线允许的电压降计算。

（1）按稳定负荷计算。

应急柴油发电机组作为应急电源，所确保的供电范围一般为：

消防设施用电，有消防水泵、消防电梯、防烟排烟设施、火灾自动报警、自动灭火装置、应急照明、疏散指示标志和电动的防火门、窗、卷帘门等；

保安设施、通讯、航空障碍灯、电钟等设备用电；

高级宾馆、商业、金融大厦中的中央控制室及计算机管理系统；

大、中型电子计算机室等用电；

具有重要政治、经济意义场所的部分电力和照明用电，如大型商场、大型餐厅、贵宾餐厅、国际会议室、贵重展品陈列室、银行重要经营场所等用电。

当机组容量有富裕或工程有特殊要求时，下列负荷亦宜纳入应急电源的供电范围：一台生活水泵、一台或部分客梯、污水处理泵、楼梯及客房走道照明用电的 50%、公共场所照明用电的 15%、一般走道照明用电的 20%、高级客房确保一只照明灯的用电、冷冻或冷藏室用电。

由于应急发电机组供电设备少，尤其是消防泵、消防电梯所占容量比例较大，在扑救火灾时除备用泵外可能都在满负荷下工作，因此，在进行发电机的负荷计算时，对于消防负荷，一般不考虑需要系数和同时系数。

按稳定负荷考虑，发电机需输出有功功率为

$$P_{C1} = \sum_{k=1}^{n} \frac{\alpha_k P_k}{\eta_k} \tag{2-3}$$

式中　P_{C1}——按稳定负荷计算的发电机输出有功功率，kW；

P_k——第 k 个或组负荷的设备功率，kW；
α_k——第 k 个或组负荷的负荷率；
η_k——第 k 个或组负荷的效率。

按稳定负荷计算的发电机所需容量为

$$S_{C1} = \frac{P_{C1}}{\cos\varphi} = \frac{1}{\cos\varphi}\sum_{k=1}^{n}\frac{a_k P_k}{\eta_k} \tag{2-4}$$

式中　S_{C1}——按稳定负荷计算的发电机容量，kVA；
　　　$\cos\varphi$——发电机额定功率因数，可取 0.8；
其他符号意义同式 2-3。

若考虑一个综合负荷率和一个总的计算效率，则有

$$S_{C1} = \frac{1}{\cos\varphi}\frac{\alpha}{\eta_\Sigma}P_\Sigma \tag{2-5}$$

式中　α——综合负荷率；
　　　η_Σ——总计算效率，一般取 0.85；
　　　P_Σ——总等效负荷，kW；
其他符号意义同式 2-4。

对比式 2-4 和式 2-5，经变换得

$$P_\Sigma = \sum_{k=1}^{n}\frac{\alpha_k}{\alpha}\frac{\eta_\Sigma}{\eta_k}P_k \tag{2-6}$$

在确定负荷的设备功率时，应注意以下两点。第一，对于消防电梯，应考虑不同控制方式下的容量换算系数 K_t，见表 2-12。此时，$P_k = K_t P_n$，P_n 为电梯的额定功率，kW。第二，对于 UPS 装置，应考虑乘以冗余系数 $(n-1)/n$，n 为装置并联的组数。

电　梯　的　有　关　系　数　　　表 2-12

序号	控制方式	容量换算系数 K_t	效率 η	功率因数 $\cos\varphi$
1	直流 M—G	1.59	0.85	0.85
2	直流 SCR			
3	交流串级调速	1.224		0.8
4	交流 VVVF			

(2) 按最大的单台电动机或成组电动机起动的需要计算。

按最大的单台电动机或成组电动机起动的需要计算发电机的容量，就是要考虑电动机起动的尖峰电流。出现最大可能的尖峰负荷的情况为：在最大的单台电动机或成组电动机起动时，所有其它负荷都已投入运行。因此，起动时所需最大的有功功率为

$$P_{C2} = \sum_{k=1}^{n-1}\frac{a_k P_k}{\eta_k} + P_{st} = \sum_{k=1}^{n}\frac{a_k P_k}{\eta_k} + P_{st} - \frac{\alpha_m P_m}{\eta_m} \approx P_{C1} + P_{st} - P_m \tag{2-7}$$

式中　P_{C2}——按电动机起动时所需要的发电机的有功功率，kW；
　　　P_{st}——起动容量与额定容量之差为最大的电动机或成组电动机的起动容量，kW；
　　　P_m——起动容量与额定容量之差为最大的电动机或成组电动机的功率，kW；

其他符号意义同前。

当电动机采取降压起动时，起动电流会下降，若用 C 表示实际降压起动电流与全压额定起动电流之比，则有

$$P_{st} = \sqrt{3}UI'_{st}\cos\varphi_m \approx \sqrt{3}U_n I_{st} C\cos\varphi_m = \sqrt{3}U_n KCI_n\cos\varphi_m = P_m KC\frac{\cos\varphi_m}{\cos\varphi_n} \quad (2-8)$$

式中 U ——电动机起动时的线路电压，V；

I'_{st} ——电动机起动时的线路电流，A；

U_n ——电动机的额定电压，V；

I_{st} ——电动机的额定起动电流，A；

K ——电动机额定起动倍数，可取 5.5；

C ——与电动机起动方式有关的系数，即起动电流下降倍数，见表 2-13。

$\cos\varphi_m$ ——电动机起动时的功率因数，一般取 0.4；

$\cos\varphi_n$ ——电动机额定功率因数；

其他符号意义同前。

电动机的额定功率因数小于 1，但较接近于 1，用 $\cos\varphi_n = 1$ 代入上式，则计算结果与实际相比偏小，但考虑到实际尖峰负荷比可能的尖峰负荷小，且选择发电机时额定容量总比计算值大，因此，取 $\cos\varphi_n = 1$ 不会带来原则性的误差，故有

$$P_{st} \approx P_m KC\cos\varphi_m \quad (2-9)$$

代入式 2-7，得

$$P_{C2} = P_{C1} + P_m KC\cos\varphi_m - P_m = P_{C1} + P_m(KC\cos\varphi_m - 1) \quad (2-10)$$

从而得到按最大的单台电动机或成组电动机起动的需要计算发电机的容量为

$$S_{C2} = \frac{P_{C2}}{\cos\varphi} = [P_{C1} + P_m(KC\cos\varphi_m - 1)]\frac{1}{\cos\varphi} = S_{C1} + \frac{P_m(KC\cos\varphi_m - 1)}{\cos\varphi} \quad (2-11)$$

式中 S_{C2} ——按最大的单台电动机或成组电动机起动的需要计算发电机的容量，kVA；

其他符号意义同前。

电动机起动电流下降倍数　　　　表 2-13

起动方式	全压起动	自耦降压起动	Y—D 起动
起动电压	U_n	kU_n	$\frac{1}{\sqrt{3}}U_n = 0.58U_n$
起动电流	I_{st}	$k^2 I_{st}$	$\left(\frac{1}{\sqrt{3}}\right)^2 I_{st} = 0.33 I_{st}$
C	1	k^2	0.33

注：U_n——额定电压，I_{st}——电动机额定起动电流，k——实际起动电压与额定电压之比。

(3) 按起动电动机时母线允许电压降计算发电机容量。电动机起动时发电机母线上的电压降为

$$\Delta E' = \frac{U_G - U_{st}}{U_G} \quad (2-12)$$

式中 $\Delta E'$——电动机起动时发电机母线上的电压降;

U_G——电动机起动前的母线电压,可用发电机额定电压表示,V;

U_{st}——电动机起动时发电机母线电压,V。

电动机起动时的等效电路如图 2-8 所示,图中,$\dot{E}''$ 为发电机的电动势,V;$\dot{X}_G = X_G \angle 90°$ 为发电机的次暂态电抗,Ω;$\dot{X}_W = X_W \angle 90°$ 为发电机至用电负荷之间的线路电抗(忽略电阻),Ω;$\dot{Z}_1 = Z_1 \angle \varphi_1$ 为电动机起动前的预接负荷阻抗,Ω;$\dot{Z}_{st} = Z_{st} \angle \varphi_m$ 为起动电动机的起动阻抗,Ω。显然有

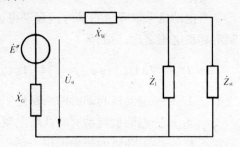

图 2-8 电动机起动时的等效电路图

$$\frac{\dot{U}_{st}}{\dot{E}''} = \frac{\dot{X}_W + \dfrac{\dot{Z}_1 \dot{Z}_{st}}{\dot{Z}_1 + \dot{Z}_{st}}}{\dot{X}_G + \dot{X}_W + \dfrac{\dot{Z}_1 \dot{Z}_{st}}{\dot{Z}_1 + \dot{Z}_{st}}} = \frac{1 + \dot{X}_W \left(\dfrac{1}{\dot{Z}_1} + \dfrac{1}{\dot{Z}_{st}}\right)}{1 + (\dot{X}_G + \dot{X}_W)\left(\dfrac{1}{\dot{Z}_1} + \dfrac{1}{\dot{Z}_{st}}\right)} \tag{2-13}$$

忽略线路阻抗,另考虑到内阻电压比外电路电压小得多,即 U_{st} 与 E'' 的相位差很小,可以忽略,则上式取实部,不难得到

$$\frac{U_{st}}{E''} \approx \frac{1 + X_G\left(\dfrac{\sin\varphi_1}{Z_1} + \dfrac{\sin\varphi_m}{Z_{st}}\right)}{\left[1 + X_G\left(\dfrac{\sin\varphi_1}{Z_1} + \dfrac{\sin\varphi_m}{Z_{st}}\right)\right]^2 + X_G^2\left(\dfrac{\cos\varphi_1}{Z_1} + \dfrac{\cos\varphi_m}{Z_{st}}\right)^2}$$

$$\approx \frac{1}{1 + X_G\left(\dfrac{\sin\varphi_1}{Z_1} + \dfrac{\sin\varphi_m}{Z_{st}}\right)} \approx \frac{1}{1 + X_G\left(\dfrac{\sin\varphi_1}{Z_1} + \dfrac{1}{Z_{st}}\right)} \tag{2-14}$$

式中,考虑了 $\cos\varphi_m = 0.4$,$\sin\varphi_m \approx 1$。

由于磁链不能突变,故 E'' 在电动机起动前后短时间内基本维持不变,因此有

$$\frac{U_G}{E''} = \frac{1}{1 + X_G \dfrac{\sin\varphi_1}{Z_1}} \tag{2-15}$$

将式 (2-14) 和式 (2-15) 带入式 (2-12),并经变换得

$$\frac{1}{X_G} = \left(\frac{1}{\Delta E'} - 1\right)\frac{1}{Z_{st}} - \frac{\sin\varphi_1}{Z_1} \tag{2-16}$$

通常发电机的暂态阻抗用以其容量为基准的相对值表示即

$$X_G'' = X_G \frac{1000 S_G}{U_{Gn}^2} \tag{2-17}$$

式中 X_G''——发电机的暂态阻抗,一般取 0.25;

S_G——发电机的容量,kVA;

U_{Gn}——发电机的母线额定电压,V。

Z_{st} 可表示为

$$Z_{st} = \frac{U_{Mn}^2}{1000 S_{st}} \approx \frac{U_{Gn}^2}{1000 P_n KC} \tag{2-18}$$

式中 S_{st}——使电压降最大的电动机或成组电动机的额定容量，kVA；

U_{Mn}——电动机的额定电压，V；

P_n——使电压降最大的电动机或成组电动机的额定有功功率，kW；

Z_1 表示为

$$Z_1 = \frac{U_{Mn}^2}{1000 S_1} \approx \frac{U_{Gn}^2 \cos\varphi_1}{1000 P_1} \tag{2-19}$$

式中 S_1——预接负荷的计算容量，kVA；

P_1——预接负荷的有功计算功率，kW。

将式（2-17）~（2-19）代入式（2-16），并经整理得，按电动机起动时母线允许电压降计算的发电机容量 S_{C3} 为

$$S_{C3} = X_G'' \left[\left(\frac{1}{\Delta E} - 1 \right) P_n KC - P_1 \tan\varphi_1 \right] \tag{2-20}$$

式中 ΔE——母线允许瞬时电压降，一般有电梯时取 $\Delta E = 0.2$，无电梯时取 $\Delta E = 0.25$ ~0.3；

S_{C3}——按起动电动机时母线允许电压降计算的发电机容量，kVA；

其他符号意义同前。

3. 柴油发电机组容量的估算

在方案或初步设计阶段，由于上述计算方法所需要的条件尚不具备，为了初步确定柴油发电机组的容量，就必须进行估算。常用的估算方法有以下几种。

全国部分城市高层建筑的应急发电机组装机指标　　表2-14

序号	工程名称	建筑面积 A（m²）	变压器容量 S_T（kVA）	发电机组容量 P_C（kW）	S_C/S_T（%）	S_C/A（W/m²）
1	北京长城饭店	67000	4100	750	18.3	11.2
2	北京西苑饭店	62100	8000	620	7.8	10.0
3	广州花园酒店	170000	16000	2×630	7.9	7.4
4	广州白天鹅宾馆	110000	6200	2×500	16.1	9.1
5	深圳国际贸易中心	100000	10600	900	8.5	9.0
6	深圳国际商业大厦	52000	4410	360	8.2	6.9
7	深圳罗湖大厦	22594	2520	320	12.7	14.2
8	深圳金城大厦	58000	5000	410	8.2	7.1
9	深圳德兴大厦	48600	4000	495	12.4	10.2
10	深圳海丰苑大厦	30966	3000	500	16.7	16.1
11	深圳市发展中心	61700	6000	1000	16.7	16.2
12	深圳湖心大厦	18204	1260	180	14.3	9.9
13	深圳友谊大厦	55083	5000	506	10.1	9.2
14	上海华亭宾馆	100000	6700	2×500	14.9	10.0
15	上海希尔顿宾馆	71460	6250	905	14.5	12.7
16	上海锦沧文化大酒店	56417	4500	800	17.8	14.2

续表

序 号	工 程 名 称	建筑面积 A (m²)	变压器容量 S_T (kVA)	发电机组容量 P_C (kW)	S_C/S_T (%)	S_C/A (W/m²)
17	上海新虹桥大厦	22822	4500	400	8.9	17.5
18	上海电信大厦	55761	6460	2×500	15.5	20.3
19	上海商城	203642	20000	2×1000	10.0	9.8
20	上海国贸中心	92800	12000	1500	12.5	16.2

(1) 按配电变压器的容量估算。从国内外大量的高层建筑的用电指标统计情况看（参见表2-14），应急柴油发电机组容量约占供电变压器总容量的10%～20%，因此，估算时可以此作为依据。一般，在建筑物规模大时取下限值，建筑物规模小时取上限值。

(2) 按建筑面积估算。一般，应急柴油发电机组容量可以按10～20W/m²估算。

(3) 按起动单台或成组电动机的容量估算。

根据式（2-20），$X'_d = 0.25$，当 $\Delta E = 0.2$ 时，对于直接起动取 $K = 5.5$，即 $C = 1$，故有 $S_{C3} = 5.5 P_n$；对于降压起动，$S_{C3} = 5.5 P_n C$。以此作为估算的依据，即直接起动时每1kW电动机容量需柴油发电机组容量为5.5kVA，降压起动时按直接起动时所需发电机组容量乘以降压起动电流下降倍数来计算。

(4) 按整流器类负荷的容量估算。当柴油发电机组的负荷中有较大容量的整流器、UPS装置、充电机等整流器类负荷时，发电机组容量应不小于整流器类负荷容量的2倍。整流器类负荷的参数参见表2-15。

整流器类负荷的有关参数   表2-15

序 号	负 荷 名 称	功率因数 $\cos\varphi$	效 率 η
1	整流器	0.85	0.8
2	UPS装置	0.9	0.9
3	VVVF	0.85	0.8

4. 柴油发电机组的布置

(1) 机房位置的确定。柴油发电机组宜靠近一级负荷，这样能节省有色金属，减少电能消耗，确保电压质量。考虑到正常电源与备用电源之间的互投联锁的方便，而且配变电所一般也尽量是在负荷中心，所以发电机房也宜与配变电所靠近。

为了遵照有关规范对防火的要求，同时考虑到进排风口所占的面积大，对建筑物的外立面有一定的影响，而且机组运行时噪声较大，对周围环境造成影响，所以，发电机房不宜设在高层建筑的主体内，最好布置于坡屋、裙房的首层或附属建筑内，且位于主体建筑的背面或侧面，以避开主要出口通道。

由于高层建筑功能较复杂，对面积的利用率要求高，尤其是首层，常用于对外营业，属于黄金层，难以占用。因此，很多高层建筑把发电机房设在地下层。这时，解决好通风、防潮、机组的排烟、消音和减振就成了最关键的问题。为了为热风管和排烟管伸出室外创造有利条件，当机房设在地下层时，则至少应有一侧靠外墙。

发电机间、控制室和配电室不应设在厕所、浴室或其他经常积水场所的正下方和贴邻。

(2) 机房设备布置。柴油发电机房内的设备有：柴油发电机组、控制屏、操作台、电力及照明配电柜、起动蓄电池、燃油供给、冷却、进、排风系统以及维护检修设备等。

机房布置应根据机组容量大小和台数而定，应力求做到布置紧凑、经济合理、保证安全以及便于维护。

当发电机房只设一台机组时，如果机组容量在500kW及以下，则一般可不设控制室，这时，配电屏、控制屏宜布置在发电机端或发电机侧，其操作检修通道的要求为：屏前距发电机端不应小于2m；屏前距发电机侧不应小于1.5m。

对于单机容量在500kW及以上的多台机组，考虑到运行维护、管理和集中控制的方便，宜设控制室。一般将发电机控制屏、机组操作台、动力控制屏（台）、低压配电屏及照明配电箱等放在控制室。控制室的布置与一般低压配电室的布置的技术要求相同，另外，还要求操作人员便于观察控制屏或台上仪表，并能通过观察窗看到机组运行情况。当控制室长度在8m及以上时，应有两个出口，并宜设在控制室两端，且门向外开启。控制室内的控制屏（台）的正面操作通道的宽度，在单列布置时不宜小于1.5m，双列布置时不宜小于2m。控制屏离墙安装时的屏后维护通道应不小于0.8~1m。控制室内屏的最高点到房顶的距离不宜小于0.5m。

在机房内，机组宜横向布置（垂直布置），这样，机组中心线与机房轴线相垂直，操作管理方便，管线短，布置紧凑。当机房与控制及配电室毗邻布置时，发电机出线端及电缆沟宜布置在靠近控制及配电室一侧。辅助设备宜布置在柴油机侧或机房侧墙。蓄电池宜靠近所属柴油机。

国产应急柴油发电机组外廓与墙壁的净距最小尺寸如表2-16所示，对应的布置图见图2-9。

机组外廓与墙壁的净距最小尺寸（m）　　　　　　　　　　　表2-16

项目		容量（kW） 64以下	75~150	200~400	500~800
机组操作面	a	1.6	1.7	1.8	2.2
机组背面	b	1.5	1.6	1.7	2
柴油机端	c	1	1	1.2	1.5
机组间距	d	1.7	2	2.3	2.6
发电机端	e	1.6	1.8	2	2.4
机房净高	h	3.5	3.5	4~4.3	4.3~5

在布置机组时，除应考虑上述因素外，还应注意解决好通风、排烟、消音和减振等问题。

柴油机运行时，约有$\frac{1}{3}$的燃油能量转换成热能，使设备温度升高，并向四周扩散。为了使柴油机能正常运行，柴油机均配有一套冷却系统。用于高层建筑的应急柴油发电机组都采用封闭式自循环水冷却方式（又称风冷式），它由散热水箱、水泵和柴油机夹套水冷腔组成。冷却水经水泵由散热水箱送进柴油机夹套对机组进行冷却，冷却水带走热量再回到散热水箱。为了使冷却水能循环使用，利用风扇吹风冷却，风扇不但把散热器中的热水热量通过热风通道排出室外，而且所带的风量满足柴油机为燃烧及保持室温所需的新风量。

通常，散热器安装于柴油发电机组的柴油机端头，称为整体风冷机组。

柴油发电机组运行时，机房的换气量应等于或大于柴油机所用新风量与维持机房温度所需新风量之和。据国外有关资料介绍，维持机房温度所需新风量的计量公式为

$$C = \frac{0.078P}{T} \quad (2\text{-}21)$$

式中　C——维持机房温度所需新风量，m^3/s；
　　　P——柴油机的额定功率，kW；
　　　T——机房的温升，℃。

维持柴油机燃烧所需新风量可向柴油机厂家索取，当海拔高度增加时，每增加 763m，空气量应增加 10%。若无资料，可按每 1kW 制动功率需要 $0.1m^3/min$ 估算。通常，柴油机制动功率为发电机主发电功率的 1.1 倍。

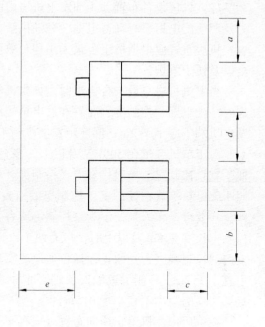

图 2-9　柴油发电机组布置图

为了利于散热冷却，热风出口宜靠近且正对柴油机的散热器，热风出口的位置应避免设在主导风向侧，若有困难时应挡风墙。热风出口应设百叶窗，由于散热器的吹风扇的风压降一般在 127Pa 以下，所以百叶窗净空不能太小。热风出口的面积应在柴油机散热器面积的 1.5 倍以上。热风管与散热器之间应采用软接头，热风管要平直，若机组设在地下层，热风管无法平直敷设需转弯时，弯头不得超过两处，转弯半径不得小于 90°，并应尽量大，且内部要平滑。

为了使气流通畅，避免形成气流短路，以影响散热效果，进风口和出风口尽量相距远些，最好在机组两端，出风口靠近柴油机端或柴油机端两侧，进风口正对发电机端或发电机端两侧，进风口面积要求大于柴油机散热器面积的 1.8 倍。

柴油发电机组的排烟管系统的作用是将气缸里的废气排放至室外。

在确定烟道位置时，应注意尽量减少对建筑物外观的影响，以及对周围环境的污染。如果环境条件要求较高，则宜加装除尘设施，使烟气经处理后排至室外。

排烟噪音是柴油机总噪音中最强烈的一种噪音，其频谱是连续的，强度可达 110～130dB，对机房和周围环境影响较大，所以应设消音器以减少噪音。多台柴油机不应共用消音器。

为了防止雨水顺着排烟管流入机内，排烟管在伸出室外垂直敷设时，管出口端应切成 30°～45°的斜角或加防雨帽。

排烟管的温度一般可达到 350～550℃，为了防止烫伤和减少辐射热，排烟管宜进行保温处理。一般采用热力保温方法，保温表面温度应不超过 50℃。

为了防止废气阻力的增加而导致柴油机出力的下降和温升的增加，排烟气系统应尽量

减小背压。通过排烟气系统的压降为管路、消音器、防雨帽等各部分压降之和，总压降不宜超过6720Pa。

排烟管宜采用水平架空敷设方式，也可采用地沟敷设方式。水平架空敷设的优点是转弯少，阻力小，缺点是增加了室内散热量而使机房温度升高。地沟敷设的优点是散热量小，对热带地区尤为适宜，缺点是转弯多，阻力较大。

排烟管与柴油机排烟口的连接应采用弹性波纹管接头，这样既可减振，又可减少柴油机的承重。

（3）机房配电导线选择与敷设。

柴油发电机房宜按潮湿环境选择电力电缆或绝缘电线；发电机至配电屏的引出线宜采用铜芯电缆或封闭式母线；强电控制测量线路、励磁线路应选择铜芯控制电缆或铜芯电线；控制线路、励磁线路和电力配线宜穿钢管埋地敷设或沿电缆沟敷设；励磁线与主干线采用钢管配线时可穿于同一管中。

当发电机容量较大时，往往出线截面大且导线根数多，加之各种控制回路的配出线路，机房内管线显得很多。为了敷线方便及维护安全，一般在发电机出口、控制屏或控制室以及配电线路出口等各处之间设电缆沟并贯通一起。

5．发电机组的中性点工作制

发电机的中性点工作制采用直接接地形式，三相四线制供电，这样既可以降低系统的内部过电压倍数，在一相接地后，相间电压为中性点所固定而基本不会升高，又可以使电力和照明负荷由同一发电机母线供电。

在三相四线制中，当两台或多台机组并联运行时，三相负荷的不平衡、两相有功负荷分配的不平衡、两相无功功率分配即功率因数的差异都使中线上产生三次谐波环流，引起发电机发热，降低出力。

为了限制中线电流，可采用在中性点引出线上装刀开关或电抗器的方法。

如果采用在每台发电机的中性点引出线上装刀开关的方法，那么，在运行时根据谐波电流的大小和分布情况来决定断开一台发电机的中性点引出线。为了保证对220V设备的供电，应保证至少有一台发电机的中性点是接地的。不难分析，这种方法是将220V的不平衡（零序）负荷完全加在少数发电机上，加大了这些发电机的三相不平衡程度，此外，系统的单相接地短路电流也集中在这些发电机上，这是这种方法的缺点。

发电机中性线上的刀开关可根据发电机允许的不对称负荷电流及中性线上可能出现的负荷电流选择。在各相电流均不超过额定值的情况下，发电机允许各相电流之差不超过额定值的20％。

在每台发电机的中性点引出线上装设电抗器，可以有效地限制中性点引出线上的谐波电流。但是，电抗器的装设使中性点在运行中产生了电压偏移。为了既能有效地限制中性点引出线上的谐波电流，又不致出现大的中性点电压偏移。在选择电抗器时应满足：其额定电流按发电机额定电流的25％选择，阻抗值按通过额定电流时其端电压小于10V选择。

二、自备应急燃气轮发电机组

燃气轮机发电装置包括燃气轮机、发电机、控制屏、起动蓄电池、油箱、进气和排气，消音器及其他设备等。机组可分为固定型、可动型和轨道型。

发电机为三相交流同期发电机，无刷交流励磁方式。

燃气轮机的冷却不需水冷而是采用空气自行冷却，加之燃烧亦需要大量空气，所以，燃气轮机组的空气需要量要比柴油机组大2.5～4倍。因此，燃气轮机组的装设位置必须考虑以进气排气方便的地上层或屋顶上为宜。不宜设在地下层，因为地下层的进气排气都有一定难度。

燃气轮发电机与柴油发电机的有关参数和特性比较见表2-17。

柴油发电机与燃气轮发电机的比较　　　　　　　　　表 2-17

名　　称	柴油发电机	燃气轮发电机
价　　格	1.0	1.1～1.3
进气、排气管道	1.0	4.0（截面积） 2.0（直径）
安装空间	1.0	0.7
重量：静荷载	1.0	0.6～0.7
动荷载	1.0	0.4～0.5
冷却水	需　要	不需要
使用的燃料	柴　油	柴油、汽油、天然气
电特性：频率偏移（稳定状态）	±5%	±0.4%（单轴）
频率偏差（不稳定状态）	±10%（75%负载）	±4%（满荷载）
频率偏差恢复时间（s）	4	2
电压调节（稳定状态）	±2%	±1.5%
电压调节（不稳定状态）	±20%（75%负载）	±20%（满荷载）
不稳定电压恢复时间（s）	3	2
燃烧消耗（g/PS·h）	160～200	200～350
噪音水平[dB(A)]（在1m以外）	105～115	80～90
燃烧用空气量	需要量较少	为柴油发电机的2.5～4倍
振　　动	往复运动、振动大	旋转运动、振动小
起动时间（s）	5～40	20～40

三、不间断电源系统

1. 概述

不间断电源装置是一种在交流输入电源因电力中断或电压、频率波形等不符合要求而中断供电时，保证向负荷连续供电的装置。

不间断电源装置一般可分为两大类：静止型不间断电源装置和旋转型不间断电源装置。

静止型不间断电源装置如图2-10所示，由整流器、逆变器、蓄电池、常用电源（市电）、备用电源（市电或油机发电机）和静态开关等组成。当常用电源正常时，由常用电源向整流器供电，一方面经逆变器输出交流电供给负载，另一方面对蓄电池充电。当常用电源中断时，由蓄电池供电。当常用电源中断时间很长，蓄电池无法保证供电时，必须切换到备用市电电源或起动油机发电机组才能保证不间断供电。静态开关由反并联晶闸管或双向晶闸管组成，通过它将两个电源并联。

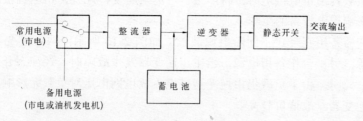

图 2-10　静止型不间断电源装置

旋转型不间断电源装置如图 2-11 所示，由市电、整流器、蓄电池、直流电动机、飞轮和交流发电机等部分组成。飞轮的作用是利用其转动惯量大的性质，在发电机的负荷变动时维持机组的转速稳定，从而使发电机的输出电压的幅值和频率稳定。此外，当市电中断而转换到蓄电池供电时，保证负载电源不会中断。

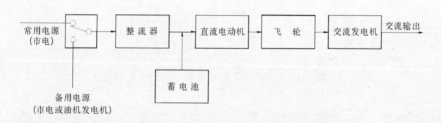

图 2-11　旋转型不间断电源装置

2．静止型交流不间断电源装置的类型

静止型交流不间断电源装置分为无冗余和有冗余两大类，其中，有冗余不间断电源装置又可分为备用冗余式和并联冗余式，而备用又有市电备用和逆变器备用之分，并联又有逆变器与市电并联和逆变器与逆变器并联之分。

（1）无冗余不间断电装置。如图 2-10 所示。

（2）市电备用冗余式不间断电源装置。如图 2-12 所示，利用市电作旁路备用电源，当逆变器发生故障时，通过静态开关自动将负载由逆变器转接到市电电源。将从逆变器发

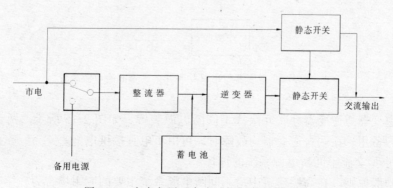

图 2-12　市电备用冗余式不间断电源装置

生故障到负载转接到市电电源所需要的时间称为转换时间。这种装置的缺点是：当逆变器发生故障后负载转由市电供电时，将产生一定的负瞬变，此外，市电直接供电时，电网电压的波动将影响用电设备的工作。

（3）逆变器备用冗余式不间断电源装置。如图 2-13 所示，两台逆变器同步，其中一台作主用电源，另一台作备用电源，当主用逆变器发生故障时，经静态开关将负载转接到备用逆变器。此时，由于负载仍由逆变器供电，故电网电压对负载无影响。其缺点是：由于多用一台逆变器，故造价较高。

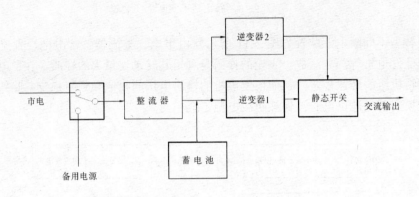

图 2-13　逆变器备用冗余式不间断电源装置

（4）逆变器与市电并联冗余式不间断电源装置。如图 2-14 所示，正常情况下，逆变器与市电并联同步运行同时供电给负载。当逆变器发生故障时，负载全部由市电供电；当市电中断时，负载全部由逆变器供电。由于逆变器与市电直接并联运行，所以，在转换过程中负载电压不会中断，从而真正实现了不间断供电。

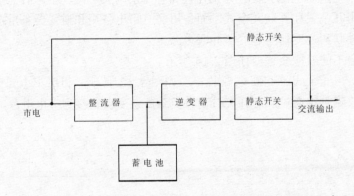

图 2-14　逆变器与市电并联冗余式不间断电源装置

（5）逆变器与逆变器并联冗余式不间断电源装置。如图 2-15 所示，两台逆变器同时供电，互为备用。在两台逆变器均故障时，可由市电直接供电。

3. 静止型交流不间断电源系统的选择

（1）一般原则。在高层建筑中，不间断电源系统主要的应用场合为：第一，用电负荷不允许中断供电，其供电对象主要是实时性（要求在事件或数据产生的同时能以足够快的

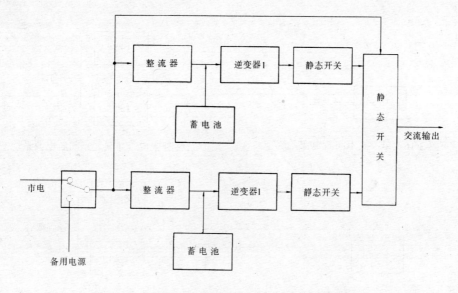

图 2-15 逆变器与逆变器并联冗余式不间断电源装置

速度予以处理,其处理结果在时间上又来得及控制被监测或被控制过程)电子计算机的电子数据处理装置的电源保障;第二,用电负荷允许中断供电时间在 1.5s 以内,主要指用备用电源自动投入装置在供电连续性上不能满足要求的场合;第三,重要场所(如监控中心)的应急备用电源,主要作为一种过渡措施,与快速起动的应急发电机组或备用市网配合。

不间断电源系统的选择应按负荷大小、运行方式、电压及频率波动范围、允许中断供电时间、波形畸变系数及切换波形是否连续等各项指标综合确定。

为了使不间断电源系统安全可靠运行,避免不间断电源系统的各个部件由于负荷的负担不等造成电压失调、波形失真,三相输出的负荷不平衡度——最大一相和最小一相负荷的基波均方根电流之差不应超过不间断电源额定电流的 25%,而且最大线电流不超过其额定值。三相输出系统输出电压的不平衡系数——在规定的正常工作条件下(包括规定的负荷不平衡度)的输出电压的负序分量对正序分量之比应不超过 5%。如果要求不间断电源输出正弦波电压,则应由产品技术条件或由供需双方商定规定允许的最大波形失真度和谐波的含量,在无特殊要求和其他说明时,输出电压的总波形失真度不应超过 5%(单相输出允许 10%)。

(2) 不间断电源系统的型式。不间断电源系统的型式应根据用电设备对供电可靠性、连续性、稳定性和电源诸参数质量的要求确定,通常采用下列四种型式。

单一式不间断电源系统,如图 2-16 所示,系统只包括一个不间断电源装置。

并联式不间断电源系统,如图 2-17 所示,系统由两个或多个不间断电源装置并联运行构成。

冗余式不间断电源系统,如图 2-18 所示,系统有冗余不间断电源装置。

并联冗余式不间断电源系统,如图 2-19 所示,系统由几个均分负载的不间断电源装置并联运行构成,几个不间断电源装置互为备用,当其中一个或多个不间断电源装置发生故障时,其余的不间断电源装置承担全部负载。

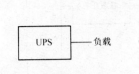
图 2-16　单一式不间断电源系统

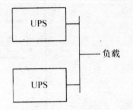
图 2-17　并联式不间断电源系统

图 2-18　冗余式不间断电源系统

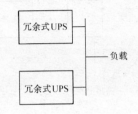
图 2-19　并联冗余式不间断电源系统

(3) 不间断电源设备的选择。

不间断电源设备的输出功率指输出的有功功率，即基波功率与谐波功率之和。在向电子计算机供电时，输出功率应大于电子计算机各设备额定功率总和的 1.5 倍；向其他用电设备供电时，输出功率为最大计算负荷的 1.3 倍。负荷的最大冲击电流不应大于不间断电源设备的额定电流的 150%。

不间断电源的工作制取 100% 额定电流连续；125% 额定电流 1min；150% 额定电流 10s，若是特殊工作制条件，则应在订货时提出。

不间断电源装置配套的整流器的容量应大于或等于逆变器需要容量与蓄电池直供的应急负荷之和。

(4) 不间断电源系统的交流电源。

不间断电源系统宜采用两路电源供电。当用柴油发电机组作为备用电源时，不应用作旁路电源，因机组从起动到带负荷需要一定时间，不能满足旁路电源切换时间不超过 2~10ms 的要求。

交流输入电压的持续波动范围应不超过 ±10%，旁路电源必须满足负荷容量及特性的要求，交流输入电压的总相对谐波含量不超过 10%。

不间断电源系统的交流电源不宜与其他冲击性负荷由同一变压器或母线段供电。系统的输入输出回路宜采用电缆。

(5) 蓄电池的选择。

不间断电源系统用的蓄电池需在常温下能瞬时起动，一般选碱性或酸性蓄电池，有条件时应选用碱性型燃料电池。当要求继续维持供电时间较短时宜采用镉镍蓄电池，否则宜用固定型铅蓄电池。

蓄电池的额定放电时间（是指在交流输入发生故障时，起动蓄电池，在规定的工作条件下，不间断电源设备保持向负载连续供电的最小时间），在为保证用电设备按照操作顺序进行停机时，以停机所需最长时间来确定，一般取 8~15min；当有备用电源时，为保证用电设备的供电连续性，并等待备用电源的投入，蓄电池的额定放电时间取 10~30min。

蓄电池组容量应根据市电停电后由其维持供电时间来确定。

(6) 不间断电源装置室的布置。

不间断电源装置的整流器柜、逆变器柜、静态开关柜等柜体的安装应考虑足够的维护检修通道。离墙安装时柜后维护通道不宜小于 1m；柜顶距天棚距离不宜小于 1.2m，以便考虑柜顶装设专用排气通道用；柜前巡视通道不宜小于 1.5m。

整流器柜、逆变器柜、静态开关柜等柜体的下面应有电缆沟或电缆夹层。

当采用酸性蓄电池时，为避免酸性蓄电池运行过程中所产生的腐蚀性气体对装置的损坏，酸性蓄电池室应与不间断电源装置室分开设置。若采用碱性蓄电池，因无腐蚀性气体逸出，故可将碱性蓄电池与不间断电源装置置于一室。

为了防止电磁干扰，不间断电源装置室内的控制电缆应与主回路电缆分开敷设，如有困难，则控制线应采用屏蔽线或穿钢管敷设。

第五节 变电所的位置和布置

一、变电所的位置选择

变电所位置的选择应从安全运行的角度出发，达到较好的技术经济性能。一般要考虑尽量接近负荷中心，进出线方便，接近电源侧，设备运输方便，应避开有剧烈振动、高温、潮湿和有爆炸危险的场所，尽量避免多尘、有腐蚀性气体和有火灾危险的场所。

由于高层建筑楼层多，负荷大且遍布大楼的各层，但从负荷在整个建筑物的位置上的分布来看，大楼底部、中间部分层和顶部是用电负荷相对集中的区域。因此，对于高层建筑而言，变电所的位置选择可有下列几种方案：

1．在地下层或辅助建筑物内设置变压器；
2．在地下层和最高层设置主变压器；
3．分别在地下层、最高层和中间层设置主变压器；
4．仅在中间层设置主变压器；
5．分别在底层和上部各层设置主变压器。

具体工程中采用何种方案，除了要考虑经济、设备条件和施工方便等因素外，还应考虑经营和管理因素。一般来说，当楼层在 20~30 层时，可将变压器设在地下层或辅助建筑物内；当楼层超过 60 层时，在地下层和最高层设置变压器或分别在地下层、中间层和最高层设置变压器。

表 2-18 列出了国内外部分高层建筑变电所位置的设置情况。

二、变电所的型式和布置

高层建筑的变电所宜采用室内变电所或组合式成套变电站。

组合式成套变电站由高压开关柜、变压器柜和低压开关柜等三部分组成，组合并列安装，变压器采用干式变压器，高压断路器采用真空断路器。为便于运输和安装，一般采用分立单元组合式，将高压开关柜、变压器柜和低压开关柜分别制成独立单元式，根据不同主接线要求选择不同的单元进行组合。

国内外部分高层建筑变电所位置设置情况　　　　　表 2-18

序号	建筑物名称	高度(m)	层数（地下+地面+塔楼）	变电所所在楼层	备注
1	上海希尔顿酒店	143.6	2+42+1	地下，1层	
2	上海花园酒店	120	1+34+0	5 层	
3	上海新锦江大酒店	153	1+43+0	2 层	
4	上海锦沧文化大酒店	100	2+30+0	辅楼1层	
5	上海联谊大厦	107	1+30+0	辅楼2层	
6	上海电信大楼	131.8	3+24+2	1 层	
7	日本大阪国际大楼	121	3+32+1	地下3层	
8	日本新宿野村大楼	210	5+50+3	地下5层	
9	日本东京都第一勤银本店	140	4+32+2	地下4层，塔楼1层	
10	日本东京都赤阪王子饭店	138	2+39+1	地下2层，39层	
11	日本东京都三井霞关大楼	147	3+36+3	地下2层，13层，36层	
12	日本东京都京王广场旅店	170	3+47+0	地下3层，6层，46层	
13	日本 OMB 大楼	110	4+32+1	8 层	
14	日本大阪机场大楼	118	1+29+4	18 层	
15	日本东京阳关事物楼	226	3+60+3	地下4层，其他12处	
16	日本东京都港建物大楼	167	3+40+1	地下2层，地下3层，40层，其他15处	

变电所的布置应遵循有关规范的要求，如《10kV 及以下变电所设计规范》(GB50053—94),《民用建筑电气设计规范》（JGJ/T16—92),《35～110kV 变电所设计规范》（GB50059—92)等等。

第三章 照明系统设计

建筑灯具和装饰照明技术的发展，使得照明系统在民用建筑尤其是高层建筑中的作用变得越来越大。照明不仅要满足功能需要，同时还应考虑装饰要求，从而创造满意的视觉条件。

第一节 灯具选择与布置

一、光源的选择

1. 光源性能指标

电光源按发光原理分为热辐射光源与气体放电光源。目前，用于高层建筑照明的光源主要是热辐射类的白炽灯与卤钨灯，气体放电类的荧光灯、高压汞灯、金属卤化物灯与高压钠灯。白炽灯和荧光灯被广泛用于建筑物内部照明，金属卤化物灯、高压汞灯、高压钠灯和卤钨灯则用于广场道路、建筑物立面、体育馆等照明。

电光源的主要性能指标有功率、色温（K）、显色性（平均显色指数 R_a）、光效（lm/W）、启动特性和功率因数等。

常用电光源的主要特性比较见表 3-1。

常用照明电光源主要特性比较　　　　表 3-1

光源名称	普通照明灯泡	卤钨灯	荧光灯	荧光高压汞灯	管形氙灯	高压钠灯	金属卤化物灯
额定功率范围（W）	10～1000	500～2000	6～125	50～1000	1500～100000	250, 400	400～1000
光效（lm/W）	6.5～19	20～34	25～67	30～50	20～37	90～100	60～80
平均寿命（h）	1000	1500	2000～3000	2500～5000	500～1000	3000	2000
色温（K）	2400～2950	2700～3400	3000～6500	5500	5500～6000	1900～2100	5000～6500
一般显色指数 R_a	95～99	95～99	70～80	30～40	90～94	20～5	65～85
启动稳定时间	瞬时	瞬时	1～3s	4～8min	1～2s	4～8min	4～8min
再启动时间	瞬时	瞬时	瞬时	5～10min	瞬时	10～20min	10～15min
功率因数 $\cos\varphi$	1	1	0.33～0.7	0.44～0.67	0.4～0.9	0.44	0.4～0.61
频闪效应	不明显	不明显	明显	明显	明显	明显	明显
表面亮度	大	大	小	较大	大	较大	大
电压变化对光通的影响	大	大	较大	较大	较大	大	较大
环境温度对光通的影响	小	小	大	较小	小	较小	较小
耐震性能	较差	差	较好	好	好	较好	好
所需附件	无	无	镇流器、启辉器	镇流器	镇流器、触发器	镇流器	镇流器、触发器

2．光源的选择

光源的选择应考虑选择的基本原则和具体应用场合。

（1）选择的基本原则包括如下内容：

1）满足照明质量的要求，如光通量、色温、显色性等；

2）适应视觉条件和环境条件，如视觉紧张程度、防火要求或防尘要求等；

3）考虑使用方式和外界影响，如开关频繁程度、电压波动等；

4）注意经济合理性，如发光效率、电能消耗等。

（2）不同场合下光源的选择依据包括：

1）在照明开关频繁、要求无频闪效应、防电磁干扰、光色要求高的场所，宜选白炽灯和卤钨灯。卤钨灯较白炽灯有明显的优点，被广泛用于大面积照明和定向照明，特别是强光照明、电视电影摄像照明、舞台照明等。

2）在视觉工作精细、工作时间长的场所，宜用荧光灯或卤物灯。荧光灯的品种多，显色性和色温可根据环境不同具体选择，被广泛应用在高层建筑中。日光色光源接近自然光，有明亮感、使人精力集中，适用于办公室、会议室、教室、设计室、阅览室和展览橱窗等场所。冷白色光源的光效高、光线柔和，使人愉快、舒适，适用于商店、医院、办公室、餐厅等场所。暖白色光源较其它红光成份多，给人以温暖、健康感，适用于家庭、宿舍、医院、宾馆客房等场所。

（3）在有光色要求的高大场所（如体育馆），宜用混光照明，如白炽灯与高压汞灯、高压钠灯与金属卤化物灯、高压汞灯与高压钠灯等混合。

（4）对于特别场所应加强某项性能指标，例如需要正确辨色或需要用颜色来提高物体与背景颜色对比的场所，宜用显色性高的三基色荧光灯。

（5）光源的选择要与环境装饰相协调，应与建筑融为一体。

二、灯具的选择

1．灯具的作用和特性

灯具是光源、灯罩（控照器）和附件的总称，它的功能是将光源所发出的光通进行再分配，并具有装饰和美化环境的作用。因此灯具有功能性和装饰性双重作用，只是对于不同灯具侧重不同。功能灯具以提高光效、降低眩光影响，保护光源不受损失为目的。装饰灯具则以美化环境、烘托气氛为主要目的，故将造型、色泽放在首位，适当兼顾效率和限制眩光等要求。

灯具的光学特性有配光、效率及保护角等。配光以配光曲线表示，效率是反映灯具的技术经济效果的指标，保护角则是反映灯具限制眩光影响的参数。

2．灯具的分类

灯具的分类方法有按国际照明学会（CIE）配光分类法、安装方式分类法和应用环境分类法等。

CIE对灯具上半球和下半球发射的光通百分比来区分配光特征，不同配光特征适用于不同场所，表3-2给出了各类灯具的比较。

根据安装方式，灯具大致可分为吸顶灯、壁灯、嵌入式灯、半嵌入式灯、吊灯等。壁灯主要用于局部照明、装饰照明或不适合在顶棚安装或没有顶棚的场所；吸顶灯主要用于没有吊顶的房间内；嵌入式和半嵌入式灯具主要用于有吊顶的房间内，其中嵌入式灯具的限制眩光作用比半嵌入式要好；吊灯是应用最广泛的一种；它主要是利用吊杆、吊链、吊管、吊线来吊装灯具，以达到不同的效果。

灯具配光的分类及适用范围　　　　　　　　表 3-2

灯具分类		直接照明	半直接照明	漫射照明	半间接照明	间接照明
灯具配光	上半球光通（%） 下半球光通（%）	$\dfrac{0}{100} \longrightarrow$	$\dfrac{10}{90} \longrightarrow$	$\dfrac{40}{60} \longrightarrow$	$\dfrac{60}{40} \longrightarrow$	$\dfrac{90}{10} \longrightarrow \dfrac{100}{0}$
灯型示例		搪瓷深照灯、搪瓷配照灯、搪瓷广照灯、嵌入式荧光灯、发光顶棚、格栅顶棚	下部开口的乳白玻璃罩灯	不开口的乳白玻璃罩灯	上部开口的乳白玻璃罩灯	上部开口的金属罩灯、暗槽反射灯带
特　征		（1）光通集中在下半球，可制成窄、中、宽各种配光，适于多种场所 （2）光利用率高 （3）易获得局部地区高照度 （4）顶棚较暗	（1）向下光仍占优势，也具有直接照明的特点 （2）具有少量向上的光，使上部阴影获得改善	（1）向上与向下的光大致相等，具有直接照明与间接照明二者的特点 （2）房间反射率高，能发挥出好的效果，整个房间明亮	向下光占小部分，光的利用率较低，顶棚较亮	绝大部分或全部光向上射，整个顶棚变成二次发光体
适用范围		适用于高大房间的一般照明，例如大厅、体育馆等常用的深照型灯、配照型灯、广照型灯、控照型荧光灯、嵌入式荧光灯以及发光顶棚、格栅顶棚、组合顶棚照明等均属此类	适用于需要创造气氛和要求经济性较好的场所，如办公大厅、学校、饭店等处常用的各式玻璃灯、开启式吸顶荧光灯、枝形花吊灯等		一般说这些灯应用于创造环境气体为主，而不注重经济性能的场所。如金属反射型吊灯、暗槽反射式灯等	

从应用环境来分，灯具又可分为民用建筑灯具、工业建筑灯具、专用灯具（如水下照明灯、艺术欣赏灯、舞厅（台）灯等），还可分为防潮型、防水防尘型、防爆安全型、隔爆型和防腐蚀型等。

3. 灯具的选择

灯具的选择应考虑很多因素，下面就高层建筑中灯具选择问题加以论述。

照明设计选择灯具时，应综合考虑以下几点：①灯具的光学特性（灯具效率、配光、利用系数、表面亮度、眩光等）；②经济性（价格光通比、电消耗、维护费用等）；③灯具使用的环境条件（是否要防水、防潮、防尘等）；④灯具的外形与建筑物或室内装修是否协调等。

（1）从灯具光特性上的选择：

1）在层高较低的建筑中，房间的墙与顶棚均要求有一定亮度，要求房间有较高的反射系数，并需有一部分光直接到顶棚和墙上，此时以采用半直接照明型或直接、间接型配光的灯具为宜。上半球光通辐射一般不应小于15%，并应避免采用特狭照型直接灯具。

2) 层高较高（6m以上）时，宜采用狭照型或特狭照型灯具，但对垂直照度有要求的场所不宜采用高度集中配光的灯具，而应考虑有一部分光能照到墙上。

3) 建筑物室内要求减少阴影时，可采用广照型等配光，使工作点能受到来自各个方向灯具光线的照射。如果对消除阴影要求十分严格，则最好采用发光平面（如发光顶棚），它的特点是照度高，且均匀，对消除阴影效果比较理想。

4) 带有格栅的嵌入式灯具布置成的发光带，一般多用于长而大的办公室或大厅。光带的优点是光线柔和，没有眩光；缺点是顶棚较暗，特别是光带间距较大时，就更为突出。

5) 为了防止眩光，应选用带有保护角或有漫射玻璃的灯具。

6) 当要求垂直照度时，可采用宽配光灯具或倾斜安装灯具。

7) 特殊用房，应根据需要选配专用灯具，如舞厅（台）等。

(2) 经济性方面的考虑：

1) 在考虑照明的经济性时，要作全面的比较，主要考虑初投资、耗电费及年维护费。

2) 如果进行全面的经济比较十分复杂，难以进行，则以在获得同一照度值情况下消耗功率最小的照明方案作为最经济的方案。

(3) 环境条件方面的考虑：

这里主要考虑灯具外壳的防护等级和电气安全规定。

建筑灯具必须防止人体触及或接通外壳内部的带电部分，防止固体异物进入外壳内部，在有些场所，还必须防止水或潮气进入外壳内部达到有害程度。对此，国家标准《灯具外壳防护等级分类》（GB7001—86）作了明确的规定。

表示防护等级的代号通常由特征字母"IP"和两个特征数字组成，即IP□□。第一位特征数字是指防止固体异物进入灯具外壳内部的防护等级，第二位特征数字是指防止水进入灯具外壳内部的防护等级。第一位数字共7个（0~6），从无防护到尘密，第二位数字共9个（0~8），从无防护到防潜水影响（加压水密型）。

在防触电方面，灯具共分为四类：0类、Ⅰ类、Ⅱ类及Ⅲ类。

0类灯具仅适宜于普通灯具，是依靠基本绝缘来防触电保护的灯具。

Ⅰ类灯具的防触电保护不仅依靠基本绝缘，还包括附加的安全措施，即提供这样一种方法，把易触及的导电部件连接到灯具的固定布线中的保护接地导线（体）上，使易触及的导电部件在基本绝缘失效时不致带电。

Ⅱ类灯具的防触电保护不仅依靠基本绝缘，而且具有附加安全措施，例如双重绝缘或加强绝缘，但没有保护接地或依赖安装条件的措施。

Ⅲ类灯具的保护依靠电源电压为安全特低电压（SELV），并且高于SELV的电压在其中不会产生的一类灯具。

(4) 建筑装修方面的考虑：

对于装修档次较高建筑，在灯具造型上要与装饰工程相配合，颜色要和谐、协调，使整个建筑空间在艺术上得到统一，这种照明方式称之为建筑化照明。

建筑化照明通常把照明灯具与建筑物顶棚统一考虑。其中，以艺术装饰为主的属于艺

术照明,以功能为主的属于一般照明。建筑化照明所采用的灯具有以下几种:

1) 枝形花吊灯:用多种不同照明灯具按一定图案布置,富有艺术意境,适用于宾馆大厅、宴会厅等。

2) 空间枝形灯:将光源与金属管网组成各种形状的灯具群,五彩缤纷,豪华气派,适用于交谊大厅、商场等。

3) 点光源嵌入式直射光:把点光源灯具按一定方式嵌入顶棚内,并与房间内的吊灯一起组成所要求的图案。照明气氛宁静,简洁淡雅,适用于一般餐厅照明。

4) 格栅顶棚和全发光顶棚:把房间的顶棚全部装上半透明材料制作的扩散板或格片,能有效地克服直接眩光和二次反射眩光,照度分布均匀,光线柔和,适用于办公室、商场等。

三、灯具布置

在照明设计中,当房间或工作场所的照度以及根据其工作性质、用途所选用的照明灯具确定后,就该布置照明灯具的位置了。灯具的布置是确定灯具在房间内的空间位置,它与光的投射方向、工作面的照度、照度的均匀性、眩光的限制,以及阴影等都有直接的影响。灯具的布置是否合理还关系到照明安装容量和投资费用,以及维护检修方便与安全。

灯具的布置要根据房间内设施的摆设、建筑结构形式和视觉工作特点等条件来进行。布灯的方式有适用于要求整个工作面照度分布均匀,灯具间隔和行距都保持一定的均匀布灯;有要求局部足够亮度的选择性布灯(非均匀布灯)。无论什么形式,都要做到灯具分布合理。

1. 布灯的合理性

(1) 灯具的距高比 (L/h) 要适宜。灯具的布置是否合理,主要取决于灯具的间距 L 和计算高度 h 的比值是否恰当。L/h 值小,照度均匀度好,但投资多;L/h 值过大,布灯少,照度均匀度差。各种灯具有最大允许距高比值 L/h,实际布灯的距高比小于最大允许距高比值时,照度均匀度就能满足要求。各种灯具适宜的距高比值,可参照表3-3来确定。

灯具适宜的距高比   表3-3

配光名称	直 接 照 射			半直接照射	漫 射
	窄配光	余弦配光	宽配光		
最大允许距高比(L/h)	0.5~0.7	1.4~1.8	2.0~2.3	1.2~1.4	1.6~1.8

在校核距高比 L/h 值时,几种布灯形式中的 L 值,可按图3-1中的公式计算。荧光灯的形状是不对称于灯具轴线的,所以它的最大允许距高比值有横向和纵向两个。纵向比横向大些。灯具布置合理可以有效地消除在主要观察范围内的反射眩光。

例如荧光灯,当采用嵌入式格栅灯具时,其纵向最大 L/h 为:双管1.25,三管1.07;横向最大 L/h 为:双管1.20,三管1.05。若为吸顶式荧光灯,纵向最大 L/h 为:双管1.48,三管1.5;横向最大 L/h 为:双管1.22,三管1.26。

(2) 灯具离墙的距离一般为灯具间距的 1/2~1/3。

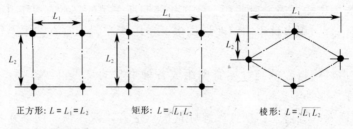

图 3-1 计算 L 值的几种形式

（3）灯具的悬挂高度要适宜。灯具的悬挂高度（距地高度），以不发生眩光作用为限，可以在工作活动范围 2~12m 之内选择，还应当考虑防止碰撞和触电等电气安全的要求。

2. 均匀布灯

布灯时不考虑室内设施的摆设位置，而将灯具均匀地有规律地排列，以使工作面上获得均匀的照度，如办公室、阅览室等。

均匀布灯应考虑如下问题：

（1）根据灯具种类合理确定灯具的距高比。

（2）合理确定布灯的图案。以下几点供参考：

1）要根据房间的特点来布置灯具图案。通常情况下，由于房间是矩形的，灯具的布置可以用单一的几何形状，如直线、角形、交错、格子等，但如果房间形状变化，灯具布置也应随之而变，即满足照度均匀要求，也满足美的要求。如上海体育馆比赛厅呈圆形，照明灯具布置采用满天星方案。中间由 109 盏卤钨灯具连成一个直径为 32m 的光环，光环中还有 64 盏 1000W 卤钨灯具及一盏花形中心灯具，以上两部分作为比赛场地基本照明用。光环外围用 324 盏（108 只 500W、216 只 1000W）卤钨灯组成放射形满天星光点。此部分作为比赛场地补充照明及观众席照明之用。它们以金色电光铝装饰条将所有光点交织相连，形成一幅葵花盛开的图案。

2）要注意灯具布置图案形成的心理效果。灯具的布置方法不同，给人心理效果不同。室内采用许多点光源格子图案或满天星图案会有热闹感，比较适合礼堂、餐厅、大厅等场所。若采用光带式面发光照明图案，会有整齐感，比较适合办公室等场所。

（3）要考虑房间装饰情况，注意以下几点：

1）顶棚的整体效果。考虑顶棚上空调送风口、扬声器、火灾探测器等其他设备的安装，要统一安排，统一布置。

2）在吊顶房间内，灯具布置时要考虑吊顶材料的安装尺寸，凸凹变化情况，要与室内装饰密切配合。

3）在商业、宾馆以及安装有玻璃幕墙的建筑中，还特别注意开灯后的夜景效果。

3. 选择性布灯（非均匀照度布灯）

灯具的布置主要是根据工作场所设施布置情况，有选择地布置。其优点是能够选择最有利的光照方向和尽可能避免工作面上的阴影，并且还可以减少一定的灯具数量，节约投资，节省能源。另外，在保证足够的照度前提下强调照明气氛，着重考虑装饰美与体现环境特点。

这种非均匀照度的一般照明的布灯，主要有两种方案：

(1) 中心照明方案。中心照明方案用在客厅、宴会厅等处,在厅堂中心装设大型花吊灯,充分体现出豪华欢快的气氛。

(2) 分区照明方案。分区照明方案多用在商场。由于商场面积大,用均匀照明会显得呆板与一般化,不能刺激顾客的购买欲望,而分区照明就能吸引顾客,突出商品。一般将商场分成若干个商品区,对各商品区的照明可视商品的特性而异,可采用光色不同的光源,衬托出不同商品的特色,产生良好的效果。

此外,还应考虑局部照明方式,如对某个展台、商品的照明及广告箱照明等。

第二节 照明标准与照度计算

一、照明标准

所谓照明标准是指照度水平和照明质量的规定,良好的视觉既要有足够的光通量,还要有好的质量。

1. 照度水平的确定

照度值有最低照度与平均照度之分,工业建筑的照度标准是以最低照度值确定的,而民用建筑则采用平均照度值或推荐照度值。我国《工业企业照明设计标准》(GB50034—92)、《民用建筑照明设计标准》(GBJ—133—90)以及《民用建筑电气设计规范》(JGJ/T16—92)中都对照度标准做了规定。

照度值应根据建筑物性质、规模、等级、标准、功能要求和使用条件等因素确定。在选择照度值时应注意以下几点:

(1) 应考虑灯具的维护系数对照度的影响。因为照明设备经长时间使用后,工作面照度值会下降。原因是光源本身的光通衰减、灯具污染、透光材料及反光材料的老化等因素。为了维持一定的照度水平,计算室内布灯时要考虑维护系数 k(见表3-4)。国内有的书给出照度补偿系数,其值为维护系数的倒数。

灯具的维护系数 表3-4

环境特征分类		维护系数		灯具擦洗次数(次/年)
		白炽灯、荧光灯、高压荧光灯	卤钨灯	
清 洁	很少有尘埃、烟、烟灰及蒸汽(如办公室、阅览室、计算机室等)	0.75	0.8	2
一 般	有少量尘埃、烟、烟灰及蒸汽(如商店营业厅、剧场观众厅、大厅等)	0.7	0.75	2
污染严重	有大量粉尘、烟、烟灰及蒸汽(如厨房、锅炉房、吸烟室)	0.65	0.70	3
室 外	露天广场、道路、庭院灯	0.55	0.60	2

(2) 对于高层建筑中的技术用房可按下列标准选用:

1) 消防控制中心、中央监控室为150~300lx;

2) 变电所、柴油发电机室、空调机房、冷水机房、锅炉房、电梯机房等为 75～150lx；

3) 对外出租办公楼、国际会议大厅等涉外建筑场所，照度值可适当增加。

(3) 照度标准中照度值分为高、中、低三个水平，设计时要根据建筑物的规模与等级来选相应的照度值。

(4) 应急照明的照度水平确定见本章第六节介绍。

2．照明质量

照明质量主要指照明的均匀性、稳定性、光源的显色性、色温、亮度分布、限制眩光和频闪效应等。

(1) 照度的均匀性：

在工作环境中，被照场所的照度应均匀或比较均匀，否则将会导致视觉疲劳。照度的均匀度，一般是以被照场所的最低照度和最高照度之比，或最低照度和平均照度之比值来衡量的，前者称为最低均匀度，后者称为平均均匀度。对于一般室内照明的最低均匀度不得低于 0.3，平均均匀度应在 0.7 以上。

为了获得满意的照明均匀度，灯具布置要有适宜的距高比。

(2) 照度的稳定性：

照度应保持稳定，不稳定的原因是由于光通量的变化，而光通量受电压波动影响。因此，要采取措施保证供电电压稳定，如设专用照明变压器或设置调压器等。另外考虑维护系数，增加光源功率也是一种方法。

(3) 光源的色温和平均显色性指数：

光源的色温分类为三种，其色表特征分别为暖、中间及冷色。暖色色温为 3300K 以下，适用于客房、卧室、餐厅等。中间色色温为 3300～5000K，适用于办公室、图书馆及营业大厅等。冷色色温为 5000K 以上，适用于设计室、计算机室等。

另外，光源的显色指数越高，表明其对颜色的分辨能力越强。对于客房、设计室、办公室等辩色要求较高场所，平均显色指数 Ra 应大于 60。

(4) 合适的亮度分布：

亮度是人眼能引起视觉感的基本条件，而合适的亮度分布是舒适视觉的重要保证。过大的亮度不均匀会造成视觉疲劳，但亮度过于均匀也是不必要的，适当的亮度变化能使空间气氛活跃起来。

室内各表面的亮度比推荐值如下：观察对象与工作面之间：3∶1；观察对象与周围环境之间：10∶1；光源与背景环境之间：20∶1；视野内最大的亮度差：40∶1。

(5) 限制眩光：

限制眩光的基本方法包括：

1) 减少光源和灯具的亮度；

2) 增大眩光源与视线间的夹角；

3) 采用发光顶棚（但亮度要限制）。

(6) 频闪效应的消除：

当采用气体放电灯时，随着电压电流的周期性交变，其光通量也发生周期性的变化，这会使人眼产生明显的闪烁感觉。通常采用把气体放电灯分相接入电源回路的方法，或将单相供电的两根荧光灯管采用移相接法。例如将二个荧光灯分别接入两相电路，则光通量的波动深度由55%下降至23%，若将三个荧光灯分接三相电路中，则波动深度下降为5%。

二、照度计算

照度计算的目的是根据所需要的照度值及其他已知条件（照明器型式及布置、房间各个面的反射条件及污染情况等）来决定灯的容量或灯的数量，或在照明器型式、布置及光源的容量都已确定的情况下，计算某点的照度值。

任何一种计算方法除了应用公式外，还需查阅某些系数的表格。这里只给出各种方法的计算公式、方法的特点和应用范围，对于各种方法中所需系数的表格并不列出，计算时可查阅有关设计手册或产品样本。

值得注意的是，由于建筑材料的快速发展，许多新型材料被高层建筑所采用，因此，现在所依据的表格并不完善，有的也不十分精确，设计时应做相应调整。

1．照度计算的基本方法及适用范围

照度计算方法有多种，常用的有利用系数法、单位容量法和逐点计算法。任何一种计算方法都只能做到基本准确，由于各种参数的不精确，计算结果有+20%至-10%的误差是允许的。

(1) 利用系数法：

利用系数法包括用利用系数计算法和查概算曲线法。利用系数法考虑了直射光及反射光两部分所产生的照度，计算结果为水平面上的平均照度，特别适用于反射条件好的场所。当选用反射式、半反射式或漫射式等主要利用反射光通的照度灯具时，必须采用利用系数计算法。查概算曲线法则根据各种灯具的概算图表对一般房间的灯数作概略计算。

利用系数法的基本公式为：

$$F = \frac{E_{av} \cdot K \cdot A}{N \cdot \mu} \tag{3-1}$$

式中　F——每个灯具内光源的总光通量（lm）；

　　　E_{av}——平均照度（lx）；

　　　K——维护系数；

　　　A——房间面积（m^2）；

　　　μ——灯具的利用系数；

　　　N——所需灯具数量。

利用系数μ是表示室内工作面上由灯具的照射和墙、顶棚的反射而得到的光通量与光源发出的光通量的比值，它与灯具类型、灯具效率、照明方式、房间内各表面的反射系数有关。用利用系数计算法的主要环节是查出灯具的利用系数μ，各种设计手册或灯具样本中都附有各种灯具的利用系数表。

(2) 单位容量法：

为简化计算，可根据不同的照明器型式、计算高度、房间面积和平均照度要求，应用利用系数计算出单位面积安装功率，列成表格，供设计时查用，这种方法称为单位容量法。其计算公式为：

$$N \geqslant \frac{W \cdot S}{P} \tag{3-2}$$

式中　N——被照面积内灯具数量；
　　　W——单位面积所需安装功率（W/m²）；
　　　S——被照面积（m²）；
　　　P——每个灯具内灯泡总功率（W）。

单位容量法计算结果误差较大，因为不同环境下单位面积所需安装功率应不同，而现在的表格参数并不能适用各种环境，它只是一个粗略数据。因而单位容量只适用于初步设计或方案确定时用电量的估算。

(3) 逐点计算法：

逐点计算法又包括点光源计算法（如平方反比法）、线光源计算法（如方位系数法）和面光源计算法。逐点计算法只考虑直射光产生的照度，可以计算任意面上某一点的直射照度。

逐点计算法适用面较宽，计算方法多，可用于一般照明和局部照明。在采用直射照明器的场所，可直接求出水平面照度，也可乘上系数求得任意面上的照度。这种方法计算结果较准确。下面给出几种计算方法的计算公式。

1) 平方反比法：平方反比法用来计算点光源在水平面上的直射照度值，平面上某一点的照度是多个照明器对该点照度的迭加总和。若非点光源的尺寸与光源到计算点之间的距离之比很小时，方可利用此法计算，但仍有误差。例如光源尺寸为其到计算点距离的1/5时，其计算误差为5%以上。

平方反比法的实用计算公式（对照图3-2）为：

$$E_S = \frac{I_Q \cdot F \cdot k}{1000 H^2} \cos^3 \theta \tag{3-3}$$

式中　E_S——水平面照度（lx）；
　　　I_Q——光源光通量为1000lm时，θ方向的光强值（cd）；
　　　F——每个照明器中光源的总光通量（lm）；
　　　k——维护系数；
　　　θ——光线的方向与被照面法线间的夹角；
　　　H——计算高度（m）。

2) 平面相对等照度曲线法：此法应用于采用非对称配光照明器（如荧光灯、卤钨灯）的场所，将线光源看成点光源，绘制成平面相对等照度曲线。使用此曲线的条件是：光源的实际长度与光源悬挂高度之比小于0.6。其计算公式为：

$$E_S = \frac{F \cdot k \cdot \Sigma e}{1000 H^2} \tag{3-4}$$

式中　Σe——各照明器对计算点产生的相对照度的算术和；
F、k、H——同公式（3-3）。

3) 方位系数法：方位系数法应用于线光源场所。当发光元件具有较大长度与较小宽度（如嵌入式带状荧光灯、单个荧光灯具等），可用此法计算，见图3-3。

方位系数法的基本计算公式如下：

水平面照度：

$$E_S = \frac{I_Q \cdot k}{1000 H} \left(\frac{F}{l} \right) \cos^2 \theta \cdot F_x \tag{3-5}$$

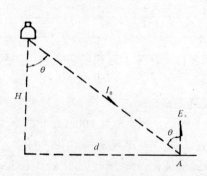
图 3-2 水平面上 A 点的照度计算

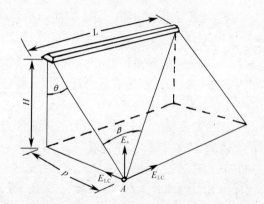
图 3-3 线光源水平面、垂直面上 A 点的照度计算

被照面与光源平行时的垂直照度：

$$E_{/\!/C} = \frac{I_\theta \cdot k}{1000H}\left(\frac{F}{l}\right)\cos\theta\sin\theta \cdot F_x \tag{3-6}$$

被照面与光源垂直时的垂直照度：

$$E_{\perp C} = \frac{I_\theta \cdot k}{1000H}\left(\frac{F}{l}\right)\cos\theta \cdot f_x \tag{3-7}$$

以上式中 I_θ——照明器的垂直面光强分布曲线中与 θ 角对应方向的光强值（cd）；

F/l——线光源单位长度的光通量（lm/m）；

k——维护系数；

θ——入射角，$\theta = \mathrm{tg}^{-1}\left(\dfrac{P}{H}\right)$；

β——方位角，$\beta = \mathrm{tg}^{-1}\left(\dfrac{1}{\sqrt{H^2 + P^2}}\right)$；

F_x、f_x——方位系数，可查曲线表求出。

2. 常用照明装置的照度计算

在民用建筑中，有时采用发光顶棚、暗槽灯及花灯等照明装置，以达到所需装饰效果。

（1）发光顶棚照明装置的照度计算：

发光顶棚照明效果是使光源的光通通过大面积的透光面而取得。通常有两种装置形式：一是将光源装在带有光玻璃或遮光栅格内（光盒式），二是将照明灯具悬挂在房间的顶棚内（吊顶式），顶棚为散光玻璃或遮光栅格的透光面。

发光顶棚照明装置的平均照度计算公式为：

$$E_{av} = \frac{F \cdot \eta_0 \cdot \eta \cdot k}{S} \tag{3-8}$$

式中 E_{av}——工作面的平均照度（lx）；

F——光源总光通量（lm）；

η_0——发光顶棚的本身效率，采用玻璃时为 0.55～0.8，采用遮光格栅时为 0.6～0.7；

η——发光顶棚辐射光通的利用系数;

k——维护系数;

S——地面面积(m^2)。

高层建筑中,商场商业大厅、办公楼会议室、入口大厅等大面积场所常采用此种照明装置。

在发光顶棚照明装置中,为了保证散光玻璃或遮光格栅上的亮度均匀,照明灯具或灯泡至透光面的距离 h_x 不应小于:吊顶式为 0.8~1.5m;光盒式为 100mm(磨砂玻璃为 300mm)。灯具之间的距离 L 与 h_x 的比值也应适宜,如高层建筑常用的荧光灯管,透光面采用乳白玻璃时 L/h_x 应不大于 2.0,采用磨砂玻璃或遮光玻璃时则不大于 1.5。若采用带反射罩的荧光灯具,则 L/h_x 分别不应大于 1.5 和 1.2。

(2) 暗槽灯照明装置的照度计算:

暗槽灯是通过反射表面(墙和顶棚)来产生必要照度的一种照明装置。但由于其效率低,所需的安装功率和费用较高。

暗槽灯照明装置根据装饰需要或功能需要可在许多场合采用,如商场营业厅、餐厅、会议室、休息大厅以及娱乐性场所等。

暗槽灯照明装置的照度计算公式为:

$$E_{av} = \frac{F \cdot N \cdot \eta \cdot k}{S} \tag{3-9}$$

式中　E_{av}——工作面的平均照度(lx);

F——每个灯泡或光管的光通量(lm);

N——灯泡或灯管的数量;

η——暗槽灯照明装置的光通利用系数;

k——维护系数;

S——地面面积(m^2)。

对于暗槽灯照明装置的设计,应使顶棚上分布的亮度均匀且要避免使暗槽上出现光斑。为此,白炽灯光源的间距一般为 25~35cm 左右,荧光灯两灯管间的空隙距离不超过 10cm,为了使顶棚上分布的亮度均匀,必须适当选择比值 B/h_x,见图 3-4。表 3-5 列出了不同暗槽灯装置的允许 B/h_x 值的范围,一般以选用较小的数值为宜。

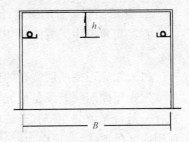

图 3-4　暗槽灯布置

(3) 花灯照明装置的照度计算:

花灯照明装置主要用于建筑上的装饰照明。由于花灯照明装置是一个多次反射体,落于工作面上的光通是经过多次反射形成的,因而不能采用逐点法而只能采用光通利用系数法来确定其照度。

花灯照明装置的照度计算公式为:

$$E_{av} = \frac{F \cdot N \cdot \eta_0 \cdot \eta \cdot k}{S} \tag{3-10}$$

式中　E_{av}——工作面上的平均照度(lx);

F——每盏花灯的光通量 (lm);
N——花灯的数量;
η_0——花灯照明装置本身的利用系数;
η——花灯照明装置的光通利用系数;
k——维护系数;
S——地面面积 (m^2)。

暗槽灯装置的 B/h_x 的允许比值　　　　表 3-5

暗槽灯布置状况	暗槽灯装置特征		
	普通裸灯泡	带漫反射面的灯具	带镜面反光器的灯具
单 侧 装 置	1.7~2.5	2.4~4	4~9
双 侧 装 置	4~6	6~9	9~15
四 周 装 置	6~9	9~12	15~20

花灯照明装置可在休息厅、大小餐厅、会议厅、宴会厅等有装饰要求的场所使用,灯具的型式和结构也多,所以应用较广。

在花灯照明装置设计中,灯具型式和光源功率的选择恰当与否,是影响照明质量的重要因素。要使室内获得较好的亮度分布,还需要适当选择室内装饰色彩和恰当地布置灯位。对于吊花灯,灯位的间距和花灯的最大外形尺寸之比,以在 3~5 之间为宜;吊灯的悬垂长度 h_x 与房间净高 H 之比,则以 1/3~1/4 为宜;花灯的最大直径以采用房间狭向长度的 1/5~1/6 为宜(在走道中可采用 1/3~1/4)。

第三节 室内照明设计

照明的目的主要是给周围各种对象以适宜的光分布,要达到良好的照明效果就要针对建筑物的功能性质、房间的使用功能及环境情况等正确地进行设计。本节对不同种类的高层建筑,给出照明系统的设计原则和方法。

一、办公楼照明

高层建筑中办公楼的种类很多,有政府机关行政办公楼,公司、商社办公楼,银行、证券等营业办公楼,出租写字楼等等。但无论是哪种类型的办公楼,其共同特点是在大楼内部建立了可适应不同行业、不同功能要求的办公室或工作间。照明系统的设计也应适应多方面的需求。

1. 一般办公室照明

一般办公室的主要活动是手写稿、复印件、印刷品的观察、修改与起草,文件批阅等,也包括复印机、打字机、计算机等办公设备的操纵。

(1) 照明标准:

照度水平的高低取决于视觉作业的需要与经济条件。不同用途办公室的照度应有所不同,如经常利用计算机、打字机工作的办公室的照度应高些;涉外的办公建筑,其办公室的照度值应参照国外标准进行调整。

照明质量方面，应重点考虑限制眩光和亮度分布。限制直射眩光可从光源的亮度、背景亮度与灯具安装位置等方面加以考虑，而对于反射眩光，除了考虑装修材料外，尽量使用发光表面面积大、亮度低的灯具。在亮度分布上，对于有目视显示装置的房间一般取文本平均亮度与屏幕平均亮度之比为3~5，屏幕亮度与环境最大亮度之比为10。另外，工作区内照度均匀度不宜小于0.7，非工作区的照度不宜低于工作区照度的1/5。

（2）光源与灯具选择：

办公室的一般照明采用荧光灯，局部照明可采用白炽灯或荧光灯。灯具选择上要考虑装修情况，如不吊顶的办公室采用管吊灯，有吊灯的办公室采用格栅嵌入式或吸顶式。灯具多选择漫射式和蝙蝠翼配光灯具，尤其后者最为理想。

（3）插座设置：

办公室内应设置一定数量的用电插座，用于连接用电设备或局部照明装置。插座供电应从配电箱单独供给，不应与灯具回路合用，且应带接地保护线。每个回路插座的数量不宜大于8个。

2. 营业办公室照明

营业办公室指银行、证券公司及旅行社、航空公司、轮船与火车售票厅等接待客人的办公室。此类办公室以柜台为界，里为办公，外为接客和休息。营业厅照明需突出考虑以下几点：

（1）照度水平应高于一般办公室，同时还要有一定的垂直照度。

（2）由于空间大，有吊顶顶棚，一般选嵌入式荧光灯，并布置成发光光带或发光顶棚。布灯时要考虑到空调送风口的位置影响。

（3）对于净空非常高的大厅，应考虑灯具的维护问题，必要时可在顶棚内设置检查灯。

（4）由于灯具数量多，要考虑灯具的散热问题，否则会降低亮度。

3. 会议室照明

会议室的中心是会议桌，因此必须突出会议桌的照明，一般其照度值要达到500lx以上，并要设法使桌子表面的镜面反射减到最少。由于要清晰地看到人的表情，因而要有一定的垂直照度。应注意不要将反射灯泡直接安装在与会人员的头顶上空，以避免下射光的直射。

另外，照明设计要考虑各种演示设备的应用，如黑板照明，放映幻灯、录像设备等连接的插座等。

4. 门厅照明

门厅是办公楼的进口大厅，给人以最初印象，因此十分重要。门厅以白天使用为主，多数情况下有大量的自然光入射进来。另外，门厅还有装饰要求。

门厅照明设计应注意下面几个问题：

（1）应该照明的场所和对象。要在图纸上充分调查自然光入射情况或从大厅内部观看时的亮度分布情况，以确定白天应该进行人工照明的场所和对象。

（2）光源的颜色。从门厅的结构和风格考虑，应该同建筑设计人员共同协商，确定光源的种类和颜色（色温和显色指数），创造出某种感觉空间。

（3）墙面和人的面部照度。这里主要指垂直照度问题，通常要在150lx以上，而且面部照度与背景照度之比以大于 0.3 为宜。

5．其他场所照明

在办公楼内有时也设置餐厅、娱乐等功能房间，其照明设计见宾馆与饭店照明部分。

二、宾馆与饭店照明

现代高层旅游宾馆与饭店的建筑功能较复杂，内设客房、多功能大厅或舞厅、酒吧、餐厅、康乐中心等不同的空间。照明设计应与建筑装修密切配合，以便创造出不同情调的室内环境。

1．前厅照明

前厅包括入口大厅及服务台。

入口大厅是整个宾馆、饭店的出入口，是装饰设计的重点，要充分反映宾馆的特点与等级。在照明设计中除保证足够的照度外，还要与建筑风格协调。对于高级宾馆、饭店应突出其豪华感，一般多采用水晶吊灯悬挂在大厅中央，而大厅的其余部分，则采用筒灯平顶棚暗装，以兼顾各点的照度。光源全部采用白炽灯，并用可控硅装置调光，从而使整个大厅显得协调，创造一种简洁明快、华丽优雅的气氛。

服务台是办理住宿登记及收费等事务的场所，因而应有较高的照度。一般采用格片顶棚或发光顶棚，有时也用吊顶照明。服务台上部要安装指示事务内容的各种标志。

2．客房照明

客房照明的主要目的是为客人创造一个安静整洁和舒适的环境。为了适应旅客生活习惯和兴趣爱好的不同要求，客房照明应具有较大的适应性和灵活性。

现代客房照明设计，总的趋势是不设顶灯，而是分散地按功能要求，设置不同用途的灯，如床头灯、落地灯、台灯、镜面灯、内廊顶棚灯、夜间灯、衣柜灯、请勿打扰灯、卫生间荧光灯等等，还配有电吹风插座、电剃须插座、电吸尘器插座等。

除卫生间外，所有的灯都采用白炽灯，其中床头灯应考虑调光，要求在床头柜集控板上控制。

客房入口应设钥匙开关，以利节能。

3．走廊与电梯门厅照明

电梯门厅与走廊是连在一起的，照明设计要有变化，更重要的是相互协调。电梯门厅的照度略高于走廊，为150lx。走廊照度不应设计成均匀式，应以客房门口作为重点照明，照度为100lx，其余均为50lx。

底层电梯门厅与入口大厅相连接，要求较高，应选用豪华灯具。其余各层的电梯门厅的灯具最好有所变化，以免单调乏味。光源以白炽灯为宜。走廊灯可以用嵌入或吸顶灯，也可以用壁灯。

4．多功能厅照明

对于既能召开各种会议，又能举办舞会和文艺演出的多功能厅堂，为了满足各种功能对光的要求，如何选择照明的光源、灯具和控制系统，是照明设计的关键。例如，在举行宴会时，厅内气氛热烈欢快，召开会议则必须庄重大方，而舞会的灯光则要求色彩艳丽，节奏多变。

（1）照度水平：

为照顾观众书写笔记，观众厅照度一般应为100~150lx，演员化妆室应在梳妆台处设局部照明，照度为 200~300lx，另外，在其主要通道上尚须设置疏散照明。国际性会议厅照度应提高到 300~500lx。

(2) 灯具选择：

多功能厅对照明要求比较复杂，设计时必须合理确定各种照明灯具型式，与建筑专业密切配合，精心布置，才能达到比较理想的效果。常用的灯具如下：

1) 主装饰灯：为大厅的主要装饰照明灯，其华丽程度及形式，应根据建筑物的级别和室内装饰豪华程度而定。可选用大型组合花灯、吊灯和吸顶灯。

2) 底灯：为烘托主装饰灯而采用的辅助灯饰，与主装饰灯形成明暗对比，增加立体感。底灯可连续调光，根据场合需要进行调光。可选用吸顶灯或嵌入式灯具。

3) 变色灯：它是一种辅助装饰照明灯，通过光色的变化使室内空间多彩多姿。光源可选用彩色荧光灯、霓虹灯或白炽灯。

4) 旋转灯：在交谊舞会上采用旋转灯，通过灯光的旋转和位移，给人们一种活泼新奇、扑朔迷离的感觉。

5) 闪光灯：灯光随着音乐的节奏不断闪烁，产生明快的节奏感，会给舞会增加欢乐的气氛。闪光灯的光源可采用白炽灯、霓虹灯，条件允许时也可采用镭射（激光）。

6) 地光灯：光源装设在地面下，地面材料采用有机玻璃或其他透明材料。地光灯可以连续调光并随音乐的变化而变幻色彩和图案，同其他照明灯具形成一个完整的光和色的空间，使气氛十分活跃。地光灯的光源用彩色白炽灯。

(3) 控制方式：

恰当的照明控制方式是各种功能取得成功的重要条件。目前，多功能厅堂照明控制方式一般有如下三种：

1) 手动控制。将大厅各种用途的照明灯具分成若干个回路，根据各种场合的要求实行人工操作和调节。

2) 声控系统。它根据音乐节奏自动控制灯的开闭和色彩的变换。这种控制方式是由声控器实现的。

3) 程序控制。它把各种场合的各个场面所需要的照明形式存储起来，然后根据场面的变换，自动实现预先存储的照明程序。还可以用音乐把预先编制的照明程序检出并自动控制灯光的闪烁、色彩的变换等。

5. 餐厅照明

餐厅照明以白炽灯为主，也可采用白炽灯与荧光灯混合的照明方式。照明灯具应结合装饰风格选定，如西餐厅、酒吧、咖啡座的灯具，应体现古典的西欧情调。对于大餐厅，灯具不必过于追求豪华，以清新淡雅为原则。

6. 商场照明

高档宾馆内一般设内部小型商场，销售工艺品和生活用品。照明设计除一般照明外，应设局部重点照明，如厨窗照明，主要商品照明等。

7. 娱乐活动场所照明

现代高级宾馆有时设保龄球馆、台球厅等娱乐场所，其照明设计非常重要。

保龄球馆的照明主要分球道照明、击球区和休息厅照明，球道照明照度高，一般在 300lx 以上，所以采用荧光灯。击球区和休息厅则采用白炽灯为主。

台球厅的一般照明采用白炽灯，每个球台上采用 4×36W 的专用荧光灯罩照明。

8. 美容美发室照明

美容美发室作业场所有烫发处、洗发处、理发吹发处等，房间照明采用混合照明方式，照度要求也较高。一般照明可用荧光灯，局部照明根据需要可采用荧光灯、白炽灯或定向投光灯。此外，还应多设置用电插座。

三、商场照明

商场照明以突出商品为目的，以吸引顾客购买。商场照明设计要与商场布局、商品陈列方式和商场装修相结合。

1. 照明标准

商场的照度水平较高，一般照明的照度在 200lx 以上，局部照明则更高。

照明质量上要重点考虑光源的显色性与色温，可采用显色性高的荧光灯，色温则可根据商品的类别加以选择。

2. 光源及灯具选择

商场照明应选效率高的光源和灯具。一般选用荧光灯作为基本照明装置，再配以白炽灯和定向投影灯、导轨射灯等，在重点部位（扶梯附近的共享空间等）还可设置装饰性强的灯具，如吊灯、吸顶灯等。

3. 灯具的布置

商场内灯具的布置要结合柜台的布局及装饰效果，如布置成发光顶棚、光带形式，或纵向或横向的均匀布置形式等。另外，每层灯具的布置要有变化，以免有单板之感。

4. 插座设置

商场内应设许多插座，以供局部照明和用电设备使用，尤其是家电商场则应设置更多的插座，保证设备展示时使用，如电视墙、音响厅等。

插座可设置在墙上、柱子上、地面上，以及柜台或陈列柜内部。插座采用单独回路供电，每个回路的数量不宜大于 6 个。插座应选二极、三极双联插座，并按 200W 考虑计算负荷。

5. 照明方式

商场照明采用一般照明、局部照明和装饰照明三种方式相结合的混合照明方式。

一般照明是商场内的基本照明，重点在于与局部照明的亮度有适当的比例，水平照度和垂直照度都很重要。灯具采用荧光灯，并根据柜台的平面布置、陈列方式和装修风格等进行布置。通道照明灯的布置应与营业厅照明灯的布置有区别。

局部照明是对主要商品及其场所进行重点照明，目的在于增强对顾客的吸引力。其亮度为一般照明的 2～5 倍，根据商品种类、形状、大小和陈列方式而定，并采用方向性强的灯具以加强商品的质感和立体感，例如橱窗、陈列柜的照明。

装饰照明作为商场的装饰应表现出空间层次，通过不同的光源和灯具，形成某种艺术空间，如柱子顶部照明、广告装饰照明等。

四、教学楼照明

教学楼照明设计的重点是教室照明，室内应有足够的照度，防止眩光，合理的亮度分布。

1. 一般教室照明

(1) 教室的一般照明：

教室照明宜用荧光灯。对于顶棚较高的教室，灯具的布置应与黑板成直角排列，这样的排列方法使照度均匀，眩光较少。灯排之间的距离不应大于灯具的最大允许距高比。对于顶棚较低的教室，应用嵌入式荧光灯，此时，灯具可平行黑板布置。

(2) 黑板照明：

黑板照明应采用专用灯具照射，以保证板面的照度。照射灯具不应产生眩光，黑板面也不应有反射眩光，因此从黑板到灯具之间的水平距离和光源悬挂高度要有适宜的关系，见表3-6。

黑板照明灯的位置和高度　　　　　　　　　　表 3-6

从地面到光源高度（m）	2.2	2.4	2.6	2.8	3.0	3.2	3.4
从黑板到光源的水平距离（m）	0.6	0.7	0.85	1.0	1.1	1.25	1.4

注：黑板的尺寸为高1.2m，其下沿距地面为0.8m。

2. 特种教室照明

(1) 制图室：

制图室要求高水平高质量的照明，一般采用顶棚基本照明和图板重点照明相结合的方式。灯具选用荧光灯。

(2) 阶梯教室及学术报告厅：

照明与顶棚结构有关，通常安装平行于黑板的荧光灯具，灯具应有乳白灯罩或棱镜罩以防止眩光。

阶梯教室的黑板照明同一般教室。

(3) 电化教室：

电化教室的照度比一般教室高1.3～1.6倍，室内的电气设备也较多，因此，其照明设计除了考虑灯具外，还应预留许多用电插座。灯具均匀布置，尽量少用或不用气体放电灯，以免对教学设备产生干扰，当使用时，应考虑屏蔽措施。控制台应能对灯具进行调光控制。

(4) 语言实验及视听教室：

由于室内有分隔座位桌，因此会减弱顶棚照明的照度，解决的办法是加局部照明。控制台应有局部照明。光源可选荧光灯，但对音频系统有干扰，应考虑设备的屏蔽措施。

(5) 美术室：

美术室要采用高显色性的荧光灯具（三基色荧光灯）或白炽灯。另外对有雕塑特点的绘图工作，则应设置投光灯。

3. 礼堂照明

礼堂面积较大，是大型集会场所，可供观看影片、实验演出、做报告等活动使用，因此有多功能性质。

礼堂照明应满足多方面需要，其照明设计应考虑以下内容：

(1) 在前台设置必要的舞台灯具，如顶排灯、脚光灯、天幕灯及投光灯等。

(2) 在观众厅设置一般照明，可采用白炽灯或荧光灯，灯具应根据顶棚结构与材料选择，并布置成有规则的图案。

观众厅照明应可调光和多回路控制，以满足多种需要。

(3) 在侧墙设壁灯作为通道照明。

(4) 在座位上设座号灯。

五、图书馆照明

图书馆有两种基本类型：一种为公共图书馆，对全社会开放，如各城市图书馆；另一种是内部图书馆，属于某些机关、团体机构，如大专院校、设计科研单位附设的图书馆。图书馆内主要的功能房间有阅览室、书库、办公室和会议室等，其中阅览室和书库是主要部分。

1．阅览室照明

阅览室要保证有 150～300lx 照度值，同时要避免扩散光产生的阴影，光线要充足，不能有眩光。通常采用荧光灯具照明，最好是采用下部带格栅或棱镜罩的嵌入式或半嵌入式的荧光灯具。

阅览桌可设台灯照明，高大的阅览室更有必要。凡有台灯的阅览室的一般照明只需原来照度的 1/2～1/3。

阅览室内灯具布置应按阅览桌的排列方向而定，一般将灯的长轴方向与读者视线（纵向）平行布置。

2．书库照明

书库内的照明要求有垂直照度，常将灯具装在库房内狭窄通道中央上方，或将灯具直接装在书架上，可随书架移动，见图 3-5。

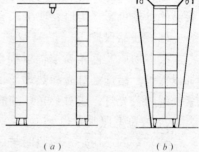

图 3-5 书架照明
(a)灯具装在通道中央；(b)灯具装在书架上

图书馆内其他房间（如办公室、会议室等）的照明见办公楼的照明设计。

六、展览馆照明

展览馆是观赏和进行学术研究的场所。在展览馆的内部有大厅、展览室、贮藏室、会议室、研究室、图书资料室、管理办公室等，展览室是其主要部分，它的照明有自己的特点。对于其他房间的照明设计，可见其他功能建筑的照明设计。

1．展览室照明的基本要求

展览室的任务是展示展品，因此照明要把展品的形状、色彩、质感等正确地表现出来。同时，展览室需要长期保管好展品，因此照明时必须注意避免光和热对展品引起的损伤。

(1) 照度标准：

1) 不受辐射热所损伤，或对辐射不敏感的展品（如金属、石、玻璃、陶瓷等），照度可不受限制。

2) 对光和热辐射敏感的展示物（如绘画、皮、角、象牙、木材等），照度宜为 150lx。

3) 对光和辐射特别敏感的展品（纺织品、水彩画、印刷品、邮票等），照度宜为 50lx。

(2) 亮度分布：

展示对象的亮度与展品周围亮度之比在 3:1 与 1:3 之间。

墙壁一般为无色或淡色，这样对入射光有良好的扩散反射性能；顶棚亮度要求比一般房间低，以减少对观众注意力的转移；地面反射比控制在 10% 以下，避免产生反射亮度对人眼的干扰。

(3) 光的方向性：

光的方向性有两方面要求：避免反射眩光和在展品上不应出现阴影。方法是：

1) 把灯具设置在适当角度上（见图3-6）；
2) 把展品（如绘画）倾斜安装；
3) 灯具的位置应不会使观赏者本身产生挡光现象。

(4) 光色和显色性：

展览室的光色无统一规定，建议使用暖白色光源，如白炽灯、卤钨灯、暖白色荧光灯等。光源的显色性应能将展品的自然色彩真实地表现出来。

(5) 展品保护：

很多物质及色泽易被辐射损伤或引起褪色，因此必须加以保护，措施是对光和热敏感的展品，采用冷光源及无紫外线的荧光灯，或对荧光灯加滤光措施。

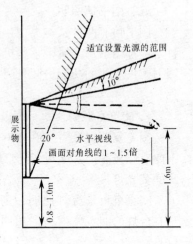

图 3-6　光源位置与视线的关系

2．展览室照明方式

展览室的照明是一般照明与局部照明的结合。

(1) 一般照明：

比较好的照明方式有以下 5 种：

1) 格栅顶棚照明。如与展品的局部照明相结合，肯定会获得良好的照明效果。
2) 嵌入式灯具照明。给人以舒畅感，展示场地经常用此方案。
3) 悬吊式灯具照明。有艺术感，灯具中的光源最好不要暴露在外。
4) 坐标网格式照明。在顶棚网格装饰结构中设置照明器，变化布灯形式可获得不同的照明效果，适用于多功能展览场所。
5) 导轨投光照明。在展览室中央顶棚上装一导轨，轨道上安装许多可移动的射灯，角度可以调节，射向需要照明的地方。投光照明富有立体感，且灵活多变，是展览室现代照明方式之一。

(2) 局部照明：

局部照明主要有下面两种方式：

1) 墙面局部照明。主要是对挂在墙上的展品（如绘画、摄影作品等）进行局部照明。一般采用射灯投光照射，有时也用荧光灯照明，但要用无紫外线灯具。
2) 展览柜照明。展览柜照明光源一般暗装在柜内，但要注意温度影响，要尽量使用冷光源或有散热措施。

七、住宅照明

住宅照明应保证饮食起居、文化娱乐、业务学习、家务劳动等正常进行，而且照明灯具应以其美丽的造型、色彩、图案及照明艺术给人们造成一个舒适的环境气氛。

1. 客厅照明

住宅的客厅应选择具有较强装饰效果的灯具，与室内摆设和建筑形式相协调，要造成一种温暖、和谐、美好的气氛。一般采取以下方式：

（1）装饰性顶棚吊灯照明。这种装饰照明方式适用于高度较高、面积较大的住宅客厅。一般采用带有金属装饰件和玻璃装饰件的豪华型灯具，每盏吊灯中都有多个白炽灯灯头。要根据房间的大小体型来选择灯具的型式，灯具布置和灯具型式要与客厅摆设与装修相协调。

（2）吸顶灯照明。适用于高度较低的客厅。面积在 $13m^2$ 以下时宜采用单罩吸顶灯，当面积超过 $15m^2$ 时，则应采用多灯罩组合吸顶灯或多花装饰吸顶灯；也可以采用两个或多个单罩吸顶灯，但灯具的布置要对称。若客厅吊顶，则可在吊顶周边装上嵌入式点源灯。为避免顶棚过暗，应选择有上射光的灯具。

（3）嵌入式灯与壁灯混合照明。在吊平顶的房间内采用嵌入式灯具照明，空间感比较宽阔，且会出现室内顶棚明暗不均的现象，如再加上装饰壁灯的辅助照明点缀，可造成幽雅，温馨的室内气氛。

2. 卧室照明

卧室照明分为一般照明和局部照明，以满足休息和工作两种功能。

（1）一般照明多选用吸顶灯或吊灯；

（2）局部照明包括写字台照明、床头阅读照明、沙发阅读照明和梳收照明。局部照明采用壁灯、台灯或落地灯等。

需要说明的是，随着居住条件的改善，卧室功能变为只是休息场所，而工作则在书房或工作室进行，梳收则在卫生间进行，因而卧室的照明变得简单些。

3. 书房、工作室照明

书房、工作室的照明以高照度（200lx）为主，可采用荧光灯顶部照明结合写字台台灯照明的照明方式。

4. 餐厅、厨房、卫生间及阳台照明

（1）餐厅照明：

餐厅的照明应将人们的情绪集中于餐桌上。局部照明采用直接照射的配光型灯具。一般采用升降灯具、吊灯、吸顶灯或嵌入式灯具（有吊顶时）。

为了克服光照产生的阴影，灯光的主要光线应集中于桌面，并还应通过壁灯或其他光源补充照明。

（2）厨房照明：

厨房面积较小，通常采用吸顶或吊灯作一般照明。灯具外型应简明大方，维护方便。由于厨房有油烟和较多的水蒸气，灯具的材料外表面要光滑，有保护层，并且不易氧化生锈，最好是选用密封式灯具。

对于厨房和餐厅合二为一的场所，应选用外型为简单线条的现代派灯具，不要选用装饰功能太强的灯具。

（3）卫生间、浴室照明：

一般的家庭是卫生间兼作浴室，有些则是卫生间和浴室分开，还有的在主人卧室内独立设置浴室。卫生间和浴室面积较小，多采用吸顶灯作为一般照明。较高级的住宅卫生间和浴室还要求有梳妆照明，卫生间、浴室内的灯具应选防潮灯具。

(4) 阳台照明：

阳台通常设吸顶灯或吸壁灯。阳台的灯具应简洁，宜选用白炽灯，对封闭式阳台，还应装设插座，以方便使用某些用电设备。

5. 门厅、走廊与楼梯照明

门厅、走廊一般采用玻璃吸顶灯具。门厅吸顶灯具还可选用组合式吸顶灯具或多花吸顶灯具或吸顶灯与壁灯并用。走廊也可用吸顶荧光灯。

楼梯照明通常采用壁灯或吸顶灯，壁灯应装设在易于维修的地方，壁灯的安装高度要合适，一般为 2.4m 左右。

除照明灯以外，住宅还应多设插座以满足多种要求。客厅、卧室内应考虑电视、音响等设备用电插座；书房、工作室应考虑计算机、打字机用电插座；厨房应设电饭煲、电冰箱、电烤箱等用电插座；卫生间则应设置剃须插座、洗衣机用电插座等等。

第四节 室外照明设计

高层建筑的室外照明主要包括建筑物立面照明（投光照明与轮廓照明）、霓虹灯装饰与广告照明以及航空障碍照明等，其目的是加强环境气氛和保证安全（障碍照明）。

一、建筑物立面照明

1. 建筑物立面照明方法

(1) 投光装饰照明：

投光装饰照明能较好地突出建筑的特色，立体感强，照明效果好，而且有利于节能。这种方法特别适合于大型建筑物和外墙装饰材料高档的现代建筑物。目前大多数高层建筑都采用这种方法。

(2) 建筑物轮廓照明：

轮廓照明突出建筑物轮廓，有一定的艺术效果，但不易体现出建筑物的立体感，而且电功率消耗大，对建筑物立面也有一定的破坏作用，因而对现代高层建筑不适合，只适用于一般高层建筑或低层建筑。

2. 建筑物立面照明设计要点

(1) 确定被照面。被照面应根据观察点位置来确定，有的建筑物四周均为被照面，有的则为相邻两侧面。

(2) 照度的选择。照度大小应按建筑物墙壁材料的反射系数和周围亮度条件来决定。相同的照度照射到不同反射系数的壁面上所产生的亮度也会不同。为了形成某一亮度对比，在设计时还需对周围环境情况综合考虑。如周围背影较暗，则只需较少的光就能使建筑物亮度超过背影；如与被照物邻近的建筑物室内照明灯晚上是点亮的，则需有较多的光投射到被照建筑物上，否则就无法突出效果；如被照建筑物的背景较亮，则要更多的光线才能获得所要求的对比效果。建筑物立面照明的照度值可参考表 3-7 的数据。

(3) 充分利用建筑物或周围环境特点。在进行建筑立面照明设计时，要充分利用建筑物的各种特点（如长方形、正方形、圆形、有垂直线条的立面、有水平线条的立面等）或周围环境的特点（如树木、水池、人工湖等），创造出良好的艺术气氛。例如，将建筑物

建筑物立面照明推荐照度值 表 3-7

建筑物或构筑物立面特征		平 均 照 度 （lx）		
		环 境 状 况		
外观颜色	反射系数（%）	明 亮	明	暗
白 色	70～85	75～100	50～75	30～50
明 色	45～70	100～150	75～100	50～75
中间色	20～45	150～200	100～150	75～100

邻近的水池、湖泊等作为一面"镜子"，使被投光的建筑物在水中倒映出来，起到夸张建筑物的艺术气氛。再如，利用环境的障碍物（如树木），使之成为投光灯设施的装饰性部分，将光源设在障碍物后面，加强了深度感。

（4）避免眩光。尤其是邻近主要街道的建筑物更不能产生眩光，以免影响驾驶员。

3．光源选择

光源选择是十分重要的，不同场合、不同气氛、不同效果需要不同的光源。目前，常用的光源有白炽灯和气体放电灯，各种灯的应用范围见表 3-8。

各类光源的应用范围 表 3-8

种	类	应 用
白炽灯	一般照明灯泡	装饰带照明，组成发光图案，用于轮廓照明
	球形镀银灯泡（25～100W）	使用在特殊设计的灯具中，进行装饰投光照明
	密封光束灯泡（PRA 灯）（150W，300W）	装饰投光照明、局部照明，非常适用于照射纪念物和艺术品
	卤钨灯	管状灯用于泛光照明，单端卤钨灯可用于聚光照明
气体放电灯	荧光灯	轮廓照明、装饰带照明
	冷阴极灯泡	建筑物发光轮廓、发光的装饰图案、动态照明
	高压汞灯	投光照明，特别宜用于立面投光照明
	高压钠灯	大面积照明，特别宜用于褐色、红色或黄色建筑物的投光照明
	低压钠灯	特殊作用的投光照明（黄色）
	金属卤化物灯	用于显色要求较高的聚光灯照明
	氙灯	直管形灯用于大面积照明，球形灯用于聚光照明
	紫外灯	产生动感装饰照明效果

4．投光灯设置要点

（1）光束高度、宽度及面积计算：

投光灯照到建筑物上的高度、宽度、面积与灯的光束角大小和建筑物之间的相对位置等有关，以上各参数可用下列公式计算（对应图 3-7）：

$$L = D [\operatorname{tg}(\varphi + \beta_{v/2}) - \operatorname{tg}(\varphi - \beta_{v/2})] \tag{3-11}$$

$$b = 2D\sec\varphi \cdot \operatorname{tg}(\beta_{H/2}) = 2D\operatorname{tg}(\beta_{H/2})/\cos\varphi \tag{3-12}$$

$$A_0 = (\pi/4) \cdot L \cdot b \tag{3-13}$$

式中 L——投光灯照射高度（m）；

b——投光灯照射宽度（m）；

A_0——一只投光灯的近似照射面积（m²）；

D——投光灯距建筑物的距离（m）；

φ——投光灯光轴中心与地面之间的夹角；

β_V——投光灯垂直方向光束角；

β_H——投光灯水平方向光束角。

上述公式为投光灯垂直入射到建筑物时的计算公式。当投光灯光轴与建筑物立面成一定角度时，建议求出 b 后，用作图法求出倾斜的宽度。

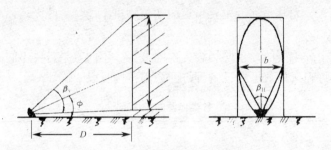

图 3-7　光束照射的高度和宽度

（2）所需光通量的计算：

对于立面照明的照度计算，一般采用光通量法。当确定被照点的照度后，由光源提供的光通量由下式算出：

$$F = \frac{E \cdot S}{U} \tag{3-14}$$

式中 F——所需光通量（lm）；

E——被照面照度（lx）；

S——被照面的总面积（m²）；

U——利用系数，一般取 0.25～0.35（国际照明学会确定的典型数据为 0.3）。

（3）投光灯位置：

由投光灯得到的照明是一种用强光突出建筑物或自然物的有效方法。为了照亮被照物的各个表面，照明光源通常直接放在被照物的周围。不过，由于安装上、设施上或其他的原因，投光灯也可直接装在被照物上。

确定投光灯的位置，决定它的光通输出和光度特性时，要充分考虑以下因素：需要突出的表面和形体的质量和颜色；观察点的相对位置；被照物到设施的距离；环境的照明情况；预期的目标。

（4）投光灯数量：

为了照明某一建筑的立面，可以采用光束角度等于立面与灯具安装位置所张角度的投射灯，也可以用几只光束角小的投光灯并列排列照明整个被照立面。因此在确定投光灯数量时，要考虑以下几点：

1) 对于一个给定的被照表面，须按照投光灯具的自身特点以及与被照物之间的距离来选定灯具。

2) 对于远距离照明，一般不选用一只高光输出的宽光束角投光灯，而是用几只较窄光束的投光灯。

3) 对于距离较近的照明，可以用宽光束和中光束角灯具。

4) 配置多只投光灯有明显的优点，它可以用灯具之间的微调获得所需要的效果。

二、霓虹灯照明

1. 霓虹灯照明应用范围

霓虹灯，作为一种装饰照明光源，受到普遍青睐。它有明显的优点，不论是造型、色彩，还是节能、光谱穿透力，都有特长，见表3-9。

霓虹灯的优点　　　　　　　　　　　表3-9

项目方面	特征及优点
灯管造型	霓虹灯的造型表现力十分丰富。它可以方便地按照设计要求加工成各种形状，既可制成中、西文字，又可制成图案。还可制成面光源。其显示效果是其他电光源无法比拟的
光源色彩	霓虹灯的色彩绚丽。可以呈现出五彩缤纷的色彩，具有独特的艺术效果。目前，根据荧光粉的三基色混色原理，可以配制成数百种色彩的荧光粉使用，这是霓虹灯能超出其他光源色彩表现力的巨大优势所在
动态变化	霓虹灯能通过控制电路使其色彩变幻，造型图案改变，增加动感，其艺术效果更具活力和招徕性
光谱穿透力	部分霓虹灯的光谱穿透力很强。如红色霓虹灯是广告、装饰照明中使用得较多一种。它在放电时辐射出635nm的红色光谱，其发光效率达到10lm/w。在能见度很差的雨季条件下，它能在大气中进行最佳传播，使观众能在较远的距离内看到宣传目标。这正是广告和装饰光源所需要的特征
节能	霓虹灯的发光效率明显高于普通白炽灯。如充氖气的透明玻管制成的霓虹灯所输出的红色光谱，要比同功率的白炽灯高5倍

霓虹灯应用范围广阔。在很长时期里，霓虹灯一直是城市装饰照明和广告照明的主要装置，被大量用于大楼、商店、舞厅、酒吧和街道的室内外装饰照明。其五光十色的光色吸引着人们，丰富了城市生活。

随着科学技术的进步，霓虹灯已开始进入家庭生活，如现在许多家庭的电话机、石英钟上安装了低压电子霓虹灯，数字显示清晰，显得豪华气派。还有工艺品霓虹灯、家用电器霓虹灯、喜庆霓虹灯、礼品霓虹灯等品种源源进入家庭生活，为霓虹灯开辟了更加开阔的天地。

2. 霓虹灯光色

光色是光刺激眼睛而产生的视感觉。面对光源光色时，观者的心理会受到颜色的影响而起变化，并会联想万千。虽然这些变化会因人而异，但大多数人的心理反应与联想是一致的，见表3-10。

色彩的联想效果　　　　　　　表 3-10

光　色	抽象的联想	具体的联想
红	热情、活力、卑俗	火、血、太阳
橙	温和、欢喜、嫉妒	燃火、桔子、秋叶
黄	光明、快活、平凡	光、柠檬
绿	和平、生长、新鲜	草、叶、森林、树木
青	平静、理智、深远	海洋、天空、水
紫	优雅、高贵、神秘	紫丁花、葡萄
白	洁白、神圣、清雅	雪、白云、雾

霓虹灯广告的目的是要吸引人们，因此要利用色彩的联想去取得效果。如在红色光的霓虹灯气氛中，人们会感到热情，充满活力；在青色或蓝色的霓虹灯气氛中，人们会感到平静，富有理智。所以照明设计者可根据宣传广告的目的和艺术装饰照明要求达到的风格来选择霓虹灯的光色。

3. 霓虹灯色彩的搭配

多种色彩的合理搭配会更好地体现美的效果。商业广告霓虹灯光色设计要醒目，必须注重整体色调和配色平衡。

(1) 整体色调：

在决定整体色调时，应注意以下几点：

1) 首先应决定配色中占据最大面积的光色，再配合其他色以获得整体色调效果。

2) 以明度高的颜色为主，整体色调就有明亮、轻快的效果。

3) 选用对比色强烈，会感觉出稳和平静。

4) 色彩多会显得热闹，反之会有寂寞感。

(2) 配色平衡：

在进行霓虹灯的光色配色时，应遵守的原则是：

1) 暖色或纯色，与寒色或浊色相比，其面积愈小就愈容易得到平衡。

2) 红色及青绿色，因系补色，相互配色会感觉炫眼夺目，很不协调。若将其中一色面积变小或加配上白色光，改变其明度或彩度，可缓和不调和现象，获得平衡。

3) 上下配置明色与暗色时，明色在上，暗色在下，就能达到平衡。

4. 霓虹灯颜色和亮度的关系

在霓虹灯中，有亮度较高的白色管，有属于亮度较暗的蓝色管等。在处理霓虹灯的颜色与亮度的关系上要注意：

(1) 相同亮度的灯管不能互为背景和内容的搭配。如红色与白色的灯管的亮度十分接近，若在充氖霓虹灯广告牌的红色背景上又出现白色文字或图案，从远处看去，多半不能清晰地识别出广告内容。

(2) 亮度暗的灯管广告效果平淡。因为亮度较低的灯管在稍远一点的距离就可能分辩不出其颜色。

5. 广告字尺寸的确定

广告招牌一般设置在高大建筑物上，为了能让人醒目地看到内容，招牌的字体大小及字间距离不能太小，若增大字体则会提高广告的成本，因此，字的大小与间距必须合理。一般由观察者的距离来决定字体的大小，其经验计算公式为：

$$H = \frac{L_m}{500} \tag{3-15}$$

式中　H——字的高度（m）；

　　　L_m——最大有效距离（m）。

上式是观察者在有效距离内观看广告招牌时，所需要的最小高度。为了取得更好的效果，实际字的高度做成计算值的 2 倍，则更佳。

6．霓虹灯的闪光控制

霓虹灯加上闪光控制，会使广告或装饰照明的效果更佳。其控制方法有三种：

（1）控制变压器高压端。这种方法采用高压跳机，只适合小面积广告招牌，而且对无线电有一定的干扰。

（2）控制变压器低压端。这种方法采用低压滚筒式闪烁控制器或凸轮轴旋转式闪烁控制器，适合于各类广告牌。

（3）采用电子程序式闪烁控制器。这种方法控制方便，可靠性高，不会产生电弧，因而应用广泛。

三、航空障碍照明

高层建筑的航空障碍灯设置是高层建筑照明设计的一个组成部分。

1．障碍照明灯的设置

航空障碍照明灯是为防止飞机在航行中与建筑物相撞的标志灯，因此应根据地区航空部门的要求设置。

设置障碍灯时应符合下列要求：

（1）障碍灯应装设在建筑物的最高部位，若平面较大或为建筑群时，除在最高点外，还应在其外侧转角的顶端设置。

（2）建筑物高度为 60~90m 时，装设低光强的红色标志灯；建筑物高度为 90~150m 时，装设中光强的红色标志灯（其有效光强应大于 1600cd）；建筑物高度在 150m 以上时，装设高光强的白色标志灯，其光强视背景亮度而定。

（3）最高端的障碍灯宜设置 3 盏，平面角度为 120°布置。

（4）障碍灯应考虑避雷措施。

（5）有条件时，可采用频闪灯。

2．障碍灯的供电与控制

障碍灯的负荷等级为建筑物中最高等级，因此其供电应为双回路电源末端自动切换方式。

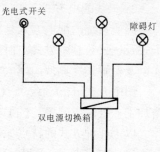

图 3-8　障碍灯供电与控制原理图

障碍灯的控制可采用计算机程序控制、光电元件控制和手动控制，一般应采用前两种方式。光电元件控制是切实有效的控制方法，即通过对自然光强度的检测来启动或关闭障碍灯，其控制原理图见图 3-8。

障碍灯的计算机程序控制应由大楼 BAS 监控中心或消防控制中心设备完成。

另外，还应考虑障碍灯的更换与维护问题，安装在建筑物中间部位的标志灯应考虑防护问题（加金属网）。

第五节 照明配电系统设计

一、照明电源网络

高层建筑照明系统的电源引自变电所低压配电网络，经配电干线引至照明配电箱，再由配电箱支线回路向照明灯供电。

1. 照明系统对变电所低压网络的要求

（1）由于照明负荷的等级比一般动力负荷等级高（电梯、生活泵除外），负荷较大，因而一般设专用照明变压器，以提高供电的可靠性和质量。若无此条件，也可与动力负荷合用一台变压器，但不宜与较大冲击性负荷合用，如较大功率的水泵、冷水机组等。

（2）正常照明的供电回路应与应急照明供电回路分开，即采用单独低压馈电回路。配电级数不宜超过三级。

（3）照明电压为 220V/380V，并采用 TN/S 系统。

一类高层建筑常采用图 3-9 所示的低压配电网络。

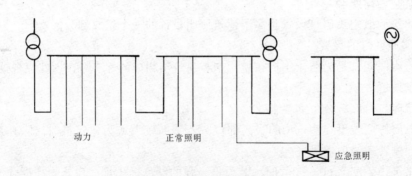

图 3-9 典型低压配电网络

2. 干线配电方式

照明系统的配电方式是指配电干线及支干线的连接方式，低压配电方式有放射式、树干式及链式等基本方式，而高层建筑的照明系统则常用放射式与树干式相结合的分区树干式以及树干式。典型的配电方式见图 3-10 所示。

图中方式（a）、（b）、（c）属分区树干式或称为混合式，它们之间的区别为：（c）中增加了一级配电装置，（a）中用封闭母线代替（b）中的电缆。方式（d）为树干式。

以上几种方式的特点如下：

（1）方式（a）采用封闭母线作为干线，利用插接箱引出电缆至各层配电箱，适用于层数较多、负荷较大的建筑。封闭母线分为多段，既可提高可靠性，又可降低母线截面。一般情况下，30 层的高层建筑可分为二三段。封闭母线从低压配电室内引至电井内，若水平一段（从变电所配电室至电井）无法用母线，也可用电缆，然后在电井内设一个封闭母线始端箱。此种方式适用于高层写字楼、宾馆等建筑。

（2）方式（b）采用电缆作为干线，并分为几段。每段链接多个配电箱，其数量应根

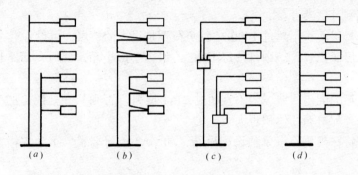

图 3-10 典型配电方式系统图

据负荷大小而定,一般不宜超过 6 个。否则导线截面太大,可靠性也将下降。二类高层建筑常采用此方式。

(3) 方式 (c) 采用电缆作干线并增加了一级配电装置,使得支干线的导线截面只取决连接的一个配电箱,因而截面减小了。但增加一级配电装置就会使各级低压断路器的整定保护选择性复杂了,而且增加了安装空间与维护工作。一般适用于每层(箱)负荷小、距离远的系统配电。

(4) 方式 (d) 为树干式,封闭母线贯穿整栋建筑各楼层,因而减少了馈电回路数及配电柜数量,但可靠性有所下降,故障影响面大。一般适用于楼层多、负荷较大的建筑,如高层(20 层以上)写字楼、宾馆等。

应急照明的配电方式见本章第六节介绍。

3. 配电支线

配电支线是指配电箱的配出回路。在设计时应注意以下几点:

(1) 照明器一般以单相供电,也可以二相或三相的分支线对许多灯供电(灯分别接至各相上),从而减少了线路损耗,对于气体放电灯还可以减少光通量的脉动,降低频闪影响。

(2) 由于照明负荷属非平衡负荷,因而中性线中会有电流,每个配出回路应单独配出中性线。

(3) 室内照明支线的每一单相回路,低压断路器的电流整定值不宜超过 15A。灯的数量不宜超过 25 个,但花灯、彩灯、大面积照明回路可不受此限制。

(4) 每个配电箱的各相负荷分配应尽量均衡。

(5) 灯与插座宜采用单独回路供电。插座回路应采用单相三线(加 PE 保护线)配电。

(6) 灯的控制要满足安全、节能、便于管理和维护等要求。一般房间采用分散就地控制,对于大面积场所(如商场营业大厅等)则采用配电箱处集中控制方式。

二、配电箱设置

高层建筑应设置多个配电箱,完成对照明灯及插座的配电。配电箱设置的主要内容包括位置、数量的选择与安装。

1. 配电箱设置数量

配电箱设置多少取决于负荷的大小、供电区域面积大小、安装与管理维护是否方便等因素，下列原则可供参考：

(1) 对于每层面积不超过 1000m² 且负荷不是很大的楼层，可设置一个配电箱。

(2) 若每层面积较大，则可按每 1000m² 设一个配电箱，此时，回路长度一般不超过 40m。

(3) 配电箱的配出回路一般不宜超过 21 个回路，否则从一处配出的线路太多，不利于施工。另外，配电箱的体积也太大。

(4) 对于特殊需要，应单独设配电箱，如 CATV 前端室、正常广播室、冷水机房和地下车库等。

(5) 配电箱的任何一个回路，均应满足电压降的要求。

(6) 一个配电箱负责供电的区域内防火分区不宜太多。

2. 配电箱设置位置

(1) 配电箱通常要设置在负荷的中心，以减少线路损失。

(2) 配电箱应设在便于操作、管理、维护，同时又安全的位置，例如强电井内、楼梯间附近、楼层服务台附近等。

3. 高层住宅楼电表计量箱设置

高层住宅每户的电量计量采用集中计量方式，即将多户的计量电表安装在一个箱内，设置在某层上。计量箱有 12 户、18 户、21 户、24 户等几种形式。若每层 5～6 户，则每 3～4 层设一个集中计量箱，安装在电井内或走廊的墙面上。

4. 客房或住宅每户电源箱

在每个客房或住宅每户门厅入口处设电源箱，内装 10A 低压断路器和 30mA 漏电电流保护开关。

三、配电设备的选择

照明系统的配电设备主要包括配电柜、配电箱，选择时考虑以下几点：

(1) 配电柜一般设在层配电室或电井内，因此可选抽出式低压柜或固定式低压柜。抽出式配电柜馈出回路多，组合灵活，只是价格高，适用于环境好的场所。抽出式配电柜的最新产品是电力工业部、机械工业部组织森源电气有限公司开发的 GCS 型开关柜。

(2) 各层配电箱一般选择嵌入式和挂墙式两种结构，嵌入式用于暗装在墙体内，挂墙式用于明装在墙上或电井内。

(3) 配电柜和配电箱应带主低压断路器，以加强保护和方便管理。

(4) 配电箱配出回路的低压断路器应有过载保护和短路保护能力。

(5) 高层住宅及宾馆客房配电应有漏电保护开关或选带漏电保护的断路器。

(6) 为了满足消防联动控制要求，即在火灾发生后应切断有关部位的正常照明负荷，配电柜内各回路或箱的主断路器应配有辅助线圈，以满足控制要求。一般可选分励脱扣线圈或失压脱扣线圈。若为分励脱扣，则用联动控制模块的常开触点接入，若为失压脱扣，则用模块的常闭触点接入。

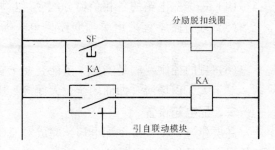

图 3-11 联动控制原理图

无论是哪种形式，都应考虑线圈的操作电压和模块触点的电流额定值之间的配合，否则将烧坏触点。如果触点容量不够，则需增加中间继电器控制，模块触点控制中间继电器工作，中间继电器触点控制断路器线圈工作。其基本控制原理图见图 3-11。

第六节 应急照明系统设计

一、应急照明内容与设置场所

1. 应急照明内容

应急照明包括疏散照明、安全照明和备用照明。疏散照明是为使人员在紧急情况下能安全地从室内撤离至室外或某安全地区（如避难间）而设置的照明及疏散指示标志；备用照明是在正常照明失效时，为继续工作或暂时继续工作而设置的照明；安全照明则是在正常照明突然中断，为确保处于潜在危险的人员安全而设置的照明。

2. 应急照明设置场所

高层建筑应急照明的设置场所按有关规范确定为以下场所：

(1) 备用照明：消防控制室、自备电源室（包括柴油发电站、UPS 室和蓄电池室等）、变电所、消防水泵房、防排烟机房、消防电梯机房、保安监控室、BAS 监控中心、通信机房、大中型电子计算机房、银行与证券公司等的营业大厅、避难层（间）以及人员密集场所，如观众厅、宴会厅、展览厅、营业厅、演播厅、多功能厅等。

(2) 疏散照明及指示标志：疏散楼梯间及其前室、消防电梯前室、地下室、疏散走道、公共出口及人员密集的公共活动场所等。

(3) 安全照明：医院的手术室、急救室等。

一般情况下，设置安全照明的场所必须设置疏散照明。

3. 照度水平

照度水平必须满足功能要求，否则将失去设置意义。

(1) 用于继续工作的备用照明，其照度不小于正常照度水平，例如消防控制中心、配电室、控制室等重要机房。

(2) 用于暂时继续工作的备用照明，其照度为正常照度的 10%～50%，如观众厅、展览厅、营业厅等重要场所。

(3) 疏散照明的照度水平应为正常照明的 10% 左右，如商场的营业大厅等。疏散指示标志照度最低为 0.5lx，如楼梯间、公共走道、安全出口等。

(4) 安全照明的照度应保证不低于正常照度的 5%～10%。

二、应急照明的供电

1. 供电时间

应急照明的供电时间因其功能不同略有差异。用于继续工作的备用照明，其供电时间应保证连续性，如消防控制中心、配电室等应至少满足消防要求的 8h 以上。而用于暂时继续工作的备用照明则应保证 1h 以上。疏散照明和安全照明应保证不少于 20min 供电，高度超过 100m 的建筑则不应少于 30min。

另外一个问题是供电启动的时间。安全照明应保证在 0.5s 内启动，备用照明及疏散照明一般不应超过 15s，但用于防盗使用的备用照明，则应在 1.5s 内。解决在较短时间内供电的最好措施是采用浮充电的蓄电池，柴油发电机供电一般为 15s 以上。

2．供电系统

应急照明的供电应按其负荷等级要求来确定。应急照明在一类防火等级的高层建筑中为一级负荷，在二类高层建筑中为二级负荷，因此应急照明应由专用的双电源回路供电，并采用专用的应急照明配电箱（双电源自动切换箱）。

(1) 应急照明配电箱的设置：

由于高层建筑楼层面积大、楼层多，因而应设置多个应急照明配电箱，配电箱的设置可按下列原则确定：

1) 一个应急配电箱供电区域主要考虑回路电压降的大小，电压偏移范围为 -5% ~ 10%，因为通常情况下应急照明的安装负荷较小。

2) 考虑管理上的方便，通常可与正常照明配电箱设在同一处。

3) 若每层面积不大（不超过 1000m²），且负荷较小，也可多层应急照明设一个配电箱，如每二～三层设一个。配电箱设在中间层，并向上、下两邻近供电，以减少配电箱的数量。

4) 对于特别场所，应单独设置配电箱以提高其可靠性和管理上的方便。如变电所、消防控制中心、BAS 监控中心、保安监控中心等。此时，本房间内的配电箱除了保证照明供电外，还可向各自系统的控制器等用电设备供电。

5) 考虑建筑防火分区的划分，以满足联动控制系统的要求。

(2) 供电方式：

应急照明配电箱的供电方式常用下列三种形式：

1) 链式供电，如图 3-12 所示。链式供电是最常用的形式，导体采用铜芯电缆。

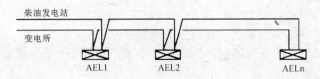

图 3-12　应急照明的链式供电

在这种方式中，可以将每一层的多个配电箱链起来，也可将多层的配电箱链起来。配电箱链接的数量不宜过大，否则可靠性下降，另外总的负荷太大导致导线截面太大而敷设困难。一般情况下链接的数量不宜超过 6 个。

2) 放射式供电。这种方式主要是对特别重要的变电所、柴油发电站、消防控制中心等处配电箱采用的。若大楼内每个配电箱都采用这种形式，则大大增加了配电柜内馈出回路的数量，这是不可取的。

3) 树干式供电。这是在超高层建筑中采用的一种方式，由于干线线路长，导致压降大；楼层多，负荷也大。因而可采用双条封闭母线做树干的树干式供电方式。

在一栋建筑中，可采用上述三种方式相结合的混合方式，这是非常有效的。

(3) 备用电源的选用：

应急照明的备用电源可按负荷等级、供电时间要求等选择下列相应的电源：

1）柴油发电站低压配电回路；
2）变电所不同低压母线段专用配电回路（无柴油发电站时）；
3）蓄电池组。

对于一类高层建筑，应设置柴油发电站，同时对于疏散指示标志灯还应选带蓄电池（30min 供电时间以上）的专用灯具。

三、应急照明与消防联动控制

应急照明系统在火灾发生后应立即投入运行工作，确保其功能的实现，因此，应急照明配电箱受消防联动系统的控制，即采用联动控制模块单元的触点去控制配电箱供电回路的闭合，配电箱系统的基本形式如图 3-13 所示。

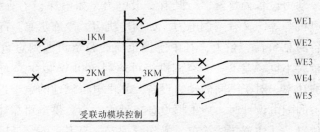

图 3-13　应急照明配电箱系统图

图中交流接触器 1KM、2KM 为保证双电源自动切换用，3KM 则受联动模块的触点控制。回路 WE1、WE2 始终处于闭合通电状态，为平时需点燃的应急灯供电（如疏散指示标志与安全出口等），回路 WE3～WE5 为平时不需点燃的应急灯供电。在火灾时，联动控制模块的触点闭合使 3KM 线圈通电，因而 3KM 常开触点闭合，回路开始供电，应急照明灯点燃。

在图 3-13 中，供电回路数视具体情况而定。

值得注意的一个问题是：联动模块（或控制单元）的触点是否可直接接入配电箱 3KM 线圈的控制回路中，这要考虑触点的电流容量。若触点的容量较小而不能接入，则需加中间继电器控制，否则将使模块触点被烧坏。

若将应急照明作为正常照明的一部分而设置，平时就点燃时，则不需 3KM。这也是目前常采用的方式，以使控制简单，同时也减少了联动控制点。

四、设备选择

应急照明系统的设备包括配电箱及灯具。应急照明配电箱内的低压断路器一般选质量较好的 E4CB 系列（奇胜电器）和 C45 系列（梅兰日兰电器）。应急灯应设玻璃或其他不燃烧材料制作的保护罩。

应急配电箱的主低压断路器应选四极型，避免不同电源系统中性线合用。分断路器选双极型。

第四章 动力系统设计

第一节 常用动力设备的配电

在高层建筑中，动力设备种类繁多，既有一般电力，如电梯、生活水泵、消防水泵、防排烟风机、正压风机等等，又有空调电力，如制冷机组、冷冻水泵、冷却塔风机、新风机组等等。动力设备的总负荷容量大，其中空调负荷的容量可占到总负荷容量的一半左右，动力设备的容量大小也参差不齐，空调机组可达到500kW以上，而有些动力设备只有几百瓦至几千瓦的功率。对于不同的动力设备，其供电可靠性的要求也是不一样的。因此，在进行动力设备的配电设计时，应根据设备容量的大小、供电可靠性要求的高低，结合电源情况、设备位置，并注意接线简单、操作维护安全等因素综合考虑来确定其配电方式。一般，配电系统的层次不宜超过两级。对于用电设备容量大或负荷性质重要的动力设备宜采用放射式配电方式，对于用电设备容量不大和供电可靠性要求不高的各楼层配电点宜采用分区树干式配电方式。

一、消防用电设备的配电

根据《高层民用建筑设计防火规范》的要求，一类高层建筑的消防负荷应按一级负荷要求供电，二类高层建筑的消防负荷应按二级负荷要求供电。消防用电设备应采用专用（即单独的）供电回路，即由变压器低压出口处与其他负荷分开自成供电体系，以保证在火灾时切除非消防电源后能保证消防用电的不停电，确保灭火扑救工作的正常进行。配电线路应按防火分区来划分。

对于消防水泵、消防电梯、防烟排烟风机等设备，应有两个电源供电，并且，两个电源在末端切换。因此，对消火栓泵、喷淋泵和消防电梯的配电多采用直配方式，从变电所低压母线引两路电源到消火栓泵、喷淋泵或消防电梯的控制（切换）箱，两路电源应尽可能取自变电所的两段不同的低压母线。对于象正压风机、排烟风机的配电，考虑到设备的功率比较小，且这些风机的位置多在高层建筑物的顶层，比较集中，因此，可采用两级放射式配电，即从变电所低压母线引两路电源到顶层风机配电（切换）箱，再由配电（切换）箱向各风机供电。

消防设备的配电线路可以采用普通电线电缆，但应穿在金属管或阻燃塑料管内，并应敷设在不燃烧结构内，这是满足消防要求的一种比较经济而又安全可靠的敷设方法。当采取明敷时，应在金属管或金属线槽上涂防火涂料。对于敷设在竖井内的消防设备的配电线路，如果采用的是不延燃性材料作绝缘和护套的电缆电线，则可不用金属线槽作密封保护。

二、空调动力设备的配电

在高层建筑的动力设备中，空调设备是最大的一类动力设备，它的容量大，设备种类多,包括有空调制冷机组（或冷水机组、热泵）、冷却水泵、冷冻水泵、冷却塔风机、空调机、新风机、风机盘管等。

空调制冷机组（或冷水机组、热泵）的功率很大,大多在200kW以上,有的超过500kW,因此,多采用直配方式配电,从变电所低压母线直接引来电源到机组控制柜。

冷却水泵、冷冻水泵的台数较多,且留有备用,单台设备容量在几十千瓦,多数采用降压起动。对其配电一般采用两级放射式配电方式,从变电所低压母线引来一路或几路电源到泵房动力配电箱,再由动力配电箱引出线至各个泵的起动控制柜。

空调机、新风机的功率大小不一,分布范围比较大,可以采用多级放射式配电,在容量较小时亦可采用链式配电方式或混合式配电方式,这应根据具体情况灵活考虑。

盘管风机为220V单相用电设备,数量多、单机功率小,只有几十瓦到一百多瓦,一般可以采用象灯具的配电方式,一个支路可以接若干个盘管风机。盘管风机也可以由插座供电。

三、电梯和自动扶梯的配电

1．电梯和自动扶梯的配电方式

电梯和自动扶梯是高层建筑中重要的垂直运输设备,必须安全可靠。考虑到运输的轿厢和电源设备在不同的地点,维修人员不可能在同一地点观察到两者的运行情况,虽然单台电梯的功率不大,但为了确保电梯的安全及电梯间互不影响,所以,每台电梯应由专用回路供电,每台电梯和自动扶梯都应装设单独的隔离电器和短路保护电器。电梯轿厢的照明电源、轿顶电源插座和报警装置的电源线,可以从电梯的动力电源隔离电器前取得,但应另装设隔离电器和短路保护电器。电梯机房及滑轮间、电梯井道及底坑的照明和插座线路,应与电梯分别配电。

对于电梯的负荷等级,应符合表2-1和现行《民用建筑电气设计规范》、《供配电系统设计规范》及其他有关规范的规定。一般地,对于高层普通住宅、办公楼、教学楼等高层建筑的乘客电梯为二级负荷；对于一至三级旅游宾馆等重要公共建筑用的部分客梯为一级负荷；对于一般的载货电梯和医用病床梯为三级负荷,但对于较大型的商业库房建筑用货梯和较大型病房楼的病床梯宜定为二级负荷；对于自动扶梯,由于其运行速度慢,停电造成人身伤亡事故小,故定为三级负荷,但重要场所如国际航空港、大型火车站等处定为二级负荷。消防电梯应符合现行《高层民用建筑设计防火规范》的规定。

电梯和自动扶梯的电源线路一般用电缆或绝缘导线。

电梯的电源一般引至机房电源箱。自动扶梯的电源一般引至高端地坑的扶梯控制箱。

2．电梯和自动扶梯的负荷计算

电梯和自动扶梯的负荷应按其设备容量考虑,电梯的设备容量为电梯的电动机额定功率加其他附属电器之和。

在确定电梯的电源容量时,涉及的问题很多,如运行工作制、运行速度、载重量等等,其计算是一个比较复杂的问题,而且理论性很强。在工程设计中,应采用比较简便的方法。

《民用建筑电气设计规范》(JGJ/T16—92)采用了日本的计算方法,具体计算如下：

(1) 对于电台电梯拖动电机所需的电源容量为

$$S \geqslant \frac{\sqrt{3}\,UI}{1000} \tag{4-1}$$

式中　S——电源容量，kVA；

　　　U——电源电压，V；

　　　I——交流电梯为满载电流，直流电梯为满载上行时的电流，A；当额定电流为50A及以下时，为额定电流的1.25倍；当额定电流大于50A时，为额定电流的1.1倍。

（2）对于多台电梯，考虑同时使用系数，见表4-1。

电梯同时使用系数　　　　　表4-1

台　数	1	2	3	4	5	6	7	8	9
使用频繁	1	0.91	0.85	0.80	0.76	0.72	0.69	0.67	0.64
使用一般	1	0.85	0.78	0.72	0.67	0.65	0.59	0.56	0.54

（3）自动扶梯的用电容量为电动机的铭牌容量。《通用用电设备配电设计规范》（GB50055—93）采用了《美国国家电气法规》的参数，内容如下：

1）单台交流电梯的计算电流，应取曳引机铭牌连续工作制额定电流的140%，或铭牌短时工作制（0.5h或1h制）额定电流的90%。

2）单台直流电梯的计算电流，应取交直流变流器的连续工作制交流额定输入电流的140%。

3）对于多台电梯，考虑同时使用系数，见表4-2。

电梯同时使用系数　　　　　表4-2

电梯台数	1	2	3	4	5	6
同时系数	1	0.91	0.85	0.80	0.76	0.72

4）交流自动扶梯的计算电流，应取每级拖动电机的连续工作制额定电流加上每级的照明负荷电流。每级单自动扶梯的照明电源为单相220V；如为多级、双自动扶梯或多级的双自动扶梯时，照明负荷应分别接到三相上，以力求使三相负荷平衡。

四、给水排水装置的配电

生活给水装置包括生活水泵，一般从变压器低压出口引一路电源送至泵房动力配电箱，然后送至各泵控制设备。

第二节　常用动力设备的控制

一、电动机起动方式的选择

电动机在起动时，其端子电压应能保证所拖动的设备对起动转矩的要求，且在配电系统中引起的电压波动不致妨碍其他用电设备的正常工作。

对于交流电动机，起动时配电系统的各级配电母线上的电压应符合下列要求：

（1）对于配电母线上接有照明负荷或其他对电压波动较敏感的负荷的一般情况，当电动机经历每小时数十次甚至数百次的频繁起动时，母线电压不宜低于额定电压的90%；当电动机不频繁起动时，则母线电压不宜低于额定电压的85%。

（2）对于配电母线上未接有照明负荷或其他对电压波动较敏感的负荷的情况，如果电动机不频繁起动，则母线电压允许低一些，但不应低于额定电压的80%。

（3）对于配电母线上未接有其他用电设备的情况，保证电动机的起动转矩是唯一的条件。由于不同用电设备所要求的电动机起动转矩相差悬殊，而且，不同类型电动机的起动转矩与端子电压的关系也不相同。因此，应根据具体的用电设备对起动转矩的要求来确定电压，但需注意，应保证接触器线圈的电压不低于释放电压。

在工程设计时，一般不必就电动机起动的影响对各个系统的各级母线进行电压校验。只有当电动机的功率与电源容量相比很大，例如达到电源容量的20%或30%，或者配电线路很长，这时才要进行电压校验。同样，只有在电动机末端线路很长且重载起动时，才需校验起动转矩。另外，考虑接触器释放电压的情况更少遇到。

1. 笼型电动机起动方式的选择

当电动机起动时，如果配电母线上的电压符合上述规定，所拖动的设备能承受电动机全压起动时的冲击转矩，则应采用全压起动。

当不符合全压起动的条件时，应优先采用降压起动方式。各种降压起动方式的特点如表4-3所示。

笼型电动机各种降压起动方式的特点　　　　　　表4-3

降压起动方式	电阻降压	自耦变压器降压	可变电压自耦变压器降压	星-三角降压	无触点降压
起动电压	KU_N	KU_N		$0.58U_N$	KU_N
起动电流	KI_{st}	K^2I_{st}		$0.33I_{st}$	K^2I_{st}
起动转矩	K^2T_{st}	K^2T_{st}		$0.33T_{st}$	K^2T_{st}
优缺点及适用范围	起动电流较大，起动转矩小；能否频繁起动由起动电阻容量决定；起动电阻器损耗较大；从节能出发尽可能不用	起动电流小，起动转矩较大；不能频繁起动，设备价格较高，采用较广	起动电流小，起动转矩与起动时间特性优越；起动平稳，用于柴油发电机供电系统中，可使发电机与所控电动机容量之比接近1:1，节约能源和投资	起动电流小，起动转矩较小；可以较频繁起动；设备价格较低；适用于定子绕组为三角型接线的中心型电动机	起动电流小，起动转矩较大；可以用于频繁起动；设备价格较高；可作交流功率调节器使用

对于有调速要求的电动机，其起动方式应与调速装置相配合，可利用调速装置来起动。

2. 绕线转子电动机起动方式的选择

绕线转子电动机在起动时，其起动电流的平均值不宜超过电动机额定电流的2倍或生产厂家的规定值，起动转矩应满足所拖动的设备的要求，如果有调速要求，则起动方式还应与调速方式相配合。

绕线转子电动机宜采用的起动方式是：转子回路接入频敏变阻器或起动变阻器起动。

频敏变阻器是一种静止的无触点电磁元件，能随着频率的变化而自动改变阻抗，以实现无级起动。选择适当的参数，可获得接近恒转矩的机械特性。采用频敏变阻器起动，具有接线简单、起动平滑、成本较低、维护方便等优点。因此，绕线转子电动机应优先采用频敏变阻器起动。但是，频敏变阻器的功率因数较低（一般为 0.5～0.75），与采用起动变阻器起动相比，起动电流较大，起动转矩较小，这是它的缺点。

起动变阻器由电阻器和循序切除电阻的开关电器组成，可在不断开电路的情况下改变电阻值，以实现电动机的起动和调速。由于采用起动变阻器起动时，所需电器元件多、接线复杂、费用较高、维修不便，因此，一般只用于在采用频敏变阻器起动不能满足要求的下列情况下：有调速要求的传动装置；电网对起动电流限制很严的场合；起动静阻转矩很大的装置（如球磨机）；利用电动机的过载转矩作为起动转矩的装置。

二、几种动力设备的控制

1. 消防用电设备的控制

消火栓泵和喷淋泵一般采用多泵工作一台备用的工作方式，对其控制要求当工作泵中任意一台发生故障后备用泵应能自动投入。

（1）消火栓泵的控制要求

1）消火栓按钮的控制回路应采用 50V 以下的安全电压，以保证人身安全；

2）消火栓泵的起、停可以由消火栓按钮直接控制，也可以由消防联动控制装置来控制；

3）在消防控制室，应装设消火栓泵的手动起、停按钮；

4）消火栓按钮发送起动信号后，在消防控制室应有声、光信号显示，有条件时宜对应显示按钮的工作部位，否则也应按防火分区或楼层显示；

5）在消防控制室，应显示消火栓泵的工作及故障状态（即消火栓泵的工作电源和水泵的运行状态）；

6）消防水泵起动后，消火栓箱内起动水泵的反馈信号灯应燃亮。

图 4-1～图 4-3 所示为消火栓按钮控制的消火栓泵控制电路图，消火栓泵由消火栓按钮控制全压起动。

图 4-4 和图 4-5 所示为消防控制室控制的消火栓泵或喷淋泵自耦降压起动控制电路图。

（2）喷淋泵的控制要求

1）水流指示器不能用作起动泵的控制装置，因使水流指示器动作的原因可以是喷头喷水灭火，也可能是管网中有水流压力的突变、或受水锤影响、或在管网末端进行放水试验以及管网维修等因素；

2）可以用水流报警阀压力开关、气压罐压力开关和水位控制开关控制泵的自动起动；

3）在消防控制室，宜控制系统的起、停；

4）在消防控制室，宜显示控制阀的开启状态、泵的电源供应和工作情况、水池和水箱的水位、干式喷水灭火系统的最高和最低气压、预作用喷水灭火系统的最低气压、报警阀和水流指示器的动作情况。

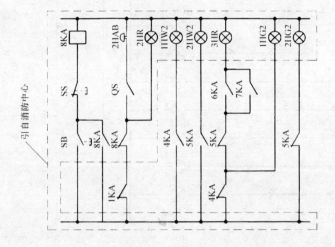

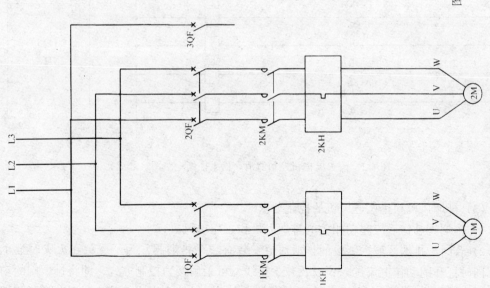

图 4-1 消火栓按钮控制的消火栓泵控制电路图（之一）

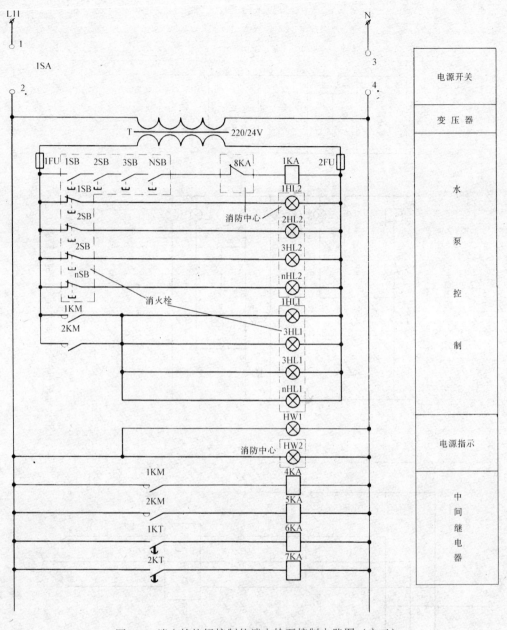

图 4-2 消火栓按钮控制的消火栓泵控制电路图（之二）

(3) 排烟风机和正压送风机的控制要求

1) 排烟阀动作后应起动相关的排烟风机和正压送风机；

2) 若同一排烟区域内装设的排烟通道安装有数个排烟阀，为了避免在火灾时数个排烟阀同时打开的动作电流过大、以及减少接线，可采用接力控制方式，即将排烟阀的动作机构输出触头加上控制电压后，采用串行连接控制，以接力方式使其相互串动打开相邻排烟阀，将最末一个动作的排烟阀输出触头的信号输出。

3) 消防控制室应能对防烟、排烟（包括正压送风机）进行应急控制。

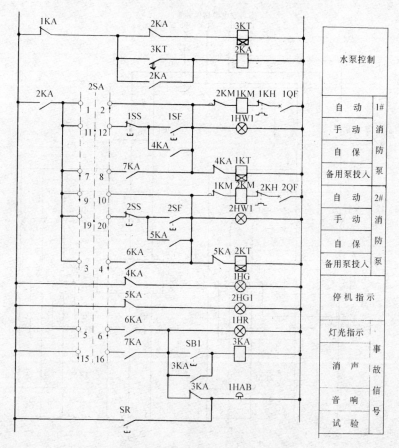

图 4-3 消火栓按钮控制的消火栓泵控制电路图（之三）

图 4-6 所示为防烟、排烟风机控制原理图。

2．空调电力设备的控制

空调制冷机组（热泵、冷水机组）自带控制柜，只需将电源送至即可。

冷却水泵、冷冻水泵不自带控制柜，应根据上述原则选择合适的起动装置。

为防止冷凝压力过高，排气压力增高，压缩比增大，影响制冷系统产气量，制冷机与冷却水泵或冷凝风机应联锁。制冷机只有在冷却水泵或风冷式冷凝器的通风机接通电源后才能投入运行。

空调系统的设备起动顺序为：

冷却塔风机——→冷却水泵——→冷冻水泵——→机组。

当有一台盘管风机开动，则新风机应起动。

3．给水排水装置的控制

（1）给水排水装置控制的基本要求。

水泵房的控制应在满足供水工艺、安全及经济运行、管网合理调度的前提下，使系统简单、可靠、便于管理维修，并应合理选择检测仪表和控制装置。

目前，水泵控制通常是采用限流式（如压力、水流的高限和低限）控制方式。并依次调整水泵的运行台数，以达到供水量和需水量，来水量和排水量之间的平衡。但是，由于

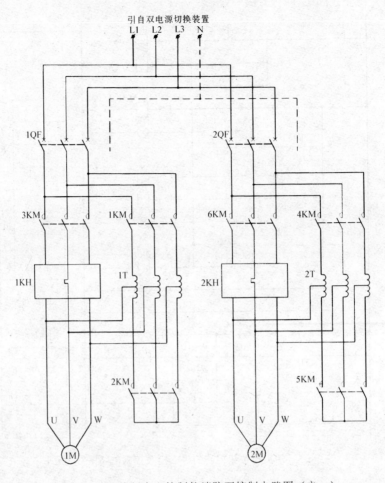

图 4-4 消防控制中心控制的消防泵控制电路图（之一）

受水泵台数和级差的限制，会发生送水量不能完全适应用水量变化的情况，以及出现能源浪费现象。

理想的给水、排水方式是变化水量给水、排水方式。根据用户要求的水力参数（压力、流量、水位），通过改变水泵电动机的转速，以改变水泵运行的工况点，从而达到送水量和用水量之间，排水量和进水量（指排水泵站的污水或雨水的集水池）之间动态平衡，从而实现高效率、低能耗的优化控制，达到经济运行的目的。

单台水泵、水塔、水箱（高位水箱），宜采用高、低水位自动控制或手动控制，并设置水位信号。

多台水泵的泵房，应根据供水工艺的要求，设置：
1）高、低水位信号指示；
2）高、中、低三个水位控制泵的开、停信号指示；
3）电动机的运行信号指示；
4）水泵的自动切换；
5）手动与自动的工作转换及事故报警。

无人值班的污水泵房和雨水泵房，水泵应能自动开、停，并将水位信号反映到有人值

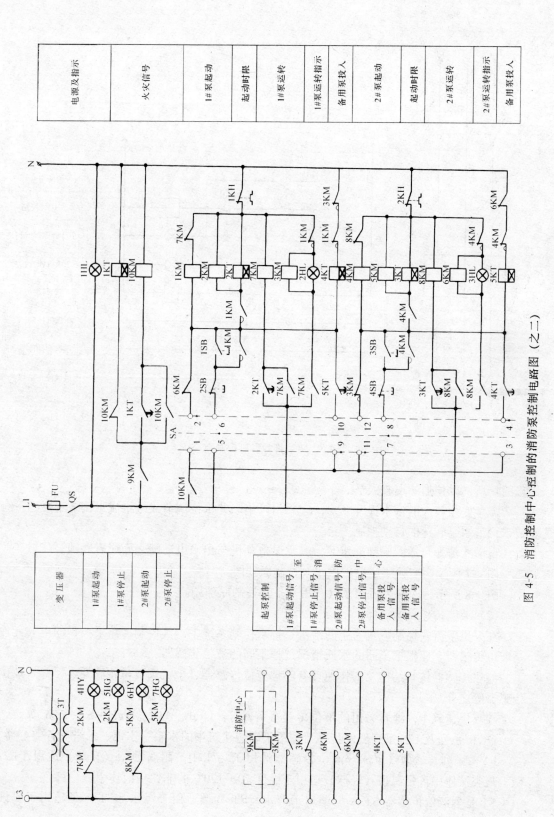

图 4-5 消防控制中心控制的消防泵控制电路图（之二）

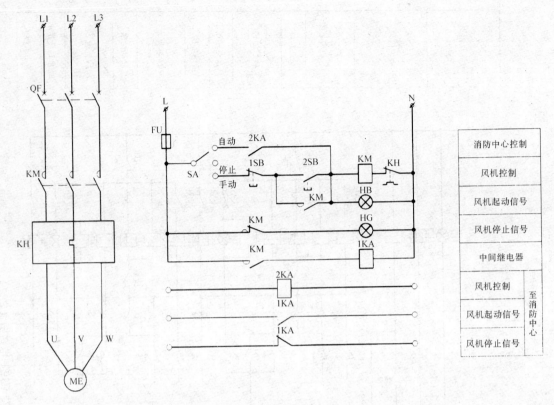

图 4-6 防烟排烟风机控制电路图

班的场所,以便通知巡查人员。

流量变化较大的污水提升泵房,宜采用以集水井水位调节或进水流量调节水泵运行台数或调节水泵转速的自动控制。

自灌式与非自灌式起动的水泵,其水泵电动机与出水电动阀之间应有联锁。

图 4-7 所示为变频调速恒压供水泵控制原理图。

图 4-8 所示为两台生活水泵(一用一备)控制原理图。

(2) 液位传感器的选择。

在采用限流式控制方式为主的给水、排水控制系统中,其控制回路最关键的电气元件是液位传感器。应根据不同的水质情况选择不同的液位传感器。

液位传感器按其结构及工作原理有浮球液位传感器、干簧式液位传感器、浮标式液位传感器等之分。

在高层建筑中,通常采用的液位传感器系列有:UQK、UX、FYK、ST、YW 等。

UQK 系列及 UX 系列液位传感器适用于高层建筑中的水箱、水池、水塔等各类容器。

FYK 系列普通型(重球)液位传感器适用于污水中,耐腐蚀型(轻球)适用于酸、碱、盐类液体中,耐温型(轻球)适用于温度 70~120℃的非饮用液体中。

ST 系列液位传感器 ST-A 型适用于清水,ST-B 型适用于污水,ST-C 型适用于腐蚀性液体。

YW 系列液位传感器 YW-P 型适用于清水或污水,YW-F 型适用于酸碱类液体。

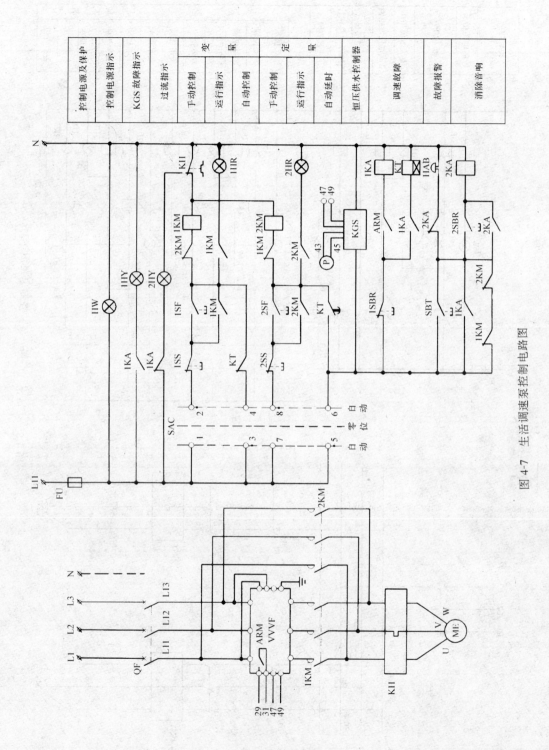

图 4-7 生活调速泵控制电路图

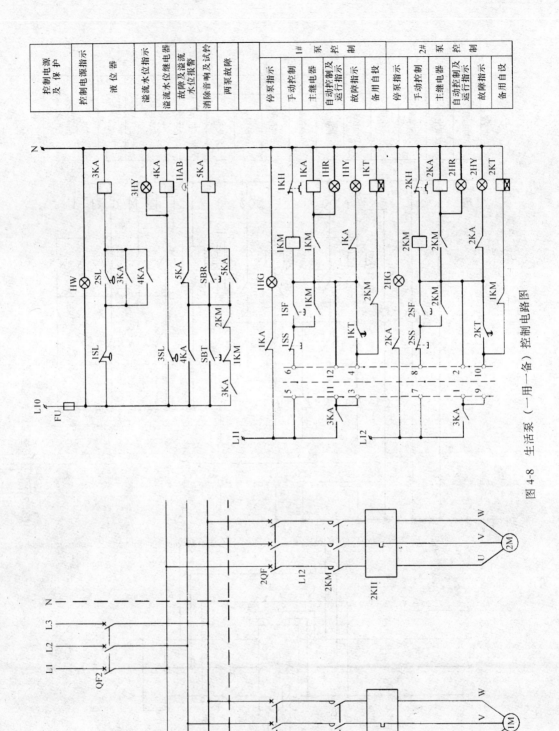

图 4-8 生活泵（一用一备）控制电路图

第五章 低压配电线路

第一节 配线选择

高层建筑中采用的配电导线有绝缘电线、电力电缆和封闭式母线等。工程设计时选择何种类型应综合考虑配电导线的额定电压、配电方式、电力负荷的种类和大小、敷设环境、敷设方式以及与附近电气装置、设施之间能否产生有害的电磁感应等因素。既要满足可靠性的要求，又要兼顾经济性，并要考虑施工和维护方便。从负荷大小并结合经济性来看，一般地，当干线电流在200A及以下时可考虑采用绝缘电线；当干线电流在200A至400A时应考虑用电力电缆；当干线电流在400A以上时则多采用封闭式母线。

高层建筑具有负荷种类多，有的单台用电设备容量很大，竖向线路多等特点。高层建筑的低压配电方式有放射式、树干式、链式和混合式。对于大容量设备如空调制冷机组多采用放射式配电，由于其容量大，一般采用电缆或封闭式母线配电。照明负荷的配电干线系统多采用分区树干式或垂直干线式，一般用封闭式母线，这样各层配出线方便，施工也方便。消防用动力设备多选用阻燃电缆配电。

第二节 电气竖井与配电小间

电气竖井是高层建筑物强电及弱电竖向干线敷设的主要通道。竖井内可采用金属管、金属线槽、电缆、电缆桥架和封闭式母线等布线方式。

在电气竖井内，如果除敷设干线回路外，还设置各层的电力、照明分配电箱及弱电设备的端子箱等电气设备，则亦称为电气小间。

一、电气竖井的位置和数量

电气竖井的位置和数量应根据建筑物规模、用电负荷性质、供电半径、建筑物的沉降缝设置和防火分区等因素确定，应保证系统的可靠性，并尽量减少电能损耗。

电气竖井的位置宜靠近负荷中心，并注意与变电所或机房等部位的联系方便，这样，可减少干线电缆沟道或干线电缆桥架的长度，从而减少损耗，节省投资。

电气竖井应是专用竖井，不得与电梯井、管道井等共用同一竖井，以保证电气竖井内电气线路及电气设备的运行安全。电气竖井应避免邻近烟道、热力管道及其他散热大或潮湿的设施，否则会使电气竖井内温度升高，影响线路导体的允许载流能力，使配电用断路器误动作，或者因潮湿使竖井内线路绝缘强度降低、金属性腐蚀。如果无法远离烟道等热源或潮湿设施，则应采取相应的隔热、防潮措施。

考虑到电气竖井向外引出线的方便以及竖井内墙壁的利用，应尽量避免电气竖井与电梯井或楼梯间相邻。

为了保证线路的运行安全，避免强电对弱电的干扰，并便于维护管理，有条件时宜分别设置强电和弱电竖井。

国外有资料介绍，一般按标准层每600m²设一电气竖井，超过600m²另设竖井。

二、配电小间的面积与布置

配电小间的面积应根据线路及设备的布置来确定，除了应满足布线间隔及配电箱、端子箱等设备的布置所必需的尺寸外，还应充分考虑布线施工及设备运行的操作维护距离，一般在箱体前留不小于0.80m的操作维护距离。

图5-1和图5-2所示为两种强电竖井设备布置方案。

图5-3和图5-4所示为两种弱电竖井设备布置方案。

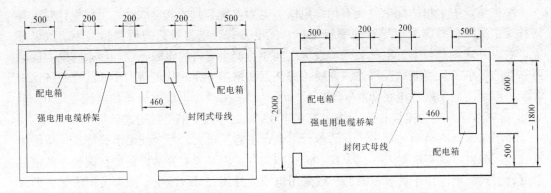

图5-1　强电竖井设备布置示意图之一　　　　图5-2　强电竖井设备布置示意图之二

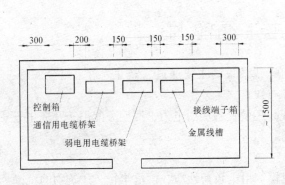 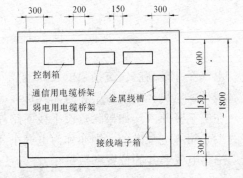

图5-3　弱电竖井设备布置示意图之一　　　　图5-4　弱电竖井设备布置示意图之二

三、综合配电柜

由于在电气竖井中敷设的干线，除动力干线、照明干线外，还有电话、电视、广播、火灾报警、控制信号等多种线路，为节省空间、简化设计、便于施工和维护管理，可设置综合配电柜，将母干线、电缆及各种电气管线一并装于柜内。综合配电柜的安放竖井可利用建筑物的装饰层、夹层，而不占用建筑物的使用面积，竖井门可与建筑物房间的房门统一考虑，收到整齐、紧凑、美观大方的效果。

综合配电柜内一般用钢板隔成强电与弱电两个部分，在强电间隔中安装动力、照明干线和断路器、接触器、端子板等，弱电间隔中设有电话、控制、报警、电视、计算机等用的电缆及端子板。综合配电柜内还设有紧固母线或电缆用的支架。综合配电柜的尺寸、结构可视具体要求而定。

第三节 垂直干线敷设

一、封闭式母线的选用与垂直安装

封闭式母线是高层建筑中照明干线的最常用型式。

封闭式母线选用时应注意尽量优先按标准长度选用。

穿墙的封闭式母线的最小长度应为墙体厚度加520mm。

穿楼层地板的封闭式母线的最小长度为地板厚度加上950mm，以便于安装弹簧支撑器。

膨胀节母线一般不予采用，只有在直线段母线长度超过制造厂家给定的允许数值时才加用。

为便于封闭式母线的安装，2500A及以上的封闭式母线应尽量选用2m及以下规格。

在选用带插孔的封闭式母线时应考虑满足设计所要求的插孔高度和位置。

在竖井内垂直安装封闭式母线时，一般采用专用的弹簧支撑器在楼板面上支承。对于400A及以下的小容量封闭式母线可以隔层支承，对于400A以上的大容量封闭式母线则需每层支承。

图5-5所示为封闭式母线垂直安装示意图。

当封闭式母线的进线盒及末端悬空时应采用支架固定，如图5-6所示。

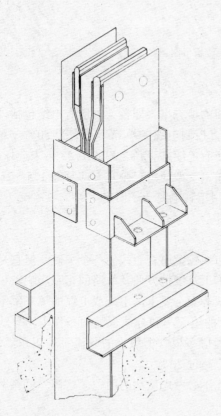

图5-5 封闭式母线垂直安装示意图

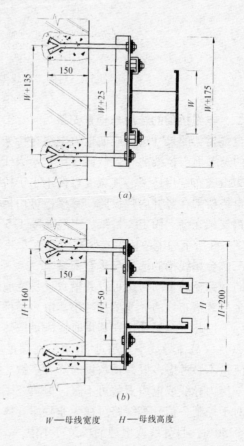

W—母线宽度　H—母线高度

图5-6 封闭式母线垂直安装端头及中间固定示意图

封闭式母线竖井内垂直安装时穿楼板预留洞如图 5-7 所示。

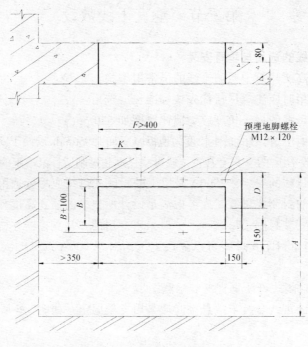

注：$B>H+60mm$，$L>W+60mm+F(N-1)$
H—母线高度，W—母线宽度，N—母线并列安装列数

图 5-7　封闭式母线垂直安装楼板留洞图

二、电缆桥架的选用与垂直安装

电缆桥架的尺寸选择应使电力电缆在桥架横断面的填充率（即桥架内所有电缆包括外护层的总截面与桥架的有效截面之比）不大于 40%，控制电缆的填充率不大于 50%。对于电力电缆布线用桥架，其宽度可按不小于桥架内所有电缆外直径之和的 1.25 倍来选择。

电缆桥架在竖井内敷设时，穿楼板可用槽钢或角钢支架固定，垂直方向每隔 1.5~2m 用角钢支架在墙上固定。桥架内电缆每隔 1.5~2m 用塑料电缆卡子固定。

图 5-8 所示为电缆桥架在竖井内垂直安装示意图。

三、金属线槽的选用与垂直安装

同一路径的不同回路可以共槽敷设是金属线槽布线较金属管布线的一个突破。但它是基于金属线槽布线的导线填充率小、散热条件好、施工及维护方便及线路间相互影响较小等原因。因此，金属线槽在选用时应满足散热、敷线等安全要求，电线或电缆的填充率不大于 20%，载流导线不宜超过 30 根。在满足所要求的填充率和导线根数的条件下，导线的载流量不必考虑多根共槽敷设的降容系数。如果考虑多根共槽敷设的载流量校正系数，则同一槽内导线或电缆根数可不限，但填充率仍不应超过 20%。

对于控制、信号等线路可视为非载流导体，因此不必考虑散热的问题，这样，填充率可增至 50%，且导线或电缆的根数亦不限。

金属线槽竖井内垂直安装如图 5-9 所示。

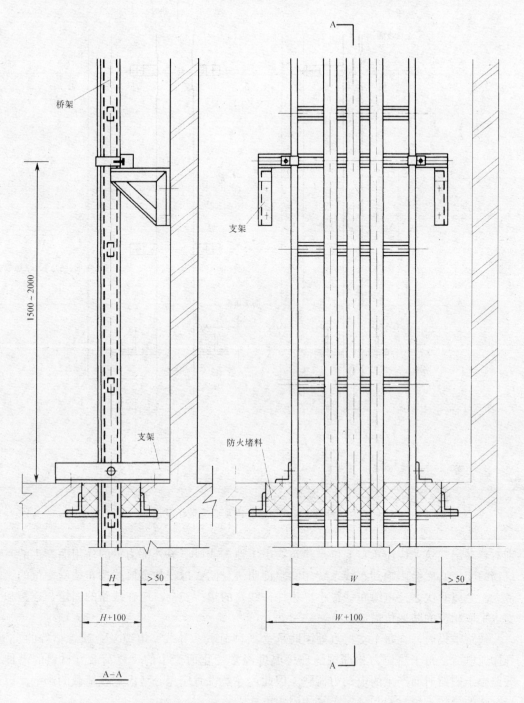

图 5-8 电缆桥架竖井内垂直安装示意图

四、电缆配线的垂直安装
当电缆数量较少时,可以将电缆直接用支架沿墙固定,如图 5-10 所示。

五、竖井垂直布线的几点注意
在竖井内垂直布线时,应考虑垂直线路的顶部最大变位和层间变位对干线的影响,特

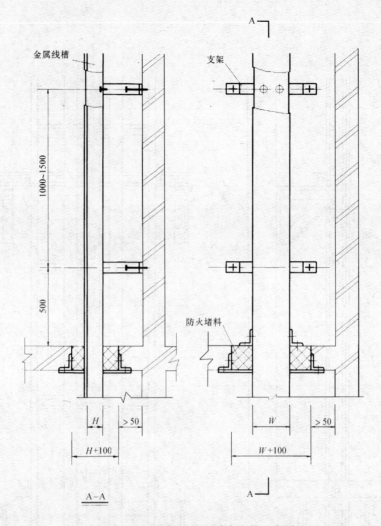

图 5-9 金属线槽竖井内垂直安装示意图

别对超高层建筑尤应注意。变位是建筑物由于地震或风压等外部力量的作用而产生的，建筑物的变位必然会影响到布线系统。实验证明，封闭式母线和金属线槽布线受变位的影响最大，金属管次之，电缆布线最小。为保证线路的运行安全，应在线路的固定、连接和分支上采取相应的防变位措施。

线路敷设时，在每个支持点处同时承受三种荷载：导线、电缆及金属管槽等的自重；导体通电后，由于热应力和周围的环境温度经常变化而产生的反复荷载（材料的潜伸）；线路由于短路时而产生的电动力荷载。因此，在敷设时应充分考虑这些荷载的影响，以选择合适的导体被覆材料和确定牢靠的固定方式。

垂直干线与分支干线的联接方法，直接影响供电的可靠性和工程造价。在垂直干线中，封闭母线的分支比较方便，电缆可以采用 T 形电缆接头或电缆 T 接箱分支。为方便分支联接，分支电缆应运而生，但目前价格较贵。

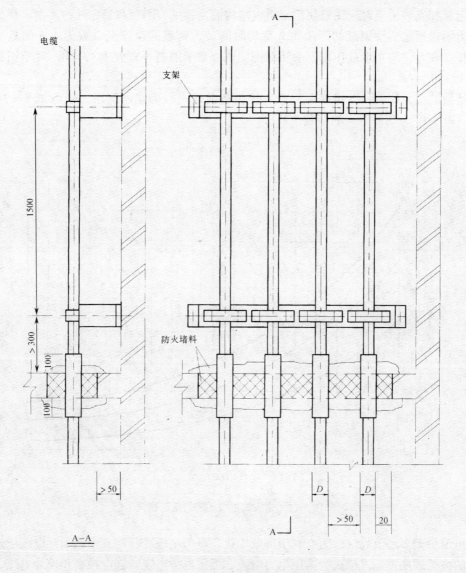

图 5-10 电缆垂直敷设示意图

第四节 楼层水平线路敷设

楼层水平线路的敷设有电缆桥架、金属线槽、电线穿管等方式。

电缆桥架水平敷设多用于设备机房和技术夹层的动力线路。

金属线槽布线多用于吊顶内敷设。

电线穿管则应用于各种场合。

一、电缆桥架水平敷设

电缆桥架水平敷设时，对于梯架式和托盘式桥架，距地高度一般不宜低于 2.5m；对于槽板式桥架，距地高度可降为 2.2m。

选择和安装桥架时应注意使桥架组成结构满足强度、刚度和稳定性的要求。桥架的承载能力不得超过使桥架最初产生永久变形时的最大荷载除以安全系数为1.5的数值。梯架、托盘在允许均布承载作用下的相对挠度值，对于钢制不宜大于1/100，对于铝制不宜大于1/300。

桥架的最大荷载和支撑跨距一般宜按荷载曲线进行确定，跨距一般为1.5～3m。图5-11～图5-14为几种桥架的荷载曲线。

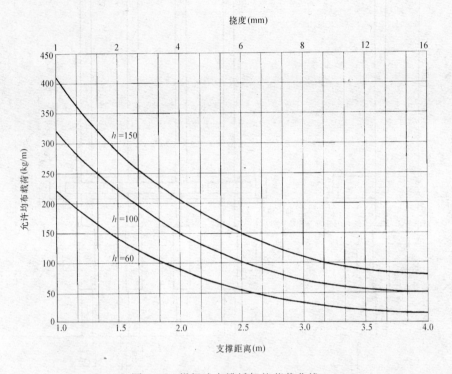

图5-11 梯级式电缆桥架的荷载曲线

电缆桥架多层敷设时，为有利于屏蔽干扰、电力电缆冷却、方便施工，电缆应按电压等级的高低顺序排列，依次为高压电力电缆、低压电力电缆、强电控制和信号电缆、弱电控制和信号电缆、通信电缆。根据具体情况，可按由下而上的顺序，也可按由上而下的顺序排列，但在同一工程中或电缆通道延伸于不同工程的情况下，应按相同的排列顺序原则来配置。电缆桥架多层敷设时的层间间距不应小于表5-1所列的数值。

电缆桥架多层敷设时层间最小距离　　　　　表5-1

电 缆 类 别	最小层间距离（mm）
控制电缆之间	200
电力电缆之间	300
弱电电缆与电力电缆之间	500（无屏蔽盖板）
	300（有屏蔽盖板）
桥架上部距顶棚或其他障碍物	300

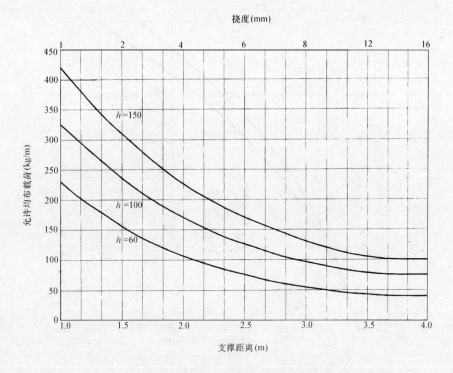

图 5-12 托盘式电缆桥架的荷载曲线

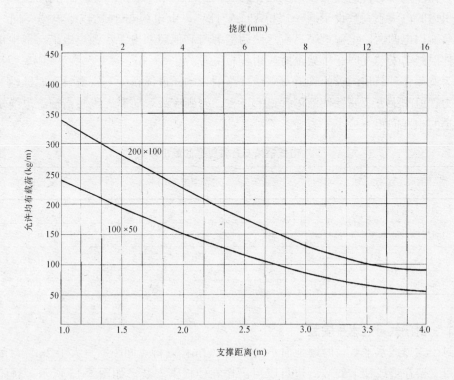

图 5-13 槽式电缆桥架的荷载曲线

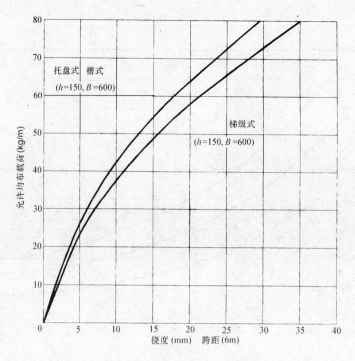

图 5-14 大跨度电缆桥架的荷载曲线

为保障线路运行的安全,以及避免相互间的干扰和影响,下列几种情况的不同电压、不同用途的电缆不宜敷设于同一层桥架上:1kV 以上电缆与 1kV 以下电缆;同一路径向一级负荷供电的两路电源电缆;应急照明电源与其他照明电源;强电电缆与弱电电缆。当受条件限制需安装在同一桥架上时应用隔板隔开。

为避免各种其他同道的管道对电缆线路的影响,电缆桥架不宜敷设在腐蚀性气体管道和热力管道的上方及腐蚀性液体管道的下方,否则应采取防腐、隔热措施。电缆桥架与各种管道的相互间距不应小于表 5-2 所列数值。

电缆桥架与各种管道的最小净距   表 5-2

管 道 类 别	平行净距（m）	交叉净距（m）
一般工艺管道	0.4	0.3
具有腐蚀性液体（或气体）管道	0.5	0.5
热 力 管 道	0.5	0.5
	1.0	1.0

二、封闭式母线水平安装

封闭式母线水平敷设时距地面不应小于 2.2m,支持点间距不宜大于 2m。封闭式母线可采用支架在墙或柱上安装,也可以用吊杆在楼板下安装,如图 5-15 所示。封闭式母线穿墙预留洞如图 5-16 所示。

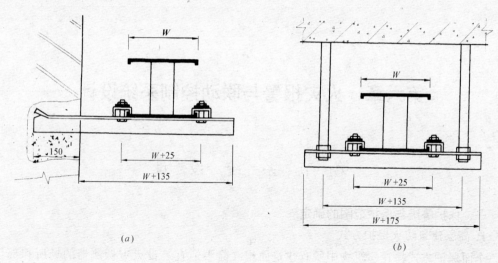

图 5-15 封闭式母线水平安装示意图

三、金属线槽水平安装

金属线槽水平敷设时，吊点及支持点的距离应根据工程具体条件确定，一般应在下列部位设置吊架或支架：直线段不大于 3m 或线槽接头处；线槽首端、终端及进出接线盒 0.5m 处；线槽转角处。

金属线槽可采用支架沿墙安装或吊杆在楼板下吊装方式。

金属线槽穿墙预留洞如图 5-17 所示。

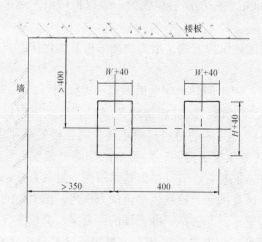

图 5-16 封闭式母线穿墙预留洞尺寸

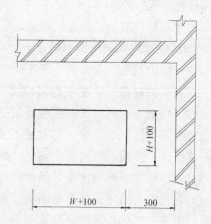

图 5-17 金属线槽穿墙预留洞尺寸

第六章 火灾报警与联动控制系统设计

第一节 系统设计

一、保护等级与保护范围的确定

1. 高层建筑防火保护方式

全面保护方式：在建筑物中所有建筑面积（除不适宜装设火灾探测器的场所和部位）均应设置火灾探测器并同时设置自动喷水灭火系统。

总体保护方式：在建筑物中，主要的场所和部位都应设置火灾探测器，仅有少数火灾危险性不大的场所和部位不设置火灾探测器。

区域保护方式：在建筑物中，主要的区域、场所和部位都应设置火灾探测器，火灾危险性不大的区域、场所和部位不设置火灾探测器。这种保护属区域性质。

2. 高层建筑保护等级的确定

高层建筑的保护等级应根据防火等级的分类来确定。

建筑高度超过100m的超高层建筑为特级保护对象，应采用全面保护方式。

除普通住宅建筑外，建筑高度不超过100m的一类高层建筑为一级保护对象，应采用总体保护方式。

二类高层建筑为二级保护对象，应采用区域保护方式，重要的则采用总体保护方式。

3. 高层建筑保护范围的确定

特级保护对象，除面积小于$5m^2$的厕所、卫生间外均应全面设置火灾探测器。

一级保护对象，应在下列部位设置火灾探测器：医院病房楼的病房、贵重医疗设备室、病历档案室、药品库；高级旅馆的客房和公共活动用房；商业楼、商住楼的营业厅，展览楼的展览厅；电信楼、邮政楼的重要机房和重要房间；财贸金融楼的办公室、营业厅、票证库；广播电视楼的演播室、播音室、录音室、节目播出技术用房、道具布景；电力调度楼、防灾指挥调度楼等的微波机房、计算机房、控制机房、动力机房；图书馆的阅览室、办公室、书库；档案楼的档案库、阅览室、办公室；办公楼的办公室、会议室、档案室；走道、门厅、可燃物品库房、空调机房、配电室、自备发电机房；净高超过2.6m且可燃物较多的技术夹层；贵重设备间和火灾危险性较大的房间；经常有人停留或可燃物较多的地下室；电子计算机房的主机房、控制室、纸库、磁带库。

二级保护对象，应在下列部位设置火灾探测器：财贸金融楼的办公室、营业厅、票证库；电子计算机房的主机房、控制室、纸库、磁带库；面积大于$50m^2$的可燃物品库房；面积大于$500m^2$的营业厅；经常有人停留或可燃物较多的地下室；性质重要或有贵重物品的房间。

二、火灾自动报警系统的设计

火灾自动报警与消防联动控制系统的设计应根据保护对象的分级规定、功能要求和消防管理体制等因素综合考虑确定。

火灾报警系统可以有四种基本型式：区域报警系统；集中报警系统；区域-集中报警系统；控制中心报警系统。

区域报警系统主要由探测器和区域报警控制器构成，多用于区域保护方式或场所保护方式的场合。

集中报警系统主要由探测器、楼层重复显示器和报警控制器构成。这种系统不采用区域报警控制器，而用楼层重复显示器代替之，作为防火分区的报警设备。楼层重复显示器可装设在各楼层消防电梯前室。这种系统多用于无服务台（或楼层值班室）的写字楼、商业楼、综合办公楼等建筑。

区域-集中报警系统主要由探测器、区域报警控制器和集中报警控制器构成。根据工程具体情况，部分区域报警控制器也可以由楼层重复显示器代替。多用于规模较大、保护控制对象较多且有条件设置区域报警控制器的大型高层建筑，如有服务台的宾馆建筑。

控制中心报警系统多用于规模大，需要集中管理的群体建筑和超高层建筑。在管理体制允许的情况下，可与楼宇自动化系统连网或作为其一个子系统。

三、消防设备的联动控制

消防联动控制对象包括：灭火设施；防排烟设施；防火卷帘、防火门、水幕；电梯；非消防电源的断电控制等。

根据工程规模、管理体制、功能要求，消防联动控制方式可以采用集中控制方式或分散与集中相结合的控制方式。在采用分散与集中相结合的控制方式时，一般将消防水泵、送排风机、排烟防烟风机、部分卷帘门和自动灭火控制装置等在消防控制室集中控制、统一管理。对于象防排烟阀、防火门释放器等大量而又分散的被控对象，则采用现场分散控制，但控制反馈信号应送至消防控制室集中显示、统一管理。需要注意，对于电梯、非消防电源、火警铃或火警电子音响警报装置等，为避免动作不当造成混乱，应将这些被控对象由消防控制室集中控制。在大楼未设置计算机控制的楼宇自动化管理系统时，各种非消防电源的切除以及电梯的迫降等应通过消防控制室遥控或用火警电话通知相关的配电室或电梯机房手动控制。

四、火灾应急照明与疏散指示标志

火灾应急照明包括：在正常照明失效时为继续工作（或暂时继续工作）而设置的备用照明；为使人员在火灾情况下能从室内安全撤离至室外（或某一安全地区）而设置的疏散照明；在正常照明突然中断时为确保处于潜在危险的人员安全而设置的安全照明。

1. 备用照明的设置

高层建筑的下列部位应设置备用照明：

（1）配电室、消防控制室、消防水泵房、防烟排烟机房、供消防用电的蓄电池室、自备发电机房、电话总机房以及发生火灾时仍需坚持工作的其他房间；

（2）观众厅、展览厅、多功能厅、餐厅和商业营业厅等人员密集的场所；避难层和封闭楼梯间。

上述（1）类场所的备用照明的照度应保证正常照明的照度，（2）类场所的备用照明的照度应不低于正常照明照度的 1/10。

备用照明应结合正常照明统一布置，通常可利用正常照明灯的部分或全部作为备用照明，故障时进行电源切换。

2．疏散照明的设置

疏散照明包括：安全出口标志灯、疏散指示标志灯和疏散照明灯。

安全出口标志灯设置的场所有：楼梯间、防烟楼梯间前室、消防电梯间及其前室、合用前室和避难层（间）；观众厅、展览厅、多功能厅、餐厅和商业营业厅等人员密集的场所；安全出口（二类住宅建筑除外）。

安全出口标志灯安装的部位为：建筑物内通向室外的正常出口和应急出口，通向疏散楼梯间或防烟楼梯间前室的门口，公共厅堂通向疏散走道的出口等处。安全出口标志灯宜安装在疏散门口的上方，在首层的疏散楼梯应安装在楼梯口的里侧上方。安全出口标志灯距地高度宜不低于2m，但也不宜过高，以免火灾时烟雾的影响，一般为2~2.5m。对于安全出口标志灯，正常时在30m远处应能识别标志，其亮度不应低于15cd/m^2，不高于300cd/m^2，应急时在20m远处应能识别标志。安全出口标志灯的照度应大于0.5lx。

疏散指示标志灯设置的场所有：楼梯间、防烟楼梯间前室、消防电梯间及其前室、合用前室和避难层（间）；公共建筑的疏散走道和住宅建筑内长度超过20m的内走道（二类住宅建筑除外）。在距走道拐角处1m内应安装有疏散指示标志灯，走道直线段的疏散指示标志灯间距不宜大于20m，楼梯间的疏散指示标志灯宜安装在休息板上方的墙角处或壁装。疏散指示标志灯一般宜墙上安装，且距地不宜大于1m，当在顶棚下安装时距地宜为2.2~2.5m。对于疏散指示标志灯，正常时在20m远处应能识别标志，其亮度不应低于15cd/m^2，不高于300cd/m^2，应急时在15m远处应能识别标志。疏散指示标志灯的照度应大于0.5lx。

疏散照明灯设置的场所有：楼梯间、防烟楼梯间前室、消防电梯间及其前室、合用前室和避难层（间）；公共建筑的疏散走道和住宅建筑内长度超过20m的内走道；电梯候梯厅、自动扶梯上方、火灾报警按钮及消防设施的附近。疏散照明灯的照度应大于0.5lx。工程设计中常采用安全出口标志灯和疏散指示标志灯作为疏散照明的一部分，当达不到照度要求时应与走道的正常照明结合协调布置疏散照明灯，可以将正常照明的一部分作为疏散照明。为了简化配线和控制，在档次较高的建筑物内的走道及楼梯间的照明可全部按疏散照明要求设计。

应急照明灯规格的建议标准如表6-1所示。

应急照明灯规格的建议标准　　　　　　表6-1

类别	规格		采用荧光灯时的光源功率（W）
	长边/短边	长边的长度（cm）	
Ⅰ型	4:1 或 5:1	>100	≥30
Ⅱ型	3:1 或 4:1	50~100	≥20
Ⅲ型	2:1 或 3:1	36~50	≥10
Ⅳ型	2:1 或 3:1	25~35	≥6

注：1．Ⅰ型标志灯内所装光源数量不宜少于两个；
　　2．疏散标志灯安装在地面上时，长宽比可取1:1或2:1，长边最小尺寸不宜小于40cm。

应急照明灯规格型式的选择参见表 6-2。

应急照明灯规格型式的选择   表 6-2

建筑物类别	安全出口标志灯		疏散指示标志灯	
	建筑总面积（m²）		每层建筑面积（m²）	
	>10000	<10000	>1000	<1000
旅　　馆	Ⅰ或Ⅱ型	Ⅱ或Ⅲ型	Ⅲ或Ⅳ型	
医　　院	Ⅰ或Ⅱ型	Ⅱ或Ⅲ型	Ⅲ或Ⅳ型	
影 剧 院	Ⅰ或Ⅱ型	Ⅱ或Ⅲ型	Ⅲ或Ⅳ型	
俱 乐 部	Ⅰ或Ⅱ型	Ⅱ或Ⅲ型	Ⅱ或Ⅲ型	Ⅲ或Ⅳ型
商　　店	Ⅰ或Ⅱ型	Ⅱ或Ⅲ型	Ⅱ或Ⅲ型	Ⅲ或Ⅳ型
餐　　厅	Ⅰ或Ⅱ型	Ⅱ或Ⅲ型	Ⅱ或Ⅲ型	Ⅲ或Ⅳ型
地 下 街	Ⅰ型		Ⅱ或Ⅲ型	
车　　库	Ⅰ型		Ⅱ或Ⅲ型	

3．火灾应急照明的电源

在正常电源断电后，备用照明和疏散照明的备用电源的转换时间不应大于 15s（金融商业交易场所的备用照明的电源转换时间不应大于 1.5s）。

工程上，根据建筑物的类别和电源情况，火灾应急照明的备用电源有三种：与正常照明取自不同的变压器（变压器由不同的高压电源供电）；取自自备柴油发电机组（机组具有自起动功能，且起动和转换时间不大于 15s）；蓄电池组（对于高度超过 100m 的超高层建筑，连续供电时间不应少于 30min，对于其他高层建筑，连续供电时间不应少于 20min）。

4．火灾应急照明的控制

火灾应急照明的控制由其运行方式确定。对于宾馆、公寓、住宅楼等建筑，由于日夜有人出入，疏散照明应采用持续运行方式，将应急灯直接接在应急照明线路上，不装控制通断的开关，如果采用的是自带蓄电池的应急灯，则采用二线制的接线方式将其接在一般正常照明线路上。对于商场、餐厅、多功能厅等不营业时无人出入的场所，为了节约用电，在不营业时关闭疏散照明，因此，将疏散照明由值班或警卫人员负责管理。当采用自带蓄电池的应急照明灯时，应采用三线式配线，使蓄电池处于经常的充电状态。

五、消防广播与消防通信

1．消防广播

区域-集中系统和控制中心系统应设置火灾事故广播系统。当集中系统内有消防联动控制功能时应设置火灾事故广播系统，若集中系统内不具备消防联动控制功能时也宜设置火灾事故广播系统。

在走道、大厅、餐厅等公共场所，应急扬声器的设置应保证从本层任何一个部位到最近的一个扬声器的步行距离不超过 15m。走道的交叉、拐弯等处应布置扬声器，走道末端的扬声器距末端墙不大于8m。

　　走道、大厅、餐厅等公共场所装设的扬声器的额定功率不小于3W，宾馆客房内扬声器的额定功率不小于1W。对于空调机房、通风机房、洗衣机房、文娱场所和车库等有背景噪声干扰的场所内的应急扬声器的功率选择，应使扬声器在其播放范围内最远的播放声压级高于背景噪声15dB。

　　火灾事故广播系统的扩音机的容量一般按应急扬声器计算容量的1.3倍来确定，所谓计算容量是指相邻三层应急扬声器容量之和中的最大值。

　　当利用建筑物内的广播音响系统兼作火灾事故广播时，系统应具有火灾广播的优先权，发生火灾时应能在消防控制室进行控制，强制转入火灾事故广播状态，此外还应设置火灾事故广播的备用扩音机，备用扩音机应能手动或自动投入，其容量应按应急扬声器计算容量的1.5倍来确定。

　　扬声器一般吸顶嵌入安装。根据具体情况也可以壁挂安装。

　　火灾事故广播用扬声器不得加开关。当利用广播音响系统的扬声器时，由于加有开关或音量调节器，为了实现火灾时的强切功能，应采用三线式配线或其它能实现强切功能的办法。图6-1所示为一种三线式配线实现火灾时强切功能的电路图。

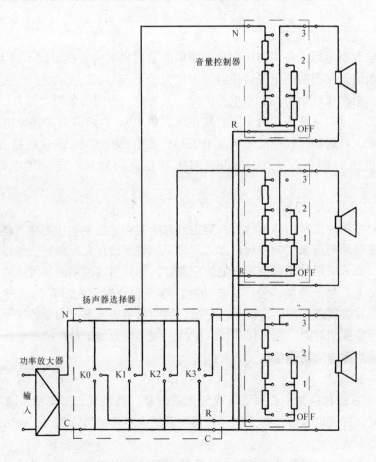

图6-1　三线式火灾事故广播强切原理电路图

2. 消防通信

消防专用通信是一个独立的通信系统，不得纳入市话网或用户小交换机网络。

消防控制室除有消防专用通信系统的总机外，还应专设一条直拨"119"火警电话的电话线和话机。

建筑物内的消防泵房、通风机房、主要配变电室、电梯机房、区域报警控制器、卤代烷等管网灭火系统应急操作装置处，以及消防值班、保卫办公用房等处均应设置火警专用电话分机。

火警电话机一般挂墙安装，底边距地 1.5m。

六、火灾报警与消防联动控制系统设备选择

由于火灾报警与消防联动控制系统关系到人的生命和国家财产安全，因此，在选用时应把设备的可靠性和安全性放在首位，在此基础上考虑技术上的先进性和经济上的合理性，以及安装简单、维护容易、使用方便。所选产品应是通过国家消防电子产品质量监督检测中心检验合格的产品，并得到国家消防产品质量认证委员会的质量体系认证。

探测器的选用应满足性能稳定、灵敏度高、误报率低等技术要求。目前，大量采用的是两线制或三线制探测器。各生产厂家在改进产品技术、提高产品可靠性方面作了大量工作。如日本 NITTAN（日探）公司的 NF-1 系统采用类比数字式探测器，能连续地提供其探测范围内的烟雾浓度值，并以数字化形式将这些数据送至报警控制器，报警系统根据这些资料与事先储存在微机内的若干级判定值（如正常、预报警、火警、故障）进行比较，发出相应信号。英国 GENT（精灵）公司的类比式感烟感温复合探测器，将其所在环境收集到的烟浓度或温度对时间的变化数据（而非只考虑单一的烟浓度因素）送到控制器，与内置的智能资料库（资料库内储存的为火灾形态曲线，它是一个时间变化曲线，所反映的是火警时具有的特有形态，而不单纯是烟浓度的上升变化，从而避免在昆虫所引起的烟浓度上升或探测器肮脏的情况下发出火警信号）进行比较，作出判断。美国 SIM-PLEX（新普利斯）公司的智能式探测器为烟雾密度测量器，没有自己的报警定值，由控制器根据可能引起探测器误报的环境情况的变化（如温度、湿度、电源波动、灰尘）等因素调整，以保证稳定的灵敏度。

火灾报警与消防联动控制设备的生产厂家很多，不同厂家的产品的系统组成不尽相同，尤其是联动控制方式和手段多有不同，系统布线也有差别。设计时应按所选用的厂家产品的系统组成，结合具体工程进行系统设计和施工图设计。从目前大量使用的火灾报警设备来看，所谓的第二代即地址编码式火灾自动报警设备得到了广泛应用，第三代即智能模拟量式火灾自动报警设备也越来越多地应用到高层建筑工程中。相信第四代即无线通讯型智能模拟寻址系统在不久的将来将会应用到高层建筑尤其是智能建筑和超高层建筑中。

第二节 消防控制室

一、消防控制室的位置

消防控制室应设置在建筑物的首层，距通往室外的出入口的距离不大于 20m，且在发生火灾时不宜延燃。消防控制室的出口位置宜一目了然地看清建筑物通往室外的出入口，在通往室外出入口的路上不宜拐弯过多和有障碍物。消防控制室不应设在厕所、锅炉房、浴室、汽车库、变压器室等的隔壁和上下层相对应的位置。在有条件时宜与防火监控、广播、通信设施等用房相邻近。如有可能尚应考虑长期值班人员的朝向。

二、消防控制室的面积与布置

消防控制室除应有足够的面积来布置火灾报警控制器、各种灭火系统的控制装置、火灾广播和通信装置、以及其他联动控制装置外，也应有值班、操作和维护工作所必需的空间。消防控制室的面积不宜小于 15m²。根据工程规模大小，还应考虑维修、电源、值班办公和休息等辅助用房。消防控制室的门应向疏散方向开启，且控制室入口处应设有明显的标志。

在布置消防控制设备时，单列布置时盘前操作距离不小于 1.5m，双列布置时不小于 2m；在人员经常工作的一面，控制屏（台）到墙的距离不宜小于 3m。盘后维修距离不宜小于 1m。当控制盘的排列长度大于 4m 时，盘的两端应设置宽度不小于 1m 的通道。

图 6-2 所示为消防控制室设备布置示意图。

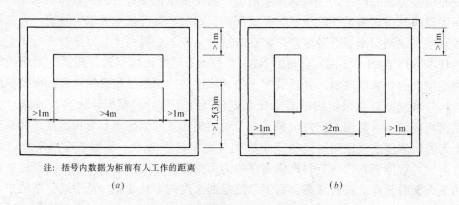

图 6-2 消防控制室设备布置示意图
(a) 单列布置；(b) 双列布置

第三节 系统供电与线路敷设

一、系统供电

对于高层建筑的消防控制室、消防水泵、消防电梯、防排烟设施、火灾自动报警装置、自动灭火系统、应急照明和疏散指示标志以及电动防火门、窗、卷帘、阀门等消防用电，一类高层建筑应按一级负荷的要求供电，二类高层建筑应按二级负荷的要求供电。

消防控制室、消防水泵、消防电梯、防排烟风机等的两路电源应在末端自动切换，即在各自的最末一级配电箱处设置备用电源自动切换装置，如消防水泵应在消防水泵房的配电箱处切换，消防电梯应在电梯机房配电箱处切换。

当利用自备发电设备作备用电源时，对于一类高层建筑，自备发电设备应有自起动装置，切换时间不超过 30s；对于二类高层建筑的自备发电设备，在采用自动起动有困难时也可采用手动起动装置。

消防用电设备的供电回路，在自配电室处就应与其它照明和电力负荷的供电回路严格分开，且消防配电设备应有明显的标志。消防配电线路和控制回路一般按防火分区划分回路。

二、导线选择与线路敷设

火灾报警与消防联动控制系统的布线应采用铜芯绝缘电线或铜芯电缆。对于火灾自动报警系统的传输线路和采用 50V 以下电压供电的控制线路，所选导线的电压等级不应低于交流 250V；当线路的额定工作电压超过 50V 时，所选导线的电压等级不应低于交流 500V。

根据《民用建筑电气设计规范》（JGT/T16—92），超高层建筑内的电力、照明、自控等线路应采用阻燃型电线和电缆，且重要消防设备（如消防水泵，消防电梯，防、排烟风机等）的供电回路宜采用耐火型电缆；一类高层建筑内的电力、照明、自控等线路宜采用阻燃型电线和电缆，对于重要消防设备（如消防水泵，消防电梯，防、排烟风机等）的供电回路，在有条件时可采用耐火型电缆或采用其他防火措施以达到耐火配线的要求；二类高层建筑内的消防用电设备，宜采用阻燃型电线和电缆。但是，从目前国内高层建筑对消防用电设备配电线路的具体做法来看，大多数高层建筑都采用普通电线电缆穿金属管或阻燃塑料管敷设在不燃烧体结构内，这是一种比较经济、安全可靠的敷设方法。因此，《高层民用建筑设计防火规范》（GB50045—95）并不强调导线本身的耐火或阻燃性能。对于消防用电设备配电线路，若采用普通电线电缆，则应穿金属管或阻燃塑料管保护，在暗敷设时应敷设在不燃烧体结构内，且保护层厚度不宜小于 30mm，在明敷设时应采用金属管或金属线槽上涂防火涂料保护；对于竖井内敷设的线路，当采用绝缘和护套为不延燃材料的电缆时，可不穿金属管保护。

在火灾报警与消防联动控制系统中，报警信号线路可采用 RVS-1.0mm² 双色双绞线，联动控制线路可采用 RVVP-1.5mm² 屏蔽线，其他线路可采用 BVR 或 BV 线。

对于总线制报警系统，报警总线的布线可以采用串接形、鱼骨形、小星形、环形或混合形，如图 6-3 所示。一般串接形总线的布线长度可达 1000m，有的厂家的产品可达 1500m。鱼骨形布线的干线长度不宜超过 500m，支线长度应小于 10m。小星形布线的第一个分支点距控制器的距离应大于 50m，分支线路的长度不大于 30m，总干线长度不超过 500m。在总线布线时，应注意不得将支线开路，总线自身不应构成闭环，一个节点的分支不得多于四个，如图 6-4 所示。

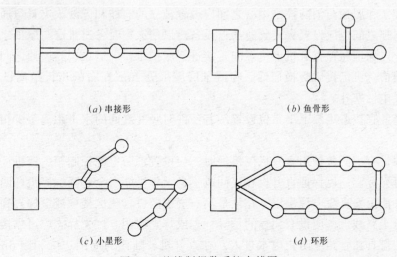

(a) 串接形　　(b) 鱼骨形

(c) 小星形　　(d) 环形

图 6-3　总线制报警系统布线图

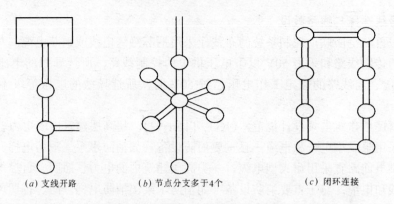

(a) 支线开路　　　　(b) 节点分支多于4个　　　　(c) 闭环连接

图 6-4　总线布线的不正确接法

第四节　超高层建筑火灾报警与联动系统设计的注意事项

超高层建筑中的火灾报警与消防联动控制系统是消防控制中心系统的一种形式，但系统组成比较复杂，它可以由多个消防控制室（或值班室）和一个设置在首层的消防控制中心所组成，各个消防控制室（或值班室）可自成系统独立工作，又可受控于消防控制中心以达到统一管理。

超高层建筑中的火灾报警与消防联动控制系统的设计除应满足一类高层建筑的要求外，还必须要注意以下几个方面。

为了提高超高层建筑消防电源的供电可靠性，各个火灾避难层的交直流消防电源应按避难层分别供给，并能在末端各自自动互投。各避难层的供电回路亦可互相联络。

各避难层内应有可靠的应急照明系统，其照度不应小于正常照度的50%。在确定备用电源容量（包括柴油发电机容量和直流电源用蓄电池容量）时，避难层应急照明的容量应按不小于正常照明容量的50%考虑。

各避难层内应设置独立的火灾事故广播系统，各消防控制室应设置各自独立的火警广播设备。这些广播设备应能接收消防控制中心发送的有线和无线两种火灾事故广播信号。

各避难层和屋顶与消防控制中心之间应设置独立的有线和无线火灾紧急通信设备。各避难层与屋顶之间也应设置火灾紧急通信设备，以便火灾时各避难层与屋顶之间可以直接进行通话，以保证屋顶直升机停机坪能直接进行救护工作。避难层与屋顶之间也可由消防控制中心通信总机汇接后交换通话。在避难层应每隔20m左右的步行距离设置一个火警电话分机或电话塞孔。

电气竖井宜按避难层上下错位设置，有条件时竖井之间的水平距离至少相隔一个防火分区。

当屋顶设有消防救护用直升机停机坪时，应设置消防电源控制箱。停机坪上应按专业要求设置灯光标志，以保证直升机在夜间或不良天气里能安全起降。停机坪四周应设航空障碍灯，并能用交直流电源供电。在从最高一层疏散口（疏散楼梯或电梯）到直升机着陆区的人员行走路线上，应设有明显的诱导标志或灯光照明。灯光标志应可靠接地并采取有防雷措施。灯具和管路应防止雨水进入。在直升机着陆区的周围边缘相距5m的范围内，不应有电视天线杆塔和避雷针等障碍物。

第七章 电话通信系统设计

第一节 电话设备

一、电话用户小交换机

在高层建筑中,象旅游宾馆、办公楼,以及那些以旅馆或办公为主兼有商店、餐厅等场所的综合性商业建筑,电话用户数量比较多,功能要求也比较高,一般均应设置用户小交换机,以便于经营管理。当一幢大楼被分成若干个区间并分别为不同的单位使用时,如果每个单位都具有相当的规模,那么,为便于经营管理,一般宜以单位来设置各自的电话总机。对于分层或分区出租的办公写字楼,可以根据市话局的意见和业主的意愿来确定是设置公用总机站还是设交接箱直通市局。而对那些附设在高层商业建筑中的商场和餐厅等场所,要根据商场和餐厅等的规模大小、隶属关系来确定是自设小总机或是纳入主体建筑的交换机网。

随着通信技术的发展,以及人们对通信服务要求的提高,高层建筑选用数字程控小交换机是无需置疑的。当然,如果用户小交换机容量在250门及以下,而且无数字交换功能的要求,在经当地市话局同意的情况下,为节省投资也可采用模拟空分程控交换机。但从发展的眼光来看,还是选用数字程控交换机为好。

程控用户小交换机的容量应按当前的用户数量与3~5年内的近期发展容量之和再加10%的备用量来确定。

交换机中继线的安装数量一般按交换设备容量的8%~10%考虑,具体数量应与当地市话局共同商定。

中继方式应根据交换设备的容量大小、用户对电话通信系统的功能要求来确定。对于高级(一~三级)旅游宾馆、饭店,以及办公现代化水平较高的高层建筑、大型商业金融中心等建筑,当交换机容量较大又有数字传输要求时,宜采用全自动直拨中继方式(即 DOD_1、DID 方式或 DOD_2、DID 方式);对于一般(三级以下)旅馆、饭店等高层民用建筑,当交换机容量较小或无特殊要求时,宜采用半自动单向中继(DOD_2、BID)方式;对于一般办公楼,用户交换机容量较小时,可采用半自动单向中继(DOD_2、BID)方式或半自动双向中继(DOD_2、BID)方式;为了增加中继系统连接的灵活性和可靠性,对于三级以上的宾馆、饭店,以及对于中继方式有特殊要求或者容量较大的交换机,从公用网来的入中继线,可根据分机用户的性质采用部分为全自动直拨 DID、另一部分为半自动接续 BID 的混合进网中继方式。

二、交接箱

对于高层住宅建筑,一般不应设置电话总机,而是设交接箱直通市局。但是,如果市话网条件不许可,对于一个单位内部的高层住宅,也可以自设电话总机。

对于很多的办公建筑，尤其是出租性质的写字楼，电话系统可分为两个部分：办公用电话直接接至市话网，即设置交接箱（或配线架）直通市局；另设用户小交换机供大楼内部管理部门使用。

交接箱的容量按住宅户数及大楼公共部分（如附设的商场、餐馆和大楼内的变配电室、消防、值班等）所需的电话数量、交接箱进线电缆的数量（按电话用户数的1.2倍考虑）和一定的备用量来确定。

交接箱的安装高度一般为底边距地0.3~0.6m。

三、室内电话分线设备

室内电话分线设备包括分线箱（盒）、过路箱和电话出线盒。

分线箱（盒）一般按楼层设置。但当相邻的其它楼层内的电话用户很少（如两个以下）时，为了节省配线，可以一个分线箱（盒）负担两个楼层。分线箱（盒）应设置在负荷中心，这样可以缩短配线距离、节省电话线路。为便于暗管配线以及减小墙洞尺寸，分线箱（盒）的容量不能过大，一般以不超过30对为宜，最大不应超过50对。分线箱（盒）在电气竖井内为挂墙明装，安装高度为2m左右；其他地点嵌墙暗装，安装高度为底边距地0.5~1m。暗装时墙上留洞尺寸应留有裕量，一般上下边尺寸应有20~30mm，左右边应有10~20mm的富裕量，以克服施工时土建预留洞可能出现的误差。

电话出线盒暗敷设，底边距地0.2~0.3m。

第二节 电 话 站

一、电话站的位置选择

电话站的位置选择应根据建筑物的具体布局、周围的环境条件以及进出线的方便程度等因素综合考虑。

从管理和配线方便的角度出发，电话站应设置在高层建筑的主体内，也可以设置在与主体建筑紧密相邻的裙房内，且宜设在一至四层的楼层内，房间尽量朝南向。电话站的环境应是比较清静和清洁的，所以，不宜将其设在浴室、卫生间、开水房、洗衣房及食堂餐厅粗加工房间等易于积水的房间附近或其下层，也不宜设在空调及通风机房等震动场所附近。电话站亦不宜设在变压器室、变配电室、柴油发电机室的楼上、楼下或隔壁，以策安全。为了配线方便，电话站位置的确定应和竖向干线电缆的敷设方法和敷设部位的确定协同考虑，机房引至竖向干线的线路不宜过长且应有足够的走线通道并便于敷设，如竖向干线在竖井内敷设，则电话站就宜靠近竖井。

二、电话站的设备布置

电话站内的设备布置应满足安全适用、维护方便、便于扩充发展、整齐美观等要求。

电话站内包括交换机、总配线架或配线箱、电脑终端机、打印机、整流器、蓄电池、交流配电屏、直流配电屏等等设备。

根据规模大小，电话站可以分为交换机室、测量室、转接台室、控制室、电力室、蓄电池室等主要生产性房间；维修室、休息室等辅助生产性房间；以及办公室等非生产性房间。测量室一般与交换机室相邻。控制室应设在交换机室附近，或者在交换机室内划出一小间，为维护方便，控制室与交换机室之间应设置观察用玻璃窗。转接台室一般应与交换机室及测量室靠近，以便于维护，且能节省电缆。为了缩短直流供电线的长度，减小直流供电电缆的截面，电力室应靠近交换机室。蓄电池室一般设置在阴面，这样可以延长蓄电池的寿命，为了缩短直流供电线的长度，减小直流供电电缆的截面，蓄电池室应与电力室靠近。对于程控交换机容量在500门及以下的电话站，当总配线架（或配线箱）采用小型插入式端子箱时，配线架（箱）可放置在交换机室或话务台室；当交换机采用直供方式供电时，如选用镉镍蓄电池组作备用电源，则可不单独设置蓄电池室；配电屏（盘）和整流器屏亦可与通信设备合装在一个房间内。

对于电话交换机，如果生产厂家成套供应有安装铁件，那么，列间距离应按生产厂的规定，否则宜按下列规定安装：机列间净距为0.8m，如机架面对面排列，则净距为1～1.2m；机列与墙间作为主要走道时，净距为1.2～1.5m；机列背面或侧面与墙或其他设备的净距不宜小于0.8m；当机列背面不需要维护时可靠墙安装。机列架正面宜与机房窗户垂直布置。

对于总配线架，容量在360回路以下落地安装时，一侧可靠墙安装；大于360回路时，与墙的净距一般不小于0.8m。横列端子板离墙一般不小于1m，直列保安器排离墙一般不小于1.2m。挂墙安装的小型端子配线箱底边距地一般为0.6m。

配电屏（盘）和整流器屏的正面距墙或距其它设备的净距不宜小于1.5m。当需要检修时，屏两侧与墙的净距不应小于0.8m；如为主要走道时净距不应小于1.2m。当需要检修时，屏的背面至墙的净距不应小于0.8m。挂墙式直流配电盘和整流器的安装高度一般为中心距地1.6m。

蓄电池台（架）之间的走道宽度不应小于0.8m；台（架）的一端应留有主要走道，宽度不宜小于1.2m，一般为1.5m，另一端与墙的净距为0.1～0.3m。同一组蓄电池分双列平行安装于同一蓄电池台（架）时，列间净距一般为0.15m。双列蓄电池组与墙间的平行走道宽度不应小于0.8m，单列蓄电池组可靠墙安装，蓄电池与墙间的距离一般为0.1～0.2m。蓄电池台的高度一般为0.3～0.5m。除房间面积受限制外，蓄电池不宜采用双层排列。

对于使用程控交换机的电话站，站房所需面积比较少。如上海华亭宾馆，选用加拿大北方电讯公司的SL-1XN数字程控用户电话交换机，容量为1000门，站房面积不足87m^2，其中，交换机室7.5m×4.2m，配线（包括值班）室7.5m×4.2m，蓄电池室4.2m×4.2m，话务室5.4m×4.2m，电缆进线室3.5m×4.2m。在进行设计时可根据具体需要来确定站房面积和尺寸。

三、电源与接地

1. 电源

电话站的交流电源的负荷等级应与高层建筑中用电设备的最高负荷等级相同。最好从变电所不同的低压母线上引来两路电源，且应在机房进行末端自动切换。

交流电源在引入程控交换机专用供电装置前或者当交流电源的电压波动值超过交换设备的允许值时，应采用交流稳压设备。

当程控交换机容量较大时，直流供电宜采用全浮充制供电方式。由于设有电话站的高层建筑的供电可靠性比较高（至少满足二级负荷的供电可靠性的要求），因而可选用一组蓄电池。

2．接地

电话站通信用接地包括：直流电源接地、电信设备机壳或机架和屏蔽接地、入站通信电缆的金属护套或屏蔽层的接地、明线或电缆入站避雷器接地等。在高层建筑中，通常通信用接地与建筑物的防雷接地、交流电源的中性点接地、电气设备的保护接地和其它弱电系统的工作接地等共用接地装置，要求综合接地电阻不应大于1Ω。

为了避免电位差对程控交换设备造成影响，通信接地应做成一点接地方式。电话站引至接地装置的接地干线应是专用的，采用截面积不小于 $25mm^2$ 的铜芯绝缘线两根，穿管敷设。铜芯线与引入扁钢连接处应作铜铁过渡接点连接或焊接。

接地系统的组成如图 7-1 所示。

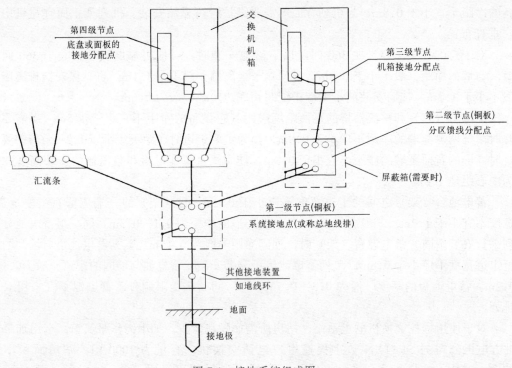

图 7-1 接地系统组成图

第一级节点是一点接地系统的公共参考点，称为系统接地点（或总地线排，接地汇集点），一般用铜板制成。它可以设置在地线连接点上，用直径不小于 6.55mm 的铜芯绝缘线将其与接地装置连接。在可能有干扰的地方，接地连接线应穿金属管敷设，作为系统接地点的铜板要装设在防止射频干扰的屏蔽箱内，金属管直接连接在箱子上。屏蔽箱与铜板连接，并与任何金属结构或混凝土绝缘。

第二级节点是分区馈线分配点，一般用铜板或者采用母线的形式安装在需要连接的设备附近。如果分系统在容易受干扰的范围内，则铜板必须安装在屏蔽箱内，且到第三级的馈线也应穿金属管敷设。对干扰不太敏感而且占有的范围较大的分系统，可以用树干式汇流条代替铜板，汇流条的截面不小于 $51×7mm^2$，且边棱要光滑以免产生辐射，汇流条应用绝缘子固定安装。对于程控用户交换机房，一般最好在机房内围绕机房敷设环形接地母线作为第二级节点。从第一级节点引至第二级节点,以及从第二级节点引至第三级节点的连接线的最小规格为直径不小于6.55mm的铜线或其他相当规格的导线。

第三级节点是机箱接地分配点,即是交换机电子设备的机壳、机架内的接地螺栓。一般接地螺栓设置在机壳的底部或顶部面板上,以便于连接。从第三级节点开始,需用直径4mm绿色铜芯绝缘线连接到第四级节点;用2.5mm绿色铜芯绝缘线连接到机壳或机架内电源插座的接地端子上;用2.5mm绿色铜芯绝缘线连接到移动式测试仪表电源插座的接地端子上;在某些情况下,可以用7mm绿色铜芯绝缘绞线连接到两侧的相邻机壳上。注意,直流配电盘的保护接地线不能连接到电源或插座的接地端子上。

第四级节点是底盘或面板的接地分配点,包括机壳内的垂直汇流条和机架旁侧的接地线(某些情况下),用直径2.5mm的多股绝缘铜线连接。

第三节 配线方式与线路敷设

一、配线方式

高层建筑的电话线路包括主干电缆(或干线电缆)、分支电缆(或配线电缆)和用户线路等三部分,其配线方式应根据建筑物的结构及用户的需要,选用技术上先进、经济上合理的方案,做到便于施工和维护管理、安全可靠。

在高层建筑中,通常采用的干线电缆配线方式有直接式、递减式、交接式、复接式和混合式等,如图7-2所示。

直接式配线(图7-2a)。各个楼层的电话电缆分别独立配线,因此各个楼层之间的电话电缆线对间毫无连接关系。各楼层所需电缆对数根据需要而定,可以相同,也可以不同。由于各楼层的电缆线路互不影响,因而发生故障时的影响范围小,且便于检修。这种配线方式适用于各楼层需要的电缆线对较多、且较为固定不变的场合,如高级宾馆的标准层、办公大楼的办公室等等,其缺点是电话电缆数量较多,工程造价较高。

递减式配线(图7-2b)。各个楼层由同一垂直干线电缆引出,垂直干线电缆在经楼层引出一部分后递减上升,电缆线对互不复接。由于线对不复接,故而发生故障时容易判断和检修。这种配线方式所需的电缆长度较少、工程造价较低,适用于各楼层需要的电缆线对数量不均匀且有变化的场合,如规模较小的高级宾馆、办公楼及高层公寓等,其缺点是灵活性较差、线路利用率不高。

交接式配线(图7-2c)。将高层建筑物按楼层分为几个交接配线区域,除总配线架或总交接箱所在楼层和相邻近的几层用直接式配线外,其它各层电缆均由交接配线区内的交接箱引出。因各楼层的电话电缆线路互不影响,故故障影响范围小。这种配线方式的主干线电缆的芯线利用率较高,适用于各楼层需要的电缆线对数量不同且变化较多的场合,如大型办公楼、高级宾馆等。

复接式配线(图7-2d)。各个楼层由同一垂直干线电缆引出,各个楼层之间的电缆线对全部或部分复接,复接的线对数根据各层的需要而定,但每对线的复接次数不得超过两次。由于各层的电缆线对间的复接,使得线路的灵活性较大。所需的电话电缆较少,工程造价较低。这种配线方式适用于各楼层需要的电缆线对数量不等、变化比较频繁的场合。其缺点是复接后电缆线对会互相影响,维护检修麻烦。

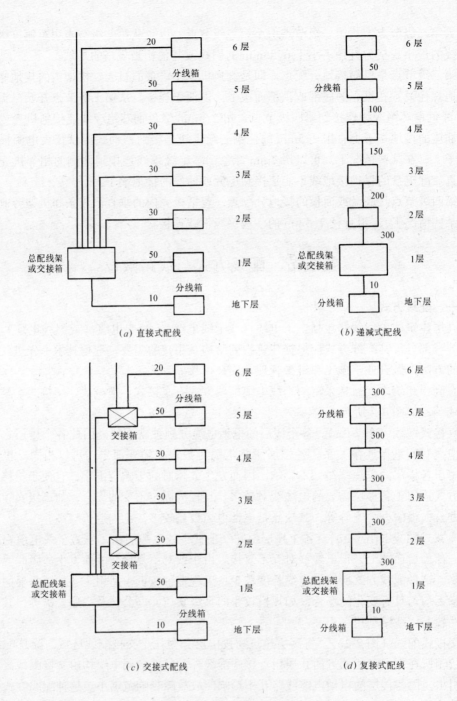

图 7-2 电话电缆配线方式

混合式配线。根据工程具体情况将上述几种配线方式结合起来使用，因而综合了上述各种配线方式的优点。

二、线路敷设

高层建筑的电话系统中的主干电缆可分为水平干线电缆和垂直干线电缆两部分，垂直干线电缆即为上升电缆，水平干线电缆指从电话站总配线架（或总交接箱）引至垂直干线电缆的那部分。

在高层建筑中,为了便于施工布线和维护检修,减小强、弱电线路的交叉,减小强电对弱电线路的传输干扰,提高弱电线路的可靠性,应尽量设置专用弱电竖井。当受条件限制,强、弱电线路共用竖井时,应将强、弱电线路分置两侧,间距不宜小于1.5m。

在竖井内,电话电缆可采用封闭式电缆桥架或封闭式金属线槽敷设。如电缆不多,也可采用穿钢管的敷设方式,这时,需预留1~2根备用管,其管径与竖井中选用的最大管径相同。

水平干线电缆用封闭式电缆桥架或封闭式金属线槽明敷设或在吊顶内敷设。

电话线路的封闭式电缆桥架或封闭式金属线槽的水平敷设及在竖井内的敷设、以及竖井内的分线设备布置参见第五章。

为了提高配线的灵活性和可靠性,减少电缆的接续,便于安装和维护,竖向电缆以不大于100对为宜,特殊情况下也不应超过150对。

分支电缆的敷设采用穿钢管或线槽敷设方式,线槽一般在吊顶内敷设,钢管可以走吊顶也可以埋地。

在楼层内横向敷设的分支电缆,为了方便安装,电缆容量不宜超过50对。

从电话分线箱引出的用户线路,选用塑料电线,可根据线对数的多少和具体的敷设场所,确定采用线槽敷设或穿管暗敷设。

电话电缆和电线穿管敷设时,管子的利用率见表7-1所示。

竖井内敷设的电话电缆和电线,在采用线槽敷设时,线槽内净截面的利用率不应超过60%;在采用穿钢管敷设时,管内截面的利用率不应超过40%。

电话电缆、电线穿管的选择 表7-1

电缆、电线的敷设地段	最大管径限制(mm)	管径利用率(%) 电缆	管截面利用率(%) 绞合导线
暗敷于底层地坪	不作限制	50~60	30~35
暗敷于楼层地坪	一般≤25	50~60	30~35
	特殊≤32		
暗敷于墙内	一般≤25	50~60	30~35
暗敷于吊顶内或明敷	不作限制	50~60	25~30 (30~35)
穿放用户线	≤25		25~30 (30~35)

注:1. 配线电缆和用户线不应共管敷设;
   2. 表中括号内数值为管内穿平行导线时的数值。

第八章　广播音响系统设计

第一节　有线广播系统设计

一、有线广播系统的系统设计

根据建筑规模、使用性质和功能要求，高层建筑中的有线广播系统可分为业务性广播系统、服务性广播系统和火灾事故广播系统。高层办公楼、商业楼、教学楼等高层建筑应设业务性广播系统，以满足业务及行政管理为主的语言广播要求。高层宾馆及大型公共活动场所应设服务性广播系统，以满足欣赏性为主的音乐广播要求。根据高层建筑的防火要求，设有区域—集中火灾自动报警与消防联动控制系统和消防控制中心系统的建筑应设置火灾事故广播系统，设有集中报警系统的建筑也宜设置火灾事故广播系统，以满足火灾时引导人员疏散的要求。

在高层建筑中，有线广播系统的信号传输可以采用定压式音频传输方式、有源终端式音频传输方式和载波传输方式。

定压式音频传输方式如图8-1所示。特点是：线路上的功率传输损失小；由于扬声器是并联工作的，故可方便地增减扬声器；通过配接不同的线间变压器可以对输出功率的分配任意调节；设备造价低；由于采用了线间变压器进行阻抗匹配，把高电平信号变换成低电平音乐信号，增加了换能装置，会产生一定的信号衰减、畸变，因而音质受到一定的影响。

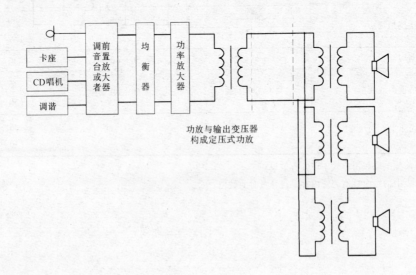

图8-1　定压式音频传输方式

有源终端式音频传输方式如图 8-2 所示。其特点是：主功放仅负责信号控制、音质修饰和适当放大等小信号处理，故功率不必很大，只需几瓦即可；由于没有大功率音频变压器，音质可得到改善；终端需带放大器，增加了终端的投资。终端放大器的电源可就近取得。当需对终端进行分别控制时，则从音控室引出电源线，可与信号传输线共管敷设。终端放大器可与传输线路直接耦合，但终端共地易引入公共地电流的干扰，解决的办法是加小信号音频变压器隔离，如图 8-3 所示。

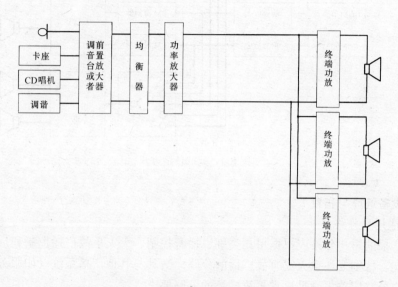

图 8-2　有源终端式音频传输方式

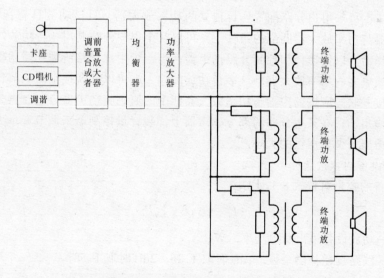

图 8-3　带隔离变压器的有源终端式音频传输方式

载波传输方式如图 8-4 所示。其特点是：广播线路与 CATV 线路共用，节省了广播线路的费用，施工简单，维修方便；由于终端需要 FM 调频收音设备，故一次投资较高，且设备维修的技术要求也高。

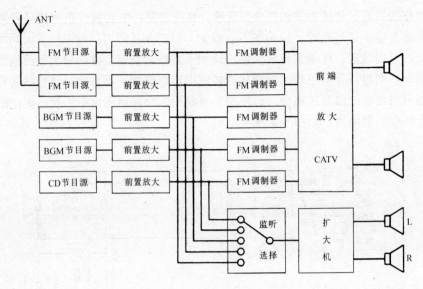

图 8-4 载波传输方式

二、设备选择与布置

1. 广播用户分路

有线广播的用户分路应根据用户类别、播音控制、火灾事故广播控制和广播线路路由等因素确定。特别要注意火灾事故广播的分路，当其与其他广播系统（如服务性广播）共用时，用户分路应首先满足火灾事故广播的分路要求。

为适应各个分路对广播信号有近似相等声级的要求，在系统设计及设备选择时可采取以下几种方法：每一用户分路配置一台独立的功率放大器，且该功放具有音量控制功能；在满足扬声器与功率放大器匹配的条件下，可以几个用户分路共用一台功放，但需设置扬声器分路选择器，以便选择和控制分路扬声器；当一个用户分路所需广播功率很大时，可以采用两台或更多的功率放大器，这多台功放的输入端可以并联接至同一节目信号，但输出端不能直接并联，应按扬声器与功率放大器匹配的原则将扬声器分组，再分别接到各功率放大器的输出端；在某些分路的部分扬声器上加装音量控制器来调节音量大小，采用带衰减器的扬声器可调整声级的大小。

2. 功放设备的容量选择

功放设备的容量可按式 8-1 计算。

$$P = K_1 K_2 \sum_i P_i \tag{8-1}$$

式中 P——功放设备输出总电功率，W；

K_1——线路衰耗补偿系数，1dB 时取 1.26，2dB 时取 1.58；

K_2——老化系数，一般取 1.2~1.4；

P_i——第 i 分路同时广播时最大电功率，W，$P_i = K_i P_{Ni}$，P_{Ni} 为第 i 分路的用户设备额定容量，K_i 为第 i 分路的同时需要系数，如表 8-1 所示。

由于高层建筑的有线广播系统都比较重要，因此，广播系统的功放设备应设置备用单元，以保证广播安全。备用功率单元应设手动和自动两种投入方式，对于火灾事故广播等重要广播环节，备用功率单元应处于热备用状态或能立即投入。备用功率单元的数量应根据广播系统的重要程度确定。

广播设备同时需要系数　　　　　　　　　　　　　　　表 8-1

系　统　类　型	同时需要系数 K_i
服务性广播，每套客房节目	0.2~0.4
背景音乐系统	0.5~0.6
业务性广播	0.7~0.8
火灾事故广播	1.0

3. 扬声器的选择与布置

在高层建筑中，扬声器的选择主要要满足播放效果的要求，在考虑灵敏度、频响和指向性等性能的前提下，应考虑功率大小。在办公室、生活间和宾馆客房等场所，可选用 1~2W 的扬声器箱；对于走廊、门厅及公共活动场所的背景音乐、业务广播，宜选用 3~5W 的扬声器箱；在选用声柱时，应注意广播的服务范围、建筑的室内装修情况及安装的条件，如果建筑装饰和室内净空允许，对大空间的场所宜选用声柱（或组合音箱）；对于地下室、设备机房或噪声高、潮湿的场所，应选用号筒式扬声器，且声压级应比环境噪声大 10~15dB；室外使用的扬声器应选用防潮保护型。

高级宾馆内的背景音乐扬声器（或箱）的输出，宜根据公共活动场所的噪声情况就地设置音量调节装置。

对于扬声器布置的数量，在房间内可按 $0.025~0.05W/m^2$ 的电功率密度确定，在走廊里可按层高的 2.5 倍左右的间距布置。在 3m 左右的走廊里，一个 2W 的扬声器大约能覆盖 5m，因此，可以按 6~8m 的覆盖距离（覆盖角 90°）布置扬声器。对大面积的场所，扬声器的布置宜结合建筑装饰作等间距的排列，可以是正方形、六角形或其他形式。

走廊、大厅等处的扬声器一般嵌入顶棚安装。室内扬声器箱可明装，但安装高度（扬声器箱的底边距地面）不宜低于 2.2m。

三、有线广播控制室

有线广播控制室应根据建筑物的类别、用途的不同而设置。对于高层办公楼，控制室宜靠近主管业务部门，也可和消防控制室合用，此时，应满足消防控制室的有关要求；对于宾馆类高层建筑，为节省用房、减少工作人员、以及便于管理，广播宜与电视合并设置控制室。

控制室内功放设备的布置应满足以下要求：柜前净距不应小于 1.5m；柜侧与墙以及柜背与墙的净距不应小于 0.8m；在柜侧需要维修时，柜间距离不应小于 1m。

有线广播控制室的面积一般不宜小于 $10m^2$。

图 8-5 所示为有线广播控制室布置图。

四、线路选择与敷设

有线广播系统的传输线路应根据系统型式和线路的传输功率损耗来选择。一般地，对于宾馆的服务性广播，由于节目套数较多，多选用线对绞合的电缆；而对其他场所，宜选

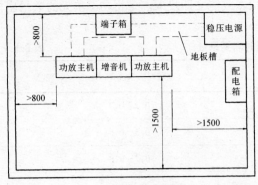 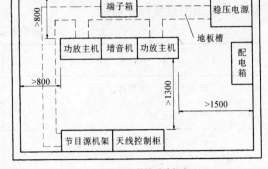

(a) 音频传输系统机房　　　　　　　　(b) 载波传输系统机房

图 8-5　广播控制室布置图

用铜芯塑料绞合线。通常，传输线路上的音频功率损耗应控制在 5% 以内。

广播线路一般采用穿管或线槽的敷设方式，在走廊里可以和电话线路共槽走吊顶内敷设。

五、电源与接地

由于高层建筑的各种广播系统都很重要，因此，广播系统的供电电源必须可靠，其负荷等级宜与建筑物的最高负荷等级相同。一般在控制室设电源配电箱，从变电所低压母线（最好是不同的母线段）引两条回路至配电箱互投供电。要求交流供电电源的电压偏差不宜大于 ±10%，否则，应加自动稳压装置。

用于向广播设备供电的交流电源的供电容量按终期广播设备的交流电源耗电容量的 1.5~2 倍来确定。当然，这里不包括控制室内的非广播设备（如照明、空调）的用电量。

广播控制室应设置保护接地和工作接地，工作接地应采用一点接地形式。在高层建筑中，广播控制室的保护接地和工作接地一般均与建筑物的防雷接地及其他接地共用接地体，综合接地电阻不应大于 1Ω。接地的具体要求和作法参见第十二章。

第二节　多功能厅扩声系统设计

一、扩声系统的技术指标

多功能厅的使用性质决定了其扩声系统为语言和音乐兼用的扩声系统，技术指标应符合表 8-2 的规定。

二、扩声设备的选择

扩声系统的设备选择应根据设计的标准、设备投资来源、设备间的配接要求综合考虑。

1. 传声器的选择与布置

传声器的选择应根据其使用场合和用途来确定。常用的传声器有高质量的电容传声器、宽带动圈传声器、超指向传声器、高质量声乐动圈传声器、压力区传声器和无线传声器等。电容传声器具有灵敏度高、频带宽、音色好、有多种指向特性等特点，一般用作主传声器。宽带动圈传声器具有单回路和双回路等结构形式，虽比电容式传声器的灵敏度和频率范围性能稍差，但用于打击乐、弹拨乐等场合具有更好的效果。超指向传声器是用来拾取舞台后区的理想传声器。高质量音乐动圈传声器具有近讲效应，能有效地抑制声反馈，很适合现代唱法的需要。压力区传声器能有效地克服其他传声器在拾音时"梳状效应"所带来的失真。无线传声器具有机动灵活性。

多功能厅扩声系统技术指标　　　　　　　　　　表 8-2

等级	最大声压级	传输频率特性	传声增益 （dB）	声场不均匀度 （dB）	总噪声级
一级	0.125~4kHz 范围内平均声压级≥95dB	0.063~8kHz，以 0.125~4kHz 的平均声压级为 0dB，允许 +4~-12dB，且在 0.125~4kHz 内允许≤±4dB	0.125~4kHz 的平均值≥-8dB	1.0kHz 4.0kHz ≤8dB	≤NR30
二级	0.25~4kHz 范围内平均声压级≥90dB	0.1~6.3kHz，以 0.25~4kHz 的平均声压级为 0dB，允许 +4~-10dB，且在 0.25~4kHz 内允许 ±4dB~-6dB	0.25~4kHz 平均值≥-12dB	1.0kHz 4.0kHz ≤8dB	≤NR30

注：最大声压级为空场稳态准峰值声压级。

传声器的布置应能够满足减少声反馈、提高传声增益和防止干扰的要求。传声器的位置与扬声器（或扬声器系统）的间距宜尽量大于临界距离，并且位于扬声器的辐射范围角以外。当室内声场不均匀时，传声器应尽量避免设在声级高的部位。传声器应远离可控硅干扰源及其辐射范围。

2. 扬声器的选择

扬声器的选择应根据声场及扬声器的布置方式合理确定其技术参数。多功能厅扩声系统中，多采用前期电子分频组合式扬声器系统，可以是 2、3 或 4 分频系统，中、高音单元多采用号筒式扬声器。各种组合音箱也广泛应用，组合音箱大多是由两个或三个单元扬声器组成（中、高音单元多采用号筒），更多采用无源电子分频，有时为扩大使用范围另配超低频音箱。

3. 前端控制设备

前级增音机、调音控制台、扩声控制台等前端控制设备的选择应根据不同的使用要求来确定。立体声调音台具有多种功能，可根据具体要求选择，一般选用带有 4~8 个编组的产品较为适合。应该指出，虽然调音台的设计可以增加多种功能，但其主通道的性能总是第一位的。主通道的性能主要应考虑等效输入噪声电平和输入动态余量，而这两者一般来说是相互矛盾的，应根据具体要求有所侧重、合理兼顾。

4. 功率放大设备

功率放大设备的单元划分应根据负载分组的要求来选择。为了使扩声系统具有较好的扩声效果，功率放大器应有一定的功率储备量，大小与节目源的性质和扩声的动态范围有关，平均声压级所对应的功率储备量，在语言扩声时一般为 5 倍以上，音乐扩声时一般为 10 倍以上。

三、扩声控制室的位置与设备布置

扩声控制室的位置应能通过观察窗直接观察到舞台活动区和大部分观众席，一般设置在多功能厅的后部。为减少强电系统对扩声系统的干扰，扩声控制室不应与电气设备机房（包括灯光控制室，尤其是可控硅调光设备）毗邻或上、下层重叠设置。控制台（或调音台等）与观察窗垂直放置，以使操作人员能尽量靠近观察窗。

扩声控制室的设备布置参见本章第一节。

四、扬声器的布置与安装

扬声器的布置应满足：在任何情况下所有的听众接收到均匀的声能；扩声应得到自然的印象；扬声器的位置在建筑上应当是合理的。

多功能厅扩声系统的扬声器一般采用集中布置方式，设置在舞台或主席台的周围，并尽可能集中，大多数情况下扬声器装在自然声源的上方，两侧（台边或耳光）相辅助。这种布置可以使视听效果一致，避免声反馈的影响。扬声器（或扬声器系统）至最远听众的距离不应大于临界距离的 3 倍。

如果多功能厅的净空较低、纵向距离长或者可能被分隔成几部分使用，以及厅内混响时间长，则不宜采用集中布置方式，而采用分散布置方式。这时，应控制最近的扬声器的功率，尽量减少声反馈，还应防止听众区产生双重声现象，必要时加装延时器。

为满足声场均匀度的要求，应根据要求的直达声供声范围、扬声器（或扬声器系统）的指向特性合理确定扬声器（或扬声器系统）的声辐射范围的适当重叠。一个检查高、中音是否达到所在座位的简便实用的方法是：凡座位看到主要负担复盖本区的扬声器中轴，则高、中音的直达声将较强。

对于扬声器的安装高度和倾斜角度，应根据工程的实际情况，考虑声轴线投射距离、投射点距地面的高度和水平、竖向上需要的供声范围，用几何作图的方法来确定。

五、线路敷设

多功能厅的扩声系统的功率馈送宜采用定阻输出，以避免引入电感类设备，保证频响效果。馈电线宜采用聚氯乙烯绝缘双芯绞合的多股铜芯导线穿管敷设。为保证传输质量，自功放设备输出端至最远扬声器（或扬声器系统）的导线衰耗不应大于 0.5dB（1000Hz 时）。对于前期分频控制的扩声系统，其分频功率输出馈送线路应分别单独分路配线。同一供声范围的不同分路扬声器（或扬声器系统）不应接至同一功率单元，以避免功放设备故障时造成大范围失真。在采用可控硅调光设备的场所，为防干扰，传声器线路宜采用四芯金属屏蔽绞线对角线对并接穿钢管敷设，调音台（或前级控制台）的进出线路均应采用屏蔽线。

第九章 电缆电视系统设计

第一节 系 统 设 计

电缆电视系统（CATV）以有线方式将接收到的各种电视信号，通过传输分配网络分配到大楼的各层用户。系统设计是通过合理设置信号源、前端设备和传输分配网络，使用户能收到图像清晰、声音逼真的电视节目。

一、设计基本要点

1. 设计依据

系统设计时，不但要掌握 CATV 系统各部件、设备的电气性能和有关设计规范，还应有如下依据：

(1) 建筑物所在位置的自然环境，包括地理位置、干扰情况等；

(2) 建筑物所在位置的电视信号情况，如信号频道、场强、各电视台与建筑物之间的距离与方位等。

(3) 建筑物的类型、高度以及各层建筑平面布置。

(4) 建设单位（用户）对 CATV 系统电视信号要求及发展规划要求，如是否有闭路电视信号、是否有卫星电视节目信号等等。

2. 设计方法

电缆电视系统设计在于通过计算传输电缆、分配器、分支器和终端插座等组件的电平衰减，确定所设置的放大器或衰减器，并选定各种器件的型号和规格，以满足用户接收电平要求。设计时应注意以下几点：

(1) 宜采用分区段形式的设计方法。高层建筑不能采用类似低层建筑从顶层串到底层的设计方法，即使中间加线路放大器调整电平，也不尽合理。宜把6～10层划作一个区段设计。

(2) 宜采用模块网络形式的设计方法。高层建筑除底部外的大多数楼层，平面布局比较规整，设计时宜将整个系统分解成几个相同或相似的传输分配网络模块，减少设计计算工作量，也为施工、调试与维护带来方便。各模块与主网间，设置不同增益的线路放大器来补偿各自的干线带来的损耗。

(3) 宜采用将设备安装在弱电竖井内的设计方法。为方便管理，由分配器、分支器、放大器等组成的控制箱尽可能设计在弱电竖井内，并由弱电井分敷至各个用户终端。对于每层面积较大的建筑，宜设置多个弱电竖井。

(4) 宜采用由下而上的设计方法。对于分配部分，应首先取定最下面（最远）的用户终端电平，向上反推进行设计和计算。对于整个系统宜先设计用户分配网络，再设计信号接收部分与前端设备。

二、信号接收部分的设计

高层建筑电视信号源一般较低层建筑多些,包括本地电视台发射的开路电视信号;当地有线电视台的有线电视信号;卫星转发器发射的卫星电视信号;录放机和摄像机提供的自办节目信号等。

1. 本地电视台开路信号的接收

本地电视台发射的电视信号,包括频率范围在 48.5～223MHZ 的 VHF 甚高频和频率范围在 470～958MHZ 的 UHF 超高频两个频段。VHF 及 UHF 均属超短波,只能直线传播,遇到高大建筑物会产生反射。高层建筑采用钢筋混凝土结构,致使室内天线接收效果不佳,各用户又不能分别安装室外天线。因此在高层建筑中必须安装共用电视天线接收当地开路电视信号。由于各电视台发射功率、方位、距离、波长等诸多因素不尽相同,在同一位置、同一高度的接收天线上各电视台的信号场强是不同的,应采用场强仪等设备现场取得实测数据,全面考虑各场强的大小,综合选取最合适位置和高度。

在 CATV 系统中,由于接收信号多,且方向不一致,场强大小不同,往往需要多套天线。天线的选择有下列三种基本形式:

(1) 选用全频道天线;
(2) 选用分频段天线;
(3) 选单频道天线。

在上述形式中,以选单频道天线接收效果最佳。在高层建筑上为使天线尽可能的把开路电视信号的电磁波能量收集起来,转化成适合电路传输的能量形式,特别是要顾全到本地某些电视信号较弱的频道,接收天线设计成单频道天线组合的方式,有利各电视台信号的均衡接收,并减少各频道间的干扰。当电视信号方同不一致时,就更需选单频道接收天线。

为提高天线输出电平值,尽量采用多单元高增益天线。对于场强过弱或因天线方向图不够尖锐而产生重影,设计时应采用同类天线组成水平或垂直叠层天线。即使几个电视台的发射天线都在一个方向上,也尽量不采用仅用一个宽频带天线的方式设计。因为宽频带天线增益比单一频道专用天线增益低,特别是宽频带天线前后比小,抑制后方来的各种干扰信号能力弱,不能很好的抵御反射信号,容易产生重影。用宽频带天线也很难使每个频道都获得满意效果,各频道信号在放大器中的相互干扰问题不利解决。所以在高层建筑这种大型电缆电视系统中,应设计成单一专用接收天线组合形式。在某些条件下,也采用单频道天线与分频段天线相结合的方式。

2. 有线电视信号的接收

开路电视信号在发射、传播和接收中容易受到干扰,建台费用大,在一个地区不宜建很多的电视台,使节目数量不能满足人们的要求。为此,我国近些年陆续在一些城市和地区开办了有线电视台,用电视电缆传输更多个频道的电视节目,这是高层建筑又一种可以接收的电视信号源,由于它不存在空中电波的干扰,其信号质量往往要高于开路电视信号。设计之前,应与有线电视网管理部门联系,按有关规定和要求办理入网手续,确定电视电缆干线引入方位与方式。一般多为电缆直埋入户,然后通过弱电井引入电视前端控制室。

有线电视可以用一根电缆传送多路电视信号,但不适于长距离大范围传播,因为信号在电缆中会被衰减,虽然可以利用放大器增强,以使用户得到足够的电平,但噪声会随着增大,致使图像质量变坏。而且长距离传输不经济,维护困难。所以有线电视台一般服务仅限于一个城市或一个地区的范围。

3. 卫星电视广播信号的接收

虽然开路电视可采用微波中继方式,把信号每 50km 左右接续传播到很远的地区,但建设管理困难,而且覆盖率有限。目前世界各国已采用卫星电视广播技术,这是又一可接收的信号源。

卫星电视广播的电波居高临下,入射角大,不宜受到遮挡,一颗同步卫星的电视信号可以覆盖地球表面的 $\frac{1}{3}$。电视节目只需经过卫星一次转发就直接送到用户,有利于提高画面质量。一颗卫星可同时发送十几套节目。目前空中已有近百颗电视广播卫星,高层建筑的用户,特别是宾馆、饭店、办公楼,人们对电视节目的要求不同,希望有更多的节目可供选择,利用卫星电视广播,不但可以看到国内许多省市的电视节目,还可以看到世界许多国家的电视节目。对所要接收卫星,可分别架设卫星接收天线。卫星信号与 CATV 系统的连接,如图 9-1 所示。

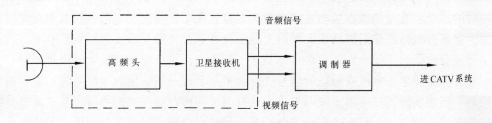

图 9-1 卫星信号与 CATV 系统的连接

卫星电视广播信号频率很高,需使用一种方向性很强的特殊天线,这种天线接收来自卫星方向的电波,不易受到其他干扰。当前 3.4~4.2GHz 的 C 频段是用得较多的卫星下行工作频段,C 频段卫星在空中轨道上已相当拥挤,相邻卫星的最小间隔已降至 2 度,因此接收天线必须采用窄波束,要求天线口径大些。世界各国正在积极发展 K 频段卫星电视,以利于采用小些口径的天线接收。今后将采用更高频率的毫米波段,采用超小型天线就能接收高清晰度电视节目。

4. 自办电视节目的接收

自办节目是指播放本系统摄制的节目,如宾馆、饭店播放服务项目,办公大楼播放会议通知,以及放映电视电影、剧场实况、电视广告等。因其节目不是从外界接收,而且购买已制成的像带或光盘,管理部门也可自己制作、演播、控制、复制、重播,然后输送给前端设备。这时需要一个较大面积的演播室,演播室应与 CATV 系统前端室相邻设置。

在演播室或在室外用摄像机摄制好的节目,可以用放像机直接送入节目选择器,经过调制成为某一频道的射频信号,送入电缆电视系统的前端,也可以用电视电影机、影碟机、电视幻灯机、多媒体计算机作为自办节目的信号源。

典型 CATV 系统的信号接收见图 9-2。

三、前端设备设计

1. 前端设备组成

前端是指电缆电视系统中信号接收与信号传输分配之间的部分，主要解决对各信号源电平的均衡，噪声的抑制，和所占用频道的调整。

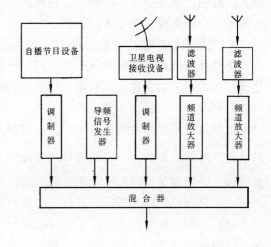

图 9-2 典型 CATV 系统信号接收框图

前端主要包括天线放大器、混合器、频率放大器、调制器、衰减器等设备。天线放大器是用来提高开路电视信号的电平，由于电视台发射塔较远或由于其他原因，造成接收天线输出电平低于 75dB 时，就应采用天线放大器，使其达到 90dB 左右。天线放大器要求高增益低噪声。在 VHF 频段要对应单频道天线，采用单频道放大器。对于 UHF 频段可配合分频段天线采用相应频率范围的宽频带放大器。卫星天线接收的信号，在与馈源直接相连的高频头中被放大后，在卫星电视接收机中有专用放大电路，这部分电路的作用相当于天线放大器。自办节目信号一般已有足够的电平。有线电视信号经分波器后，如个别频道输出电平达不到要求，也可用频道放大器进行调整。

混合器是将多个频道或频段的信号混合起来，汇成一路输出的无源器件，通常由高通滤波器、低通滤波器和带通滤波器组成，也有用定向耦合器作成多路混合器，或将分配器倒接作为混合器使用。另外还有一类兼有混合和放大功能的综合混合器件，因放大部分需用电源，这一类混合器属有源设备，设计时应提供电源。

当需要将一个或多个信号的载波频率换成其他的载波频率时，可采用频率变换器。在大型系统中采用导频信号发生器，可改善线路传输的温度频率特性。

2. 前端设备设计方案

前端的设计方案，要根据接收点的电场强度而确定。对于 VHF 单一频道专用天线，信号弱的电平要加以提升，信号强的电平给以衰减，各信号电平持平后再混合，送入放大器放大。对于 UHF 频段采用宽频带天线时，如某一频道场强过大，可使用陷波器来抑制，使送入放大器的电平平衡。

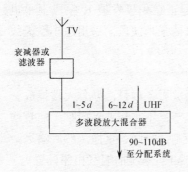

图 9-3 强场强区前端部分连接框图

下面对各种场强的信号，给出以下设计方案。

(1) 强场强区：

其电场强度有 95dBμV 以上，用衰减器或带有衰减器的频道滤波器调整各频道电平，直接送入混合器，或使用多波段放大混合器。调整各频段放大器的增益来调整各频道信号电平，见图 9-3。

(2) 中场强区：

其电场强度在 75~95dBμV，有频道专用前置放大器把接收信号放大，调整其各频道电平,再送入混合器,见图9-4。

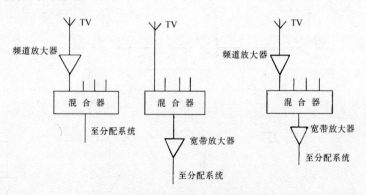

图 9-4 中场强区前端部分连接框图

(3) 弱场强区:

电场强度在 55~75dBμV。在此情况下,应加入前端宽带放大器,以提高前端的输出电平,见图9-5。

(4) 微弱场强区:

电场强度在 55dBμV 以下。此时,必须加入天线放大器,以提高接收信号电平,在接收信号变化大有衰落起伏时,应采用带有自动增益控制的频道放大器。这在高质量大规模系统中尤为重要,见图9-6。

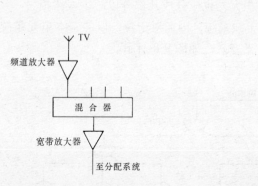 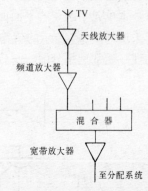

图 9-5 弱场强区前端部分连接框图　　图 9-6 微弱场强区前端部分连接框图

四、传输分配系统设计

传输分配部分是由干线传输系统和用户分配系统构成,包括线路放大器、分配器、分支器、衰减器、用户终端及干线电缆和支线电缆,设计时要仔细计算,合理确定方案,保证信号电平、载噪比、交扰调制、互相调制、隔离度等技术指标。

1. 大型系统传输线路设计

图9-7给出典型设计。用户分配放大器的使用电平原则上不能超过图中所标电平,可以低些但不能低于 100dBμV。另外,用户分配放大器可用最高的电平,要根据它在第几台干线放大器之后分出来的位置而选用,这是因为经过的干线放大器越多、指标损失越多,所以可用电平越低。当用户分配系统需要的低频电平和高频道不同时,应改变用户分

配放大器的均衡器来满足其要求,也就是说图上所标的是高频道电平,低频道电平可根据需要调整。

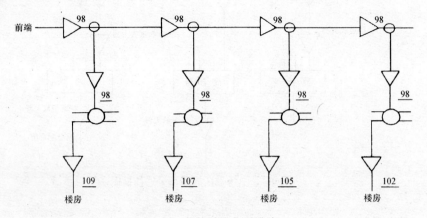

图 9-7 传输系统典型设计

图 9-7 适用于建筑群的传输线路设计,若用于一栋大楼,则要减少图中某些放大器。为改善放大器非线性失真所引起的交调和互调参数,每台放大器的输出电平不宜过大。

2. 用户分配系统设计

高层建筑或超高层建筑的 CATV 系统庞大,用户很多。由于一条支线上串接的分支器最多不宜超过 10 个,因而必须将高层建筑沿纵向分成几段(每段 6~10 层左右),每段形成一个基本单元系统。若平面面积大,也应分成几部分以减少线路损失。

由于采用如图 9-7 所示的传输干线系统,因而对于每一段的基本单元系统的分配形式则容易处理,通常选用分配——分支方式,如图 9-8 所示。

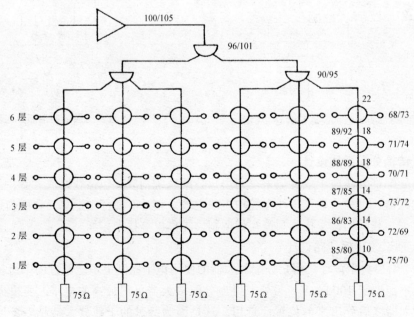

图 9-8 典型分配分支方式系统图

每一段所包含的楼层数应视用户数量、电平要求而定，并根据采用电缆类型、分配器、分支器型号、水平及垂直走向电缆长度等各种参数计算。一般居民住宅楼，按用户电平 70±5dB 计算。对宾馆、饭店统一选用电视机的用户，可参考所用电视机实际动态范围计算，目前大部分电视机的输入电平动态范围已达到 50~100dB，在大范围内都可得到图像清晰的画面。

第二节 设备选择

一、接收设备

高层建筑电缆电视系统的接收设备，主要包括开路电视信号接收天线，卫星电视信号接收天线等。

1. VHF、UHF 天线的选择

开路电视信号接收天线，接其结构分八木天线、对数周期天线、双环天线、菱形天线。在 VHF 甚高频段应根据当地电视台发射频率选择单一频道专用接收天线，在 UHF 超高频段可选用分频段接收天线。应选增益高，方向性强而旁瓣和后瓣小，以及前后比大的天线。为承受高层风力作用，要选用机械结构牢固的支架。

2. 卫星电视天线的选择

目前绝大多数卫星电视接收天线，都选用抛物面反射器的高增益天线，卫星电视信号被一次或多次反射后集中到馈源上，这种天线具有很强的方向性和很高的增益。其基本形式可分为主焦点抛物面天线和带有副反射面的卡塞格伦天线，后种馈源不在反射面中心，因此又称为偏馈天线，其性能高于前者。根据抛物面所用材料和制造工艺分类，又可分为旋压型、冲压型、玻璃纤维型和金属网型四种。

旋压型天线是由铝板或薄钢板滚压成型，表面精度高，但只能制作成整体抛物面，不便于运输和安装。冲压型天线是用金属板在模具上压制而成，整个抛物面可分成 6~8 片，运输和现场安装都很方便，但成本较高。玻璃纤维天线是将金属材料嵌入玻璃纤维树脂中，这种天线有重量轻、防碰撞、不锈蚀等优点。金属网天线是将金属网固定在伞骨形结构的支撑架上，这种天线重量更轻，风阻小，但较前几种比较易于损坏。因金属网网孔尺寸不能大于所用波长的 $\frac{1}{10}$，所以这种天线即使网孔选择得很小，也仅适合频率较低的频段。

目前有一种板网结合的卫星电视接收天线，即中心区是板状抛物面，边缘区是金属网，它综合了前几种天线的优点，性能价格比有较大提高，还具有 C 频段和 K 频段卫星电视信号兼容接收的特点，在大型系统中可优先选用。

上述天线均只有一个焦点，仅能接收某一个卫星来的信号，目前国外在高层建筑卫星接收系统中，出现了多焦点抛物面天线，在一固定不变的位置上同时接收多个卫星的电视信号，其反射面成变形的球面或抛物面，构成多焦点天线，减少了天线所占位置。

卫星接收天线口径的选择应考虑下列因素：

(1) 与卫星转发器功率有关。功率大则天线口径可选择小些；
(2) 与卫星信号发射频率有关。频率越高天线口径可越小；

（3）与卫星波束宽度有关。波束越宽，能量分散，地面功率通量密度越低，选择天线口径应越大，即点波束最强，半球波束次之，而全球波束则应选择较大口径天线。

（4）还与建筑所在位置有关。处于波束中心地区可选天线口径小些，处于波束边缘地区，应选口径大些。

另外还要考虑接收天线效率、焦距口径比等因素。

3. 馈源的选择

馈源是安装在天线焦点上接收聚集卫星信号的重要部件，选择时应考虑是否有合适的方向图，是否有理想的波前球面，要求无交叉极化，阻抗变化平稳，几何尺寸尽量小。极化器是馈源一部分，要选择与接收发射电视信号一致的极化形式波，并能很好地抑制其他形式的极化波。

如果要接受多种形式极化波信号，应选择全极化变换器。它是用机械探针式极化器与介质片式极化器组合而成，调整探针介质片就可以接收各种极化电视信号。

4. 卫星电视天线支架的选择

天线支架是保证稳定接收卫星信号的重要设备，其作用一是用来支承天线反射面，二是用来确保准确指向所选卫星，因为卫星信号波束很窄，零点几度的偏差和晃动，都可使接收信号强度发生显著变化，因此应重视卫星天线支架的选择。

卫星天线支架有两种类型。一种是方位俯仰支架，天线指向可以通过旋转方位轴和俯仰轴分别进行独立调整，对准天空中某一卫星。由于从接收一颗卫星信号转向对准另一颗卫星需要很长时间，一般不采用这种调整支架的方式改换接收卫星。

另一种卫星天线支架是极轴支架，在支架上安有电机驱动的直线驱动器，当极轴转动时，就可使天线指向视场内各个电视广播卫星，比前一种方便，适合于经常改换收视不同卫星信号。但在跟踪精度上存在误差，接收效果差，而且在同一时间只能接收某一个卫星的电视信号。在高层建筑卫星接收系统中，为接收多颗卫星的电视信号，应选择多个卫星接收天线，分别调整支架对准卫星后固定，用这种方式可保证各个卫星电视信号可靠的接收。

5. 高频头的选择

高频头是卫星电视接收的又一关键部件。它决定着接收系统整机的噪声温度，为了尽可能降低噪声，高频头应直接与天线馈源相连，一起作为卫星接收设备的室外单元。早期的高频头实际上就是微波低噪声混频器（下变频器），它将来自天线的微弱信号变换成较低的频率，并加以放大，以便通过较长的电缆传送到接收设备的室内单元。这种高频头噪声较大，不宜选用。

低噪声微波放大技术应用于卫星电视接收的放大器称为 LNA，在混频器前增加 LNA 可以大大改善噪声性能，可使所需要的天线口径小些。还可以选择将 LNA 下变频器组装在同一盒子内的高频头，称为 LNB。还有一种下变频器兼有频道选择功能称为 LNC。由于 LNB 无频道选择功能，把来自卫星的各个频道的信号传到室内单元，由接收机选择频道，因此，室内单元设多部接收机，就可分另接收不同频道电视信号。如果选用 LNA，需另加配一个频段下变频器。

二、前端设备及传输分配设备

1. 卫星电视接收机的选择

卫星电视接收机又称卫星电视接收站的室内单元，是整个卫星接收站的信号处理和控制设备。它的主要作用是，选取高频头送来的某一频道信号，调制成电缆电视系统指定的某一频道射频信号，送入前端。系统准备接收几个频道的电视信号，就要设置几台卫星接收机，应选择能够调整频道固定的单一专用接收机为宜，而不用可随意选频数字记忆的普通家用机。

2. 调制器的选择

为使高层建筑电缆电视系统中能容纳更多的电视频道节目，应采用邻频传输方式。应注意调制器的残留边带特性。在高层建筑电缆电视系统中不仅要传输开路、闭路、卫星、有线及自办节目，还要用来传输双向对讲电视等其他信息，需要占用许多频道，甚至还要利用增补频道。调制器边带抑制量不够时，会使邻频道伴音或图像出现网纹。另外要注意寄生输出抑制，不仅应考虑550MHz这一频段内的寄生输出抑制，还应考虑550～750MHz，甚至550MHz～860MHz的寄生输出抑制，以利将来的扩展应用。我国图像载波的标准中频频率是38MHz，而国外引进产品有些与我国标准有差异，对利用中频加解密或使用某些高速信息设备会引起问题。无输出滤波器的变频调制器，采用宽带输出，这样会造成每个频道除本频道噪声电平外，叠加上其他各频道的调制器所输出的噪声，系统频道数越多，系统载噪比下降得越多。所以在高层建筑电缆电视系统中，最好选用具有多级滤波器，对带外噪声有良好抑制的单一固定频道的调制器，这样前端系统载噪比，即可用单台载噪比标称值计算，而不受频道的增加而改变。

3. 自办节目设备的选择

自办节目设备根据需要而定。播放录像节目，需选用录放机。对一般客房，可选用大1/2英寸磁带机，播放VHS制式录像带，而对于更高要求可选用3/4英寸VO制或BVU制磁带机。播放质量会大大提高。如要采访拍摄节目，需选用配套的VHS制、VO制或BVU制等摄像机。制作节目需选用编辑机、字幕机、特技机、时基校准器、配音与调音设备。

4. 其他前端和传输分配设备的选择

前端设备宜选用柜式共用器，以适应高层建筑电缆电视系统负载大、频道多、系统复杂、播出质量要求高等特点。在共用控制器中应包含频道放大器、衰减器、混合器、分配器、分支器、稳压电源、电压指示、电平指示及监视设备。

传输与分配系统的设备选择，可参照一般共用天线电视系统和有关资料。

第三节 CATV系统中的光缆传输

一、光缆特性

光缆分梯度多模光缆（GI）、阶跃多模光缆（SI）和单模光缆（SM）。电缆电视传输采用分梯度多模光缆为宜。

在光缆中传输的光载波信号为近红外波，目前使用波长$0.8\mu m$和$1.3\mu m$两种。光缆在传输中损耗很小，波长为$0.8\mu m$时，每公里损耗$2.5～3.5$dB；而波长为$1.3\mu m$时，每公里仅损耗$0.7～1.3$dB。光缆传输的频带很宽，可达3×10^5GHz。光缆损耗小，频率特性好，传输容量大，不受电磁干扰。可不设中继放大器，不用进行均衡处理，安全可靠，利于维护，适宜多功能应用。

二、光缆传输方式

光缆系统的基本组成是由光发射机、光接收机和光缆三部分，如图9-9所示。

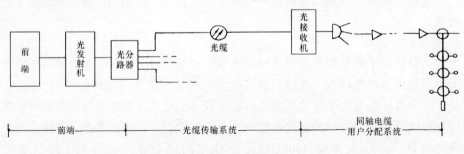

图9-9 光缆传输系统

视频和音频信号传送至光发射机中，发射机把电信号转换成光信号，经光缆传输到接收端的光接收机中，接收机把调制的光信号转换成电信号，经过放大、解调、分配，还原成视频及音频信号输出。

在高层建筑中电缆电视传输的是射频信号（RF），光的调制方式有模拟和数字两种。

一根光缆同时可以传输多路电视信号，这是光缆的一个重要特性，称之为光缆的多路传输。其方法常采用波分多路和频分多路两种方式。波分多路构成方式如图9-10所示。

图9-10 波分多路传输方式

利用波分多路方式可以实现双向传输。在高层建筑中可用来实施可视对讲等系统需双向传送的应用。

频分多路方式是将多路电视信号由混合器混合成一路至调制光发射机，调制后的光波，经光缆传输到接收端，在光接收机中对信号处理后，由频道分配器输出各频道相应的电视信号。目前，用频分多路传输方式，可实现几十路电视信号的传输，其构成方式如图9-11所示。

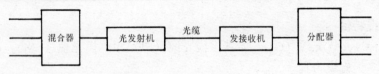

图9-11 频分多路传输方式

大规模电缆电视系统的组网，一般是采用混合方式，"光缆+电缆分配系统"是常用的一种传输方式。光缆用于主干线，电缆作树枝状的分配网络，把信号传输到各用户终端。

第四节 系统供电与防雷接地

一、系统供电

电缆电视系统采用单相220V，50Hz交流电源，应尽量利用调压调频装置，保证电压偏移小于±10%，频率偏移小于±1Hz。

前端室采用专用配电箱或照明配电箱以专用回路方式供给。自办节目机房如与前端不在同一房间，也应在照明配电箱设专用回路。有特技编辑机、多媒体动画机等设备时，应配UPS电源。卫星天线电源由系统中确定一台接收机供电。传输分配系统中的有源器件宜采用专线集中供电方式，由线路插入器向各线路放大器供电。若采用同轴电缆馈电，则应注意必须采用电源通过型的分配器、分支器。整个系统应采用同一相电源供电。

二、防雷接地

在整个CATV系统中，从导电的角度讲都是相连通的。若系统的某一环节如用户电视机严重漏电，通过用户线会影响到一片用户区或整个系统带电。若系统某部分遭雷电，则强大的电流会影响全系统，轻则会烧坏器件，重则会造成人身伤亡事故等。因此，整个系统必须保证有完善的防雷保护措施和良好的接地装置。

为能接收到更强的开路电视信号，天线总是安装在建筑的最高处，因而更要注意防止雷击。高电位大电流从天线引入室内，不仅对电缆电视系统接收设备会造成损坏，严重时还会造成人身伤害和建筑火灾。户外电源线，楼宇间的架空电视电缆也容易将雷电波引入。

为防止雷电沿天线侵入电缆电视系统，如天线不在独立避雷针的保护范围之内，可使用圆钢接在金属天线竖杆顶端，作为避雷针，其长度可根据组合天线形式而定，应使整个天线在避雷针保护范围之内。八木天线的各振子横杆和竖杆都是金属制成，各振子的中央即为电压的波节点，所以可以与天线竖杆良好的接在一起，再用圆钢将竖杆与高层建筑避雷网直接连接，可以起到良好的避雷作用。

电缆电视系统的干线、支线在墙内暗敷于钢管内，并将钢管与建筑内钢筋结构焊接成一体接地，可有效防止侧击雷的侵害。如有线电视电缆需在高空穿越两座楼体，应将电缆沿墙降至防雷保护范围内，并需将电缆上方钢索两端均可靠与建筑接地网连接。电源进户后，应在电源变压器输入侧备有击穿保护装置，防止户外电源线路引入雷电波，损坏电缆电视系统。

卫星接收天线在高层建筑中为避免高空强大风荷和微波通讯信号干扰，也可放在裙房屋顶或地面上，卫星天线遭受雷击损失更严重，要作好防雷，特别是要作好可靠接地，与建筑接地网实行焊接，如卫星天线安装在地面，也可就地埋入接地体。间接电击可能引起电源波动，即使不损坏设备，也容易导致接收机、调制器、控制器等原设定在存贮器中的数据混乱、使状态改变，不能正常工作，应采用电源波动保护器。

CATV系统前端室内应设接地端子板，供系统接地使用。接地端子板应通过专用接地干线接至地下的接地装置（通常为自然接地体）上。

第十章 保安系统设计

第一节 系统设计概述

一、建筑物对保安系统的要求

目前，人们对建筑物及建筑物内部物品的安全性要求日益提高，无论是金融大厦、证券交易中心、博物馆及展览馆，还是办公大厦、高级商场及高级公寓，对保安系统均有相应的要求。因此，保安系统工程已经成为现代化建筑，尤其是智能建筑非常重要的内容。

现代化建筑需要多层次及针对性的保安系统。由于科技的飞速发展，新出现的各种犯罪手段对保安系统提出了许多课题，同时信息时代的到来又使保安系统的内容有了新的意义。最初保安的内容是保护财产和人身安全，而后，重要文件、技术资料、图纸的保护越来越重要，在具有信息化和办公自动化的建筑内，不仅要对外部人员进行防范，而且要对内部人员加强管理。对重要的部位、物品还需特殊的保护。从防止罪犯入侵的过程上讲，保安系统应提供以下三个层次的保护：

1. 外部侵入保护

外部侵入是指罪犯从建筑物的外部侵入楼内，如大楼的门、窗、墙体等。在上述部位设置相应的报警装置，就可以及时发现并报警，从而在第一时间内采取处理措施。外部侵入保护是第一级保护。应用的报警设备有磁性开关，固体声信号器、玻璃破碎传感器、线性红外探测器等。

2. 区域保护

区域保护是指对大楼某些重要区域进行保护。如陈列展厅、多功能展厅等。区域保护为第二级保护。除应用红外探测器、微波探测器、红外-微波双鉴探测器等技术手段外，还应考虑加入计算机区域防范功能，达到区域保护智能化。

3. 目标保护

目标保护是对重点目标进行保护，如展柜内的重要展品等。目标保护是最后一级保护。应用的传感器包括压力开关、断线报警器、接近开关等。

以上三个层次的保护涉及到点、线、面与空间的保护，可使建筑物在保安方面具有全面的保护措施。

二、保安系统的组成内容

不同建筑物的保安系统有其不同的组成内容，但基本的构成子系统包括如下：

1. 出入口控制系统

出入口控制系统，又称门禁系统，是在建筑物内的主要管理区的出入口、电梯厅、主要设备控制中心机房、贵重物品的库房等重要部位的通道口安装门磁开关、电控锁或读卡机等控制装置，由中心控制室监控，系统采用计算机多重任务的处理，能够对各通道口的位置、通行对象及通行时间等进行实时控制或设定程序控制，适应一些银行、金融贸易楼和综合办公楼的公共安全管理。

2．防盗报警系统

防盗报警系统是采用红外或微波技术的信号探测器，在一些无人值守的部位，根据部位的重要程度和风险等级要求以及现场条件，例如金融楼的贵重物品库房、重要设备机房、主要出入口通道等进行周边界或定向定方位保护，高灵敏度的探测器获得侵入物的信号以有线或无线的方式传送到中心控制值班室，同时报警信号以声或光的形式在建筑模拟图形屏上显示，使值班人员能及时地获得发生事故的信息。防盗报警系统采用了探测器双重检测及计算机信息重复确认处理技术，能达到报警信号的及时可靠并准确无误的要求，是大楼保安系统的重要技术措施。

3．闭路电视监视系统

在人们无法或不可能直接观察的场合，闭路电视监视系统能实时、形象、真实地反映监控对象的画面，并已成为人们在现代化管理中监控的一种极为有效观察工具，这就是闭路电视监视系统在现代建筑中起独特作用和被广泛应用的重要原因。

在重要场所安装摄像机，使保安人员在监控中心便可监视整个大楼内外的情况。监视系统除起到正常的监视作用外，在接到报警系统的信号后，可进行实时录像，以供现场跟踪和事后分析。

4．保安人员巡逻管理系统

保安人员巡逻管理系统是采用设定程序路径上的巡视开关或读卡机，确保值班人员能够按照顺序和时间在防范区域内的巡视站进行巡逻，同时确保人员的安全。

5．防盗门控制系统

在高层公寓楼或居住小区，防盗门控制系统能为来访人与居室中的人们提供双向通话或可视通话以及人们控制入口大门电磁开关的功能，此外还要向保安管理中心进行紧急报警的功能。

建筑物保安系统的内容应视建筑物的类型、特点、规模等因素来确定，并非完全一致。

三、智能保安系统

1．智能保安系统的基本结构

图10-1描述了现代保安系统的基本构架。其主要方式是把门禁系统、防盗系统、闭路电视监视系统有机地连接在一起，并连接在计算机网络上。保安系统所有的信息都将传送到控制中心的计算机上，保安系统的智能性集中体现在中心计算机的保安管理信息系统上，它要对系统设备传来的信息进行分析、过滤错误的信息以有效地防止误报，最终作出正确的判断，输出相应的处理措施，计算机内的专家系统将完成这项工作。

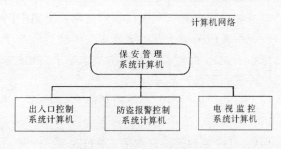

图10-1 保安管理系统

由于计算机网络的广泛应用，智能建筑内的保安系统也不是作为一个单一的系统存在。本系统中的信息可以传送到公安部门或其他地方，许多个楼宇可以组成一个区域的保安系统，而区域之间又可以组成一个更广泛的保安系统。目前的信息也不仅仅是各种数据文件信息，而且包括图像信息。传送的距离也不仅仅是某个城市或国家，而是在世界范围内。多媒体技术使计算机能够显示和处理实时的视频图像和声音，多台计算机之间要进行实时图像和声音共享取决于高速信息网络的建立和图像压缩技术的发展。

2．保安系统的智能性

随着系统规模的扩大，其所包含的信息量急剧增加，而足够多的信息是系统能够作出正确判断的基础，也是系统具有"智能"的前提。系统智能性体现如下：

(1) 智能识别。在许多场合，需要计算机识别各种图形、文字和符号。比如在贵重物品仓库或金库等重要部门，只允许少数人进出，这时可以采用指纹或眼底视网膜图像识别设备来进行出入控制。将允许出入人员的指纹信息存储在计算机中，当某人到来时，将其指纹输入，计算机将其输入的指纹图像与存储的图像进行比较，只有符合才能通过。

(2) 智能判断。保安系统的计算机可以对许多事件的分立数据进行逻辑推理，得出正确的判断，作出适当的处理。比如当用多种探测器保护某一区域时，一旦有报警产生，计算机可以综合这些探测器的信息，对它们进行分析，最后作出是否有入侵的判断。

(3) 智能跟踪。报警系统和闭路电视监视系统的结合使自动对目标进行跟踪成为可能。探测器和摄像机的设置可以综合考虑，一旦某个区域产生报警，计算机把图像切换到此区域的摄像机上，跟随着目标移动。

(4) 智能调度。这是指出现情况后，如何合理调度保安设备和力量来处理问题。如巡逻系统到指定的时间没有信号返回或不按规定的次序返回，这些区域的摄像机会对相应区域进行监视与录像，对区域内的设备自动检查，以及提出相应处理方案等。

智能保安系统具有集成性，其特点是各子系统建立在同一计算机网络上，共享管理软件和集中统一操作，这样扩网方便，操作使用容易。

四、监控中心与系统供电

保安系统宜设专用控制室或监控中心，若管理体制允许，也可与火灾自动报警与联动控制系统的消防控制室（控制中心）设置在一个房间内，组成综合防灾控制中心。但两个系统各自独立。

保安系统应有专用供电电源，且为双电源供电方式，电压等级为 $220V \pm 10\%$，必要时可加稳压电源。系统设备应由监控室集中供电，以确保其可靠性。

系统应采用一点接地方式，接地电阻小于 4Ω，若采用联合共同接地网时，接地电阻应小于 1Ω。此时监控室内留接地端子，通过接地干线接到接地网上。

五、系统产品

目前，提供保安系统产品的厂商很多。进口产品中有美国、英国、日本、荷兰、韩国、德国等，其中防盗报警系统以美国产品最为突出，如美国的 C&K 系列、ADEMCO 系列、DS 系列等，日本的 OPTEX 系列，英国的 PYRONIX 系列等。闭路监视系统如日本的松下、索尼、三洋、池上系列，美国的 AD 系列，荷兰的 PHILIPS 系列，韩国的 KUKJAE 系列，德国的 VIDEV 系列，英国的 MONTAGE 系列等。

国产产品也有不少厂家，但大多以生产控制器为主，报警传感器及摄像机系列产品则以进口贸易为主，如辽宁锦州三二二研究所 CCPS 系列，天津电视技术研究所，西南物理技术研究所的 MCS 系列等。

第二节 出入口控制系统

一、系统基本结构

出入口控制系统一般具有如图 10-2 的基本结构。系统包括 3 个层次的设备，底层是直接与人员打交道的设备，有读卡机、电子门锁、出口按钮、报警传感器和报警喇叭等。它们用来接受人员输入的信息，再转换成电信号送到控制器中，同时根据来自控制器的信号，完成开锁、闭锁等工作。控制器接收底层设备发来的有关人员的信息，同自己存储的信息相比较以作出判断，然后再发出处理的信息。单个控制器就可以组成一个简单的门禁系统，用来管理一个或几个门。多个控制器通过通信网络同计算机连接起来就组成了整个建筑的门禁系统。计算机装有门禁系统的管理软件，它管理着系统中所有的控制器，向它们发送控制命令，对它们进行设置，接受其发来的信息，完成系统中所有信息的分析与处理。

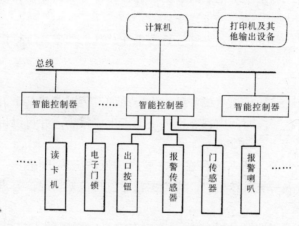

图 10-2 出入口控制系统的基本结构

二、读卡机种类

读卡的原理是利用卡片在读卡器中的移动，由读卡机阅读卡片上的密码，经解码后送到控制器进行判断。读卡机到控制器的连接，近距离一般用 RS-232 通信，远距离（1000m 以上）用 RS-485 通信。目前，常用的卡片及读卡机有以下几种：

（1）磁码卡。它是把磁物质贴在塑料卡片上制成的，磁卡可以改写，应用方便。其缺点是易被消磁、磨损。

（2）铁码卡。这种卡片中间用特殊的细金属线排列编码，采用金属磁扰的原理制成，不易被复制。铁码卡可有效地防磁、防水、防尘，是目前安全性较高的一种卡。

（3）感应式卡。卡片采用电子回路及感应线圈，利用读卡机本身产生的特殊震荡频率，当卡片进入读卡机能量范围时产生共振，感应电流使电子回路发射信号到读卡机，经读卡机将接受的信号转换成卡片资料，送到控制器对比。感应式卡具有防水功能且不用换电池，不易被仿制，是非常理想的卡片。

（4）生物辨识系统。它包括指纹机、掌纹机、视网膜辨识机和声音辨识装置等，指纹和掌纹辨识用于安全性较高的出入口控制系统，视网膜辨识机和声音辨识装置在正常情况下安全性极高，但若视网膜允血或病变以及感冒等疾病会影响使用。

以上各种读卡机要根据具体情况选用，磁码卡由于价格便宜，仍广泛应用；铁码卡和感应式卡由于保安性能好，在国外比较流行；生物辨识技术安全性极高，一般应用在军政要害部门或银行内金库等场所。

三、管理软件

1. 系统管理

这部分软件的功能是对系统所有的设备和数据进行管理，包括：

（1）设备注册。在增加控制器或卡片时，要登记，以使其有效。在减少控制器或卡片时，要使其无效。

（2）级别设定。在已注册的卡片中，通过级别的设定，控制通过相应的通道或入口，对计算机的操作要设定密码，以控制使用人员。

（3）时间管理。通过时间管理来控制通道或入口。

（4）数据库管理。对系统所记录的数据进行转存、备份、存档和读取等处理。

2. 事件记录

系统正常运行时，对各种出入事件、异常事件及其处理方式进行记录，保存在数据库中，以备日后查询。

3. 报表生成

能够根据要求定时或随机地生成各种报表。比如，可以查找某个人在某段时间内所有的出入情况，某个门在某段时间内都有谁进出等，生成报表，并可以用打印机打印出来。

4. 网间通信

系统不是作为一个单一的系统存在，它要向其他系统传送信息。比如在有非法闯入时，要向闭路电视监视系统发送信息，使摄像机能监视该处情况，并进行录像。所以要有系统之间通信的支持。

管理系统除了完成所要求的功能外，还应有漂亮、直观的人机界面，使人员便于操作。

第三节　防盗报警系统

一、系统基本结构

防盗报警系统负责建筑物内重要场所的探测任务，包括点、线、面和空间的安全保护。系统一般由探测器、区域报警控制器和报警控制中心设备组成，其基本结构图见图10-3。

系统设备分3个层次，最底层是探测器和执行设备，它们负责探测人员的非法入侵，向区域报警控制器发送信息。区域控制器负责下层设备的管理，同时向控制中心传送报警信息。控制中心设备是管理整个系统工作的设备，通过通信网络总线与各区域报警控制器连接。

对于较小规模的系统，由于监控点少，也可采用一级控制器方案，即由一个报警控制器和各种探测器组成，此时，无区域控制器或中心控制器之分。目前无论是进口设备还是国产设备，均有相应系统容量的控制器，用以组成各种规模的报警系统。

二、系统报警探测器

保安系统所用探测器随着科技的发展不断更新，可靠性和灵敏度也不断提高。如何根据具体环境恰当地选择探测器，以发挥其功效，同时注意各种探测器的配合使用，减少误报，杜绝漏报，是建立报警系统的首要问题。以下给出各种探测器和报警设备的应用说明。

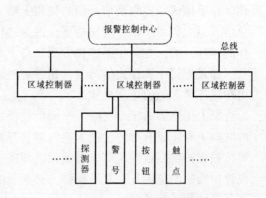

图10-3 防盗报警系统结构图

1. 入侵及袭击信号器

(1) 磁性触头。磁性触头又称磁性开关或干簧开关，是最常用的一种报警信号器，发送门、窗、柜、仪器外壳、抽屉等打开的信息。这种开关的优点是：很少误报警、监视质量高，而且造价较低。

磁性触头由一个开关元件和一个永久磁铁组成，两者精确地安装在被监视目标固定部分与活动部分的相对位置上，其间是一个有效的容许距离。永久磁铁磁场经过磁性开关，使磁性开关保持闭合状态，如果使两者的距离超过最大容许距离，则经过触头的磁场减弱或完全消失，从而磁性头打开，切断电路，发出报警。

(2) 玻璃破裂信号器。玻璃破裂信号器又称玻璃破裂传感器，用来监视玻璃平面，对监视质量和报警可靠性有较高的要求时采用。

玻璃破裂信号器只对玻璃板破裂时所产生的高频作出反应。当玻璃板被击破时，玻璃板产生质量加速度，因而产生机械振荡，机械振荡以固体声的形式在玻璃内传播。信号器中的压电陶瓷传感器拾取此振荡波并使之转换成电信号，玻璃破裂的典型频率在信号器中经过放大，然后被利用来启动警报。

玻璃破裂信号器的有效监视范围，在几乎所有各种玻璃平面中均为 $15m^2$；对双层玻璃板和夹丝玻璃板也同样有效。在重型防弹玻璃上的有效监视范围约为 $4m^2$。报警信号器可直接装在窗框的附近，即装在不容易被人看到的部位。

(3) 固体声信号器。这种信号器反映机械作用。优先用于铁柜和库房的监视。信号器应安装在传声良好的平面上，例如混凝土墙、混凝土楼板、无缝的硬砖石砌体。

当一强力冲击有固体声信号器监视的建筑构件时，构件便产生质量加速，因而产生机械振荡，它以固体声的形式在材料中传播。固体声信号器的压电陶瓷传感器拾取此振荡，并把它转换成电信号，经过放大、分析，然后启动报警。

(4) 报警线。报警线使用细的绝缘电线，张紧粘贴或埋入需要监视的平面上，监视电流连续流动。当报警线被切断，电流为零，报警信号即发出。这种报警方法的缺点是：发出报警时，监视平面已被破坏。因此不能单独使用，可与其他报警装置配合使用。

(5) 报警脚垫。报警脚垫是一种反映荷重的报警信号器（即压力信号器）。用这种信号器可以以简单的方式看守屋门，防止非法踏入，也可以把它铺放在壁橱、保险柜和楼梯口前面。如果脚垫被人踩踏，两金属薄片便互相接通，使电路闭合，启动报警。

(6) 袭击信号器。袭击信号器是由人工操作的报警信号器,即人员受到歹徒袭击时使用的一种报警信号器。这种信号器有手操式、脚操式两类。为了防止平时不注意而误操作,在手操式应急报警信号器的按钮上贴上纸片或塑料片,写上"报警"标志。脚操式应急信号器主要用于银行或储蓄所,因为进行操作时不引起歹徒注意。仅由脚尖抬起才能动作的脚操开关,在防止误操作方面比脚下踏式开关较为优越。

如果把每个脚操式信号器互相靠近连续安装,便构成长条信号器,由脚尖操作,这样可构成连续无隙的可靠操作。

以上传感器属于点、线、平面监视报警信号器,用于需要保护的部位或物品。从报警的时间上看,只有罪犯已进入室内并且开始犯罪活动时才能报警,因此报警时间较晚。同时,被保护物品或装置可能已受到破坏或盗走,因而不宜单独使用。为了将罪犯阻止在远离保护物品的范围外和及早报警,必须采取空间保护措施,即选用红外、微波和超声波探测器以增加防范手段。

2. 红外、微波与超声波探测器

(1) 被动式红外信号器。红外信号器(又称红外-运动信号器)用它的光电变换器接收红外辐射能,假若有人进入信号器的接收范围,那么在一定的时间内到达信号器的红外辐射量就会发生变化,电子装置对此红外辐射量进行计值,然后启动警报,装在信号器内的红色发光二极管同时显示报警。

由于红外探测器能探知物体运动及温度变化两个方面,因此红外探测器成为十分可靠的入侵信号器,它耗电量很小;对缓慢运动的物体也能探知。它适用于探测整个房间,也适用于探测房间内的局部空间,用于入门过道。红外线不能穿透一般材料,正是这个原因,在高大的物体或装置后面存在不可探测的阴影区。

被动式红外信号器的主要性能参数如下:

1) 监视范围。图 10-4 给出了墙壁安装方式探测器的侧面与平面监视图。此类探测器的监视范围可用视场角和作用距离来表示。平面视场角(边缘与中心线之间夹角)一般为 60°,作用最长距离可达 10m 到 60m。监视范围为一扇形区域。

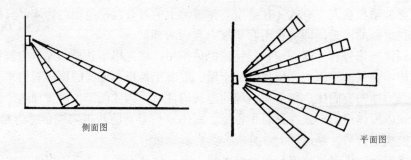

侧面图　　　　　　　　　　　　　　平面图

图 10-4　红外探测器(壁装式)监视范围

吸顶安装的探测器其监视范围为锥体形区域,地面面积一般为 $100m^2$,垂直视角为 30°左右。不同型号的探测器其监视范围不同。

2) 工作电压与电流。红外探测器的工作电压为直流电压,由报警控制器提供。一般为10～24V之间。其工作电流较小，约10～50mA左右，因而其功耗较小。

（2）超声波探测器。超声是一种频率（20MHz以上）在人们听觉能力之外的声波，根据多谱勒效应，超声可以用来侦察闭合空间内的入侵者。探测器由发送器、接收器及电子分析电路等组成。

从发送器发射出去的超声波被监视区的空间界限及监视区内的物体上反射回来，并由接收器重新接收。如果在监视区域内没有物体运动，那么反射回来的信号频率正好与发射出去的频率相同，但如果有物体运动，则反射回来的信号频率就发生了变化。

超声多谱勒仪发射一个椭圆形辐射场，调整其偏转角可得到向侧面移动的辐射场。在空间高的房间内超声多谱勒仪可安装在天花板上。探测器的基本作用范围长为9～12m，宽为5～7.5m。

超声波探测器的工作电压及电流基本与红外探测器相同。在一个空间内可以安装多个超声波探测器，但这时必须要指向同一方向，否则互相交叉会发生误报警。

（3）微波探测器（高频多谱勒仪）。微波探测器的工作方式同样以多谱勒效应为基础，但使用的不是超声波而是微波。如果发射的频率与接收的频率不同，例如此时有人进入监视区，高频多谱勒仪便发生警报。人体在信号器的轴线上移动比横向移动更容易被觉察出来。高频电磁波遇到金属表面和坚硬的混凝土表面特别容易反射，它对空气的扰动、温度的变化和噪声均不敏感，它能穿透许多建筑构件（如砖墙）、大多数隔墙（如木板墙）及玻璃板。因此其缺点是，在监视空间以外的运动物体也可以导致错误的报警。

（4）红外-微波双技术探测器。由于微波的穿透力很强。甚至保护区外的运动物体也能引起误报。而红外探测器的保护有可能出现阴影区，即有没保护到的区域。所以为了提高报警的可靠性，将两种技术综合在一起应用，便产生了红外-微波双技术探测器。它是将两种信号器放在一个机壳内，再加上一个"与门"电路构成。只有两种信号均有反应，探测器才会输出报警信号。例如美国C&K公司的DT系列产品DT5360，该探测器吸顶安装，地面保护面积为100m^2。

（5）主动型红外探测器（光栅）。该探测器由一个发送器和一个接收器组成。发送器产生红外区的不可见光，经聚焦后成束型发射出去，接收器拾取红外信号，由晶体管电路对所拾得的信号进行分析和计算，如光束被遮断超过1/100s以上或接收到的信号与发射的不一致时，接收器便会报警。

如果监视面积很大，可用多个光栅，作上下叠层安装或左右并列安装。此外，为了监视不在一条直线上的区域，可以用一块适当的转向镜反射至接收器。

主动型红外探测器被优先用于过道、走廊及保险库周围的巡道，还可用于库房、生产车间作长距离的监视，最长可达800m。

三、报警控制器

1.区域报警控制器

区域报警控制器直接与各种防盗报警传感器相连，接收传感器传送来的报警信号，并可向上级控制台输出报警信号。这种控制器一般也可单独使用，控制器具有声光报警与显示功能，并对传感器提供DC24V电压。控制器一般由单片机组成。控制器的主要技术参数如下：

（1）容量。即连接报警传感器的路数，一般有8路、16路、32路、64路和128路等几种规格，有的产品还可输入声音信号。

(2) 通讯接口。串行接口 RS-232C。

(3) 工作电压与功耗。电压为 AC220V，50Hz，功耗为 30～100W。

2. 中心控制台

中心控制台又称总控制台，是保安监控系统的中心设备。它安装在监控室内。中心控制台的核心设备是工业控制机、单片机或微型计算机，并配有专用控制键盘、CRT 显示器、主监视器、录像机、打印机、电话机等设备，另外还可增配触摸展、画面分割器、对讲系统、字符发生器、声光报警等装置。从使用情况看，中心控制台有两类，一种是直接与防盗探测器和摄像机连接使用类型，另一种是与区域控制器连接使用类型。

(1) 面向现场设备的中心控制台。此类控制台将摄像机及云台和镜头的控制、报警信号处理统一到一个台式控制器管理之下，结构紧凑，价格便宜，适用于较小型的系统。此时系统布线为放射式结构，即星形结构。

此类中心控制台的容量不宜过大，否则从控制室向外敷设的线路太多，给施工和维护造成困难。

(2) 面向区域控制器的中心控制台。此类控制台并不直接与现场设备（各种信号传感器）直接相连，它与分控器如视频切换控制器或报警控制器相连，采用相互级联通信，可形成较大型的局域网络系统。此时系统组合灵活，扩展方便，布线节省。

四、监控点的确定与设备选择

1. 监控点的确定

下列部位或场所宜设置防盗报警装置：

(1) 金融大厦中的金库、财务室、档案库、现金、黄金及珍宝等暂时存放的保险柜房间。

(2) 博物馆、展览馆的展览厅、陈列室和贵重文物库房。

(3) 图书馆、档案馆的珍藏室、陈列室和库房。

(4) 银行营业柜台、出纳、财务等现金存放和支付清点部位。

(5) 钞票、黄金货币、金银首饰、珠宝等制造或存放房间。

(6) 自选商场或大型百货商场的营业大厅等。

2. 报警设备的选择

防盗报警设备选择应考虑以下几点：

(1) 报警设备应按保护区域的重要程度及盗窃行为发生的可能性选择相应的设备。对特别重要的区域或物品，应采用多重保护措施，并选择相应探测器等设备。例如博物馆陈列室内展柜里的文物，可采用三重保护措施，即对陈列室、展柜、文物均做保护。

(2) 对于平面监视，可选用玻璃破裂传感器、固体声信号器、报警电线及压力开关、磁性开关等报警装置。

(3) 对于空间监视，可选红外探测器、微波探测器、超声波探测器等报警信号器。

(4) 每个独立的保护区域内应至少设置 1～2 只手动报警按钮。

第四节 闭路电视监视系统

由于现代电视技术和计算机控制技术的发展，闭路电视监视系统在楼宇保安系统中的应用越来越普遍，它能使管理人员在控制室内观察到楼内所有重要场所的情况，为保安系统提供了视觉效果，也为消防、楼内各种设备的运行和人员活动提供了监视手段。

一、系统基本结构

闭路电视监视系统由摄像、传输、控制和显示与记录四个部分组成，各部分之间的关系如图10-5所示。

摄像部分包括摄像机、镜头、防护罩、支架和电动云台，它的任务是摄取被监视环境或物体的画面并将其转换成电信号。传输部分的任务是把现场摄像机发出的电信号传送到控制器上，它一般包括线缆、调制解调设备、线路驱动设备等。显示与记录部分把从现场传来的电信号转换成图像在监视设备上显

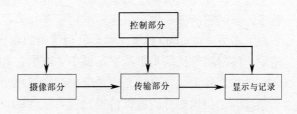

图10-5 闭路电视监视系统的组成图

示，如有必要，就可用录像机录下来，它主要包括监视器和录像机。控制部分则负责所有设备的控制与图像信号的处理，一般包括视频切换控制器、分配器、画面分割器、中心控制台等。

典型的闭路电视监视系统结构图如图10-6所示。

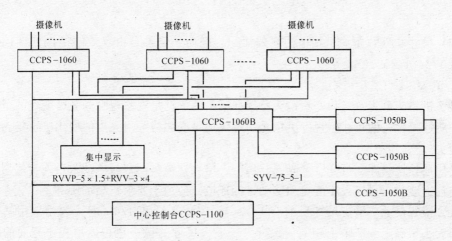

图10-6 典型闭路电视监视系统图

本图以辽宁锦州三二二研究所CCPS-1100系统产品为例绘出，其中CCPS-1060及1060B为视频切换控制器，CCPS-1100为中心控制台，CCPS-1050B为分控终端。

二、摄像与显示设备

1. 摄像机

摄像机是闭路电视监视系统的主要设备，它把反映画面的色彩和灰度等信号通过电缆传到显示器中，显示器便可再现监视环境的画面。

摄像机分类有多种方式。按色彩分为黑白摄像机和彩色摄像机；按工作照度分为普通照度摄像机、低照度摄像机和红外摄像机。红外摄像机用于黑暗环境，但需要在监视范围

装设红外光源。按结构分为普通摄像管摄像机和 CCD 固体器件摄像管摄像机，CCD 摄像机的优点是不怕阳光和炉内强辐射光等，不会因此而烧管。摄像管的中心和边缘清晰度相同，灵敏度高。其缺点是清晰度比普通摄像机稍低，价格较高。

摄像机的基本参数包括清晰度、信噪比、视频输出、最低照度、环境温度、供电电源及功耗等几项。下面对各项参数加以论述。

(1) 清晰度。清晰度是摄像机的主要性能参数，用线表示，分水平线和垂直线。线束越多，画面越清晰。黑白摄像机的清晰度比彩色摄像机的清晰度要高。如黑白摄像机的水平线大多为 450～600TVL，而彩色摄像机的水平线大多为 230～420TVL。在闭路电视应用中，黑白摄像机的水平线应不低于 400 线，彩色摄像机的水平线应不低于 270 线。

(2) 信噪比。信噪比是信号电平和杂波电平之比。杂波包括随机杂波、电源杂波和单频杂波等。摄像部分的随机信噪比应大于 40dB。

(3) 视频输出。根据 IEC 标准规定，摄像机的视频输出应满足监视器输入端的电平值，即 $1V_{p-p} \pm 3dBVBS$。VBS 是指图像信号、消隐脉冲和同步脉冲组成的全电视信号。

(4) 最低照度。它是指还能辩认出监视画面物体的轮廓时的最小照度值。大多数黑白摄像机的最低照度可达 0.5lx 左右，而彩色摄像机则为 10lx 左右。实际上，摄像机是在比最低照度高的环境照度下工作的。

(5) 环境温度。一般在 -20～+50℃。

(6) 供电电压及功耗。供电电压一般有两种，AC220V 或 DC24V。其功耗大约为 5～10W。

(7) 尺寸。CCD 摄像机扫描的有效面积（靶面）通常是由等效的摄像管直径来标称的，有 1/3、1/2、2/3in 等。

2. 镜头

摄像机镜头分为定焦和变焦镜头。选择镜头的依据是观察视野和亮度变化的范围，同时兼顾所选摄像机的尺寸。视野决定是用定焦还是变焦镜头，亮度的变化决定是否用自动光圈镜头。

变焦遥控镜头即三可变（变光圈、焦距、倍数）镜头，常与电动云台配合使用，可监视距离远近变化，目标大小变化和移动目标环境，适用于要求较高场所。

(1) 镜头尺寸。镜头尺寸目前有 1、2/3、1/2、1/3 和 1/4in 等，要由选用的摄像机的靶面大小来确定，即采用相同的尺寸。一般大尺寸的镜头也可以用在小靶面的摄像机上，反之则不行。

(2) 焦距。镜头的焦距和摄像机靶面的大小决定了视角。焦距越小，视距越大，焦距越大，视距越小。摄像机的水平视角和垂直视角用下列公式计算：

$$Q_H = 2\tan^{-1}\left(\frac{w}{2f}\right) \tag{10-1}$$

$$Q_V = 2\tan^{-1}\left(\frac{h}{2f}\right) \tag{10-2}$$

式中　Q_H——水平视角（℃）；

　　　Q_V——垂直视角（℃）；

　　　w——摄像机靶面宽度（mm）；

h——摄像机靶面高度（mm）；

f——镜头焦距（mm）。

(3) 通光量。镜头的通光量是用镜头的焦距和通光孔径的比值（光圈）来衡量的，一般用 F 表示。F 数越小，通光量越大，它是与 F 数的平方成反比关系的。

3．云台

云台与摄像机配合使用能达到扩大监视范围的作用，提高了摄像机的使用价值。云台的种类很多，从使用环境上讲有室内云台、室外云台、耐高温云台和水下云台等，从其回转的特点又可分为水平回转云台和水平与垂直双向回转的全方位云台。民用建筑中常用室内和室外全方位回转云台，其选择指标有如下几项：

(1) 回转范围。云台的水平回转角度为 $0°\sim350°$，垂直回转角度一般为 $-45°\sim+45°$。

(2) 旋转速度。对目标进行跟踪时，对云台的旋转速度有一定的要求。一般情况下，水平旋转速度一般在 $3°/s\sim10°/s$，垂直旋转速度在 $4°/s$ 左右。云台的转速越高，电动机的功率就越大，价格也越高。有些应用场合需要在很短的时间内移动到指定的位置，这一方面要求有位置控制，通常用步进电动机或带位置控制系统的电机来实现，另一方面要有很高的速度。目前一些云台转速可达 $200°/s$ 以上。

(3) 承载能力。云台所承载的是摄像机、镜头和防护罩。对于室内云台，防护设备较简单，重量轻，所以其承载能力设计得较小，一般有 4kg、8kg 规格。室外云台体积大、重量重，其承载能力在 15kg 左右。

(4) 工作电压。目前有交流电压供电的云台，也有直流电压供电的，交流为 220V，直流为 24V。

4．防护罩

防护罩用于保护摄像机，分为室内防护罩和室外防护罩。对于具有空调除尘的环境，如计算机房等，摄像机可不用防护罩；在一般室内环境则需要室内防护罩；而在室外，应根据环境情况选择相应的室外防护罩。如果在多种恶劣气候条件下进行观察，摄像机应配有防雨、化霜、加温、降温等功能的全天候防护罩，此时防护罩需加电源。如日本松下的 WV-7160D 全天候防护罩，其供电电压为 AC24V，外形尺寸为 210mm×245mm×700mm。

5．监视器

监视器是系统的显示设备，有黑白与彩色两种，分别与黑白和彩色摄像机配合使用。它的规格按其对角线尺寸来划分，一般在 $34\sim51$cm 之间。监视器的基本参数包括视频输入与音频输入、清晰度、工作温度与功耗等。视频输入为 $0.5\sim2.0V_{P-P}$ 复合信号（全电视信号），75Ω，音频输入为高阻方式。黑白监视器的清晰度比彩色监视器高，一般黑白监视器可达 850TVL，而彩色监视器为 350TVL。监视器的工作温度为 $-5\sim50℃$，其功耗在 $30\sim75$W 之间。它的供电电压为 AC220V，50Hz。

三、系统控制设备

闭路电视监视系统所用控制设备包括中心控制台、视频切换控制器、视频分配器和画面分割器等。

1．中心控制台

中心控制台安装在监控室内,通常与防盗报警系统合用。控制台内设主监视器一台,用于显示任何一部摄像机摄取的画面。

中心控制台内主要设备的配置根据实际需要和要求,选择相应设备。如需要记录被监视目标图像或图表数据时,可配置磁带录像机和时间、编号等字符显示装置;如需要监听声音时,可配置声音传输、录音和监听的设施。

系统对各设备的控制通过操作键盘来完成,中心控制台通过总线与各视频切换控制器相连。

2．视频切换控制器

视频切换控制器接受中心控制台的管理,实现视频切换、视频循环、云台和镜头等动作的遥控。其内部计算机通常为MCS-51系列的8031单片机。视频切换控制器与摄像机之间线路通常为放射式连接方式。

视频切换控制器的主要性能指标如下:

(1) 容量。视频切换控制器的容量是指视频输入路数和视频输出路数。输入路数通常为16路或32路,输出路数为4路或8路。

(2) 通讯接口。一般为串行接口RS-232C或RS-485。

(3) 工作电压与功耗。电压为交流电压220V,功耗则在50~100W之间。

3．多画面分割器

多画面分割器能将多路视频信号合成一幅图像,即在一台监视器上可显示出多路摄像机信号。目前常用的是4画面分割器,此外还有9画面和16画面分割器。使用画面分割器还有一个好处,即可用一台录像机同时录制多路视频信号。

4．视频分配器

当一路视频信号要送到多个显示与记录设备时,需要使用视频分配器,见图10-7。常用的有二分配器和四分配器。

图10-7 视频分配的基本形式

5．分控终端(副控制器)

对于闭路电视监视系统,除在监控室集中监控外,有时还要求在其他场所或房间监控,比如大厦的总经理室、安全保卫部门、调度室等。主副控制方案正好满足了这一要求,此时系统需增加控制终端设备即副控制器,见图10-6。在这种方案中,控制优先权可通过软件设定,一般主控制器(即监控室内控制台)有较高级别优先权。

分控终端设有监视器和操作键盘。

四、监视点的设置与设备选择

1．监视点的设置

在民用建筑物内,需要闭路电视监视的场所没有统一规定,设计时主要考虑甲方要求和具体功能设置,一般情况下考虑以下两点:

(1)需加强管理的部位或场所。例如商场营业大厅、展览大厅、地下车库、电梯前室或箱内,走廊及楼梯口等部位。

(2)为保证场所或物品的安全而需设置的部位或场所,如精品店、金店、金库、证券交易厅、陈列室、展览室及重要库房等。

2. 摄像机与监视器的配置关系

摄像机与监视器并不完全需要一对一关系。通常情况下,摄像机(头)的数量要大于监视器(尾)的数量,其配置关系如下:

(1)在一处连续监视一个固定目标时,采用单头单尾型,即一对一方式。

(2)在多处监视同一个固定目标时,应设置视频分配器,采用单头多尾型,如图10-7所示。

(3)在一处集中监视多个目标时,应设置视频切换控制器,可采用多头单尾型,见图10-8。

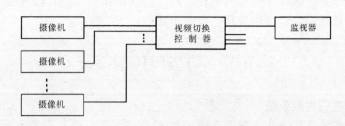

图 10-8 多头单尾型结构图

(4)在多处监视多个目标时,应设视频分配和视频切换控制器,采用多头多尾型,见图10-9。

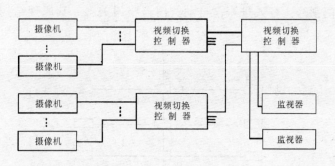

图 10-9 多头多尾型结构图

为了保证监视质量,并确保监视控制的经济合理,摄像机与监视器的数量配置应有恰当的比例,一般部位的监视,其头尾比例可为4:1~6:1,重要部位则可为1:1或2:1,平均不超过4:1。这样既可保证画面切换间隔时间不长,能及时发现问题,又保证了系统的经济合理性。

3. 设备选择

(1)摄像机的选择应考虑以下几点:

1）摄像机宜选 CCD 型，以适应环境照度的变化。另外还要根据环境照度的高低来选择摄像机最低照度值。

2）摄像机宜选黑白摄像机，以提高系统的清晰度。只在需要观察色彩时，才选用彩色摄像机。

3）防盗用摄像机宜附装外部传感器并与视频系统联动。

(2) 镜头及电动云台的选择应按下列原则进行：

1）摄取固定目标时，选用定焦距镜头；摄取远距离目标时，用望远镜头；摄取小视距，大视角画面时，则用广角镜头；摄取大范围画面时，应用带电动云台及变焦距镜头。

2）监视目标的环境照度是变化时，应选光圈可调镜头。需作遥控时，宜选用三可变镜头。

3）隐蔽安装的摄像机，宜选用针孔镜头或棱镜镜头。

视频信号线选用同轴电缆，控制线和报警信号线选铜芯屏蔽软线。系统内各种信号线、电源线应单管分别敷设，并宜用钢管暗敷。当线路较多时，宜选用电缆桥架或金属线槽敷设。视频信号线和控制线应避开强电磁干扰。

第五节　防盗门控制系统

一、对讲防盗门控制系统

对讲防盗门系统是高级住宅保安系统的基本内容，它不仅起到了安全、防盗的目的，也提高了楼宇的管理水平。目前，防盗门控制系统产品的结构形式有多种，但其基本原理相似。在住宅单元门的入口设有电锁门，上面设有电磁门锁、自动关门器以及对讲机与按钮盘。每户安装对讲话机一部及打开电磁门锁的按钮一个（在话机上）。该单元住户可以凭手中电磁锁钥匙随意出入该单元大门，访客须按键与主人联络，若主人同意探访，则按动按钮打开电磁门锁，让客人进来，自动关门器将门关上。其原理结构图如图10-10所示。

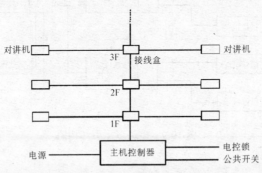

图 10-10　对讲防盗门控制系统原理框图

系统主机控制器上装有对讲话筒、扬声器与按钮键盘，该控制器安装在门的固定部分上或有人值班的值班室内墙壁上。控制器电源为 AC220V，控制器带备用电源，并且能自动浮充。布线多为 4 总线制。

二、可视-对讲防盗门控制系统

可视-对讲防盗门控制系统除了对讲功能以外,还具有视频信号传输功能,使主人在通话同时可以观察到来访者的面貌。因此,系统增加了微型CCD摄像机一部,安装在入口门附近。每户终端设备增加一部监视器。系统原理框图如图10-11所示。

系统中的视频信号也可先送至CATV系统前端箱,经调制器调至一空闲频道,经CATV系统传输电缆至每户。

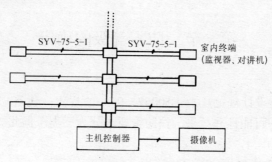

图10-11　可视-对讲防盗门控制系统原理框图

第十一章 建筑物防雷设计

第一节 防雷等级的确定

一、按类划分

根据《建筑物防雷设计规范》(GB50057—94)的规定,建筑物根据其重要性、使用性质、发生雷电事故的可能性和后果,按防雷要求分为三类。据此规定,高层民用建筑为二类或三类防雷建筑物。

1. 划为第二类防雷建筑物的高层建筑物

(1) 国家级重点文物保护的建筑物。

(2) 国家级的会堂、办公建筑物、大型展览和博览建筑物、大型火车站、国宾馆、国家级档案馆、大型城市的重要给水水泵房等特别重要的建筑物。

(3) 国家级计算中心、国际通讯枢纽等对国民经济有重要意义且装有大量电子设备的建筑物。

(4) 预计雷击次数大于 0.06 次/a 的部、省级办公建筑物及其他重要或人员密集的公共建筑物(如集会、展览、博览、体育、商业、影剧院、医院、学校等)。

(5) 预计雷击次数大于 0.3 次/a 的住宅、办公楼等一般性民用建筑物。

2. 划为第三类防雷建筑物的高层建筑物

(1) 省级重点文物保护的建筑物及档案馆。

(2) 预计雷击次数大于或等于 0.012 次/a,且小于或等于 0.06 次/a 的部、省级办公建筑物及其他重要或人员密集的公共建筑物。

(3) 预计雷击次数大于或等于 0.06 次/a,且小于或等于 0.3 次/a 的住宅、办公楼等一般性民用建筑物。

二、按级划分

根据《民用建筑电气设计规范》(JGJ/T16—92)的规定,建筑物的防雷等级分为三级。

1. 一级防雷建筑物

(1) 具有特别重要用途的建筑物。如国家级的会堂、办公建筑、档案馆、大型博展建筑;特大型、大型铁路客运站;国际性的航空港、通讯枢纽;国宾馆、大型旅游建筑、国际港口客运站等。

(2) 国家级重点文物保护的建筑物和构筑物。

(3) 高度超过 100m 的超高层建筑物。

2. 二级防雷建筑物

(1) 重要的或人员密集的大型建筑物。如部、省级办公楼;省级会堂、博展、体育、交通、通讯、广播等建筑；大型商店、影剧院等。

(2) 省级重点文物保护的建筑物和构筑物。

(3) 19层及以上的住宅建筑和高度超过50m的其他民用建筑物。

(4) 省级及以上大型计算中心和装有重要电子设备的建筑物。

3．三级防雷建筑物

(1) 预计雷击次数大于或等于0.05次/a，或通过调查确认需要防雷的建筑物。

(2) 建筑群中最高或位于建筑群边缘超过20m的建筑物。

(3) 历史上雷害事故严重地区或雷害事故较多地区的较重要建筑物。

《民用建筑电气设计规范》（JGJ/T16—92）对建筑物防雷等级的按级划分与《建筑物防雷设计规范》（GB50057—94）按类划分是统一的，一级防雷建筑物为第二类防雷建筑物中的重要建筑物，二级防雷建筑物为第二类防雷建筑物中的次要建筑物和第三类防雷建筑物中的重要建筑物，三级防雷建筑物为第三类防雷建筑物中的次要建筑物。根据设计人员的使用情况看，多采用按级划分的方法。

第二节 防 雷 措 施

一、划为一级防雷建筑物的高层建筑物的防雷措施

1．防直击雷的措施

对于一级防雷建筑物防直击雷的措施，宜采用在建筑物沿屋角、屋脊、女儿墙、屋檐和檐角等易遭受雷击的部位装设避雷网（带）或避雷针或其混合组成的接闪器的方法。而且，要求在整个屋面组成不大于10m×10m或12m×8m的网格。为提高可靠性和安全性，便于雷电流的流散以及减少流经引下线的雷电流，所有避雷针应采用避雷带相互连接。对于突出屋面的排放无爆炸危险气体的风管、烟囱等物体，当其为金属体时可不装接闪器，但应和屋面防雷装置相连；若其为非金属物体且在屋面接闪器的保护范围之外，则应装设接闪器，并和屋面防雷装置相连。

避雷针宜采用圆钢或焊接钢管制成。避雷带和避雷网宜采用圆钢或扁钢，且应优先采用圆钢。各种接闪器的最小尺寸如表11-1所示。

防雷装置各部件的最小尺寸　　　　表11-1

防雷装置的部件	圆钢直径	钢管直径或厚度	扁钢截面	角钢厚度
避雷针（长1m以下）	12mm	直径20mm		
避雷针（长1～2m）	16mm	直径25mm		
避雷带和避雷网	8mm		48mm² 厚4mm	
引 下 线	8mm		48mm² 厚4mm	
垂直接地体	10mm	厚3.5mm		厚4mm
水平接地体	10mm		100mm² 厚4mm	

当建筑物为金属屋面时，宜利用其金属屋面作接闪器，但应符合下列要求：若屋面金属板之间采用搭接，则搭接长度不应小于100mm；在金属板下面无易燃物品时，其厚度

不应小于0.5mm；在金属板下面有易燃物品时，其厚度，对于铁板不小于4mm，铜板不小于5mm，铝板不小于7mm；金属板无绝缘被覆层（注：薄的油漆保护层、0.5mm厚的沥青层和1mm厚的聚氯乙烯层等均不属于绝缘被覆层）。

对于建筑物屋顶上的永久性金属物，亦宜将其作为接闪器。但要求其各个部件之间均应连接成电气通路，且象旗杆、栏杆、装饰物等永久性金属物的尺寸应符合表11-1所示的接闪器最小尺寸的要求，钢管、钢罐的壁厚不小于2.5mm（但若被雷击穿后，其介质对周围环境造成危险时，则壁厚不得小于4mm）。

防雷装置的引下线不应少于两根，并沿建筑物四周均匀或对称布置，其间距不应大于18m。每根引下线的冲击接地电阻不应大于10Ω。引下线宜采用圆钢或扁钢，最小尺寸应不小于表11-1所列值。

埋设在土壤中的人工垂直接地体宜采用角钢、钢管或圆钢，水平接地体宜采用扁钢或圆钢，最小尺寸应不小于表11-1所列数值。人工垂直接地体的长度一般为2.5m。接地体的间距一般为5m，人工接地体的埋深一般不应小于0.5～0.8m。

在防雷接地装置与电气接地装置共用或相连时，为防止雷电流对电气设备造成反击，应采取下列措施：当低压线路全长采用电缆或架空线转换电缆引入时，宜在电源线路引入的总配电箱处装设过电压保护器；当Y，yn0型或D，yn11型接线的配电变压器设在本建筑物内或附设于外墙处时，在高压侧采用电缆进线的情况下，宜在变压器的高、低压侧各相上装设避雷器；在高压侧采用架空进线时，除按有关规范的规定在高压侧装设避雷器外，尚宜在低压侧各相上装设阀型避雷器。

对于高层建筑物，宜利用钢筋混凝土屋面、梁、柱及基础内的钢筋作防雷装置。当仅利用一根钢筋时，其直径不应小于10mm；当利用有箍筋连接（绑扎或焊接）的钢筋时，其截面积总和不应小于一根直径为10mm钢筋的截面积。在利用基础内的钢筋作为接地装置时，要求建筑物的基础采用硅酸盐水泥（如矿渣水泥、波特兰水泥）和周围土壤的含水量（指当地历史上一年中最早发生雷闪时间以前的含水量）不低于4%及基础的外表面无防腐层或有沥青质的防腐层（如二毡三油或三毡四油）。

对于第一级防雷建筑物，除国家级重点文物保护的建筑物外，宜利用屋面钢筋作接闪器。当仅利用建筑物四周的钢柱或柱内钢筋作引下线时，引下线可按跨度设置，但其平均间距不应大于18m，建筑物外廓各个角上的柱筋应被利用。作为引下线的柱内钢筋，当钢筋直径为16mm及以上时，应利用两根（绑扎或焊接）作一组引下线；当钢筋直径为10mm及以上时，应利用四根作一组引下线。对于作为接地体的基础钢筋网，在周围地面以下距地面不小于0.5m处，每根引下线所连接的钢筋表面积总和应满足下式：

$$S \geqslant 4.24 k_c^2 \tag{11-1}$$

式中 S——钢筋表面积总和，m^2；

k_c——引下线的分流系数，单根引下线为1，两根引下线及接闪器不成闭合环的多根引下线为0.66，接闪器成闭合环或网状的多根引下线为0.44。

2. 防雷电波侵入的措施

当低压线路全长采用电缆埋地引入或电缆敷设在架空金属线槽内引入时，在入户端应将电缆金属外皮和金属线槽接地。

当低压线路采用架空线转换金属铠装电缆或护套电缆穿钢管直接埋地引入时，埋地长度应不小于15m，且满足下式：

$$l \geqslant 2\sqrt{\rho} \tag{11-2}$$

式中　l——金属铠装电缆或护套电缆穿钢管埋地长度，m；

　　　ρ——埋电缆处的土壤电阻率，Ω/m。

在入户端，电缆金属外皮和钢管应与防雷的接地装置相连。电缆与架空线的连接处应装设避雷器。避雷器、绝缘子铁脚、金具、电缆金属外皮、钢管等均应连接在一起接地，其冲击接地电阻不应大于10Ω。

3．等电位连接和防侧击措施

从首层起，每三层框架圈梁的底部钢筋与作为防雷引下线的柱内钢筋连接一次。竖直敷设的金属管道也应每三层与圈梁钢筋连接一次。对于高度超过30m的一级防雷高层建筑物，为防侧击，不需另加接闪器，而是利用建筑物本身的钢构架、钢筋和其他金属物。应将钢构架和混凝土和钢筋互相连接，并应利用钢柱或柱内钢筋作防雷引下线。30m及以上外墙上的栏杆、门窗和表面装饰物等较大的金属物应与防雷装置连接。竖直敷设的金属管道及金属物的顶端和底端也应与防雷装置连接。

二、划为二级防雷建筑物的高层建筑物的防雷措施

1．防直击雷的措施

对于二级防雷建筑物防直击雷的措施，宜采用在建筑物沿屋角、屋脊、屋檐和檐角等易遭受雷击的部位装设避雷网（带）或避雷针或其混合组成的接闪器的方法。而且，要求在整个屋面组成不大于15m×15m的网格。

防雷装置的引下线不应少于两根，并沿建筑物四周均匀或对称布置，其间距不应大于20m。每根引下线的冲击接地电阻不宜大于10Ω。

在仅利用建筑物四周的钢柱或柱内钢筋作引下线时，引下线可按跨度设置，但其平均间距不应大于20m，建筑物外廊各个角上的柱筋应被利用。对于作为接地体的基础钢筋网，在周围地面以下距地面不小于0.5m处，每根引下线所连接的钢筋表面积总和应满足式11-1。

2．防雷电波侵入的措施

当低压线路全长采用电缆埋地引入或电缆敷设在架空金属线槽内引入时，在入户端应将电缆金属外皮和金属线槽接地。

当低压线路采用架空线转换金属铠装电缆或护套电缆穿钢管直接埋地引入时，埋地长度应不小于15m，且满足式11-2。电缆与架空线转换处应装设避雷器。避雷器、电缆金属外皮和绝缘子铁脚、金具等应连在一起接地，其冲击接地电阻不应大于10Ω。

对于进出建筑物的各种金属管道以及电气设备的接地装置，在进出处应与防雷接地装置连接。

3．等电位连接和防侧击措施

二级防雷建筑物的等电位连接和防侧击措施的要求与一级防雷建筑物相同。

三、划为三级防雷建筑物的高层建筑物的防雷措施

1．防直击雷的措施

对于三级防雷建筑物防直击雷的措施，宜采用在建筑物沿屋角、屋脊、屋檐和檐角等易遭受雷击的部位装设避雷网（带）或避雷针或其混合组成的接闪器的方法。而且，要求

在整个屋面组成不大于 20m×20m 或 24m×16m 的网格。对于平屋面的建筑物，当其宽度不大于 20m 时，可仅沿周边敷设一圈避雷带。

防雷装置的引下线不应少于两根，并沿建筑物四周均匀或对称布置，其间距不应大于 25m。但对于周长不超过 25m 且高度不超过 40m 的高层建筑物，可以只设一根引下线。每根引下线的冲击接地电阻不宜大于 30Ω。

在仅利用建筑物四周的钢柱或柱内钢筋作引下线时，引下线可按跨度设置，但其平均间距不应大于 25m，建筑物外廓各个角上的柱筋应被利用。对于作为接地体的基础钢筋网，在周围地面以下距地面不小于 0.5m 处，每根引下线所连接的钢筋表面积总和应满足下式：

$$S \geqslant 1.89 k_c^2 \tag{11-3}$$

式中符号意义同式 11-1。

2. 防雷电波侵入的措施

对于电缆进出线，应在进出端将电缆的金属外皮、钢管等与电气设备接地相连。当电缆转换为架空线时，应在转换处装设避雷器；避雷器、电缆金属外皮和绝缘子铁脚、金具等应连在一起接地，其冲击接地电阻不宜大于 30Ω。

对于低压架空进出线，应在进出处装设避雷器并与绝缘子铁脚、金具连在一起接到电气设备的接地装置上。对于多回路架空进出线，可仅在母线或总配电箱处装设一组避雷器或其他形式的过电压保护器，但绝缘子铁脚、金具仍应接到接地装置上。

进出建筑物的架空金属管道，在进出处应就近接到防雷或电气设备的接地装置上，或者独自接地，其冲击接地电阻不宜大于 30Ω。

3. 等电位连接

三级防雷建筑物的均压环要求与一二级防雷建筑物相同。

第十二章 接地与安全

第一节 接　　地

电气系统（包括电力装置和电子设备）的接地可分为功能性接地和保护性接地。

功能性接地包括电力系统中性点接地、防雷接地、电子设备的信号接地（即为保证信号具有稳定的基准电位而设置的接地）和功率接地（即除电子设备系统以外的其他交、直流电路的工作接地）、电子计算机的直流接地（包括逻辑及其他模拟量信号系统的接地）和交流工作接地。

保护性接地包括电力用电设备、电子设备和电子计算机等的安全保护接地（包括保护接地和包括接零）。

高层建筑的上述接地一般共用接地极，综合接地电阻以最小的要求为准，为 1Ω。

第二节　等电位联结

等电位联结是防止触电危险的一项重要安全措施。等电位联结可分为总等电位联结和辅助（或局部）等电位联结。所谓总等电位联结就是将建筑物内的下列导电部分汇集到进线配电箱近旁的接地母排（总接地端子板）上而互相联结：进线配电箱的保护线干线（即PE 母排或 PEN 母排）；自电气装置接地极引来的接地干线；建筑物内水管、煤气管、采暖和空调管道等金属管道；条件许可的建筑物金属构件等导电体。辅助等电位联结是将上述导电部分在局部范围内再作一次联结，或将人体可同时触及的有可能出现危险电位差的不同导电部分互相直接联结。如辅助等电位联结范围内没有 PE 线，不必自该范围外特意引入 PE 线。

图 12-1 所示为等电位联结示意图。

总等电位联结尚应包括建筑物的钢筋混凝土基础，辅助等电位联结尚应包括钢筋混凝土楼板和平房地板。

对各型接地系统来说，总等电位联结和辅助等电位联结都具有降低预期接触电压的作用。对于 TN 系统，总等电位联结还可消除自建筑物外沿 PEN 线或 PE 线窜入的危险故障电压、减小保护电器动作不可靠带来的危险、有利于消除外界电磁场引起的干扰从而改善装置的电磁兼容性能；辅助等电位联结具有在总等电位联结之后进一步消除外来危险故障电压和外界电磁场干扰的作用。

根据有关规范（如《低压配电设计规范》GB50054—95）的规定，采用接地故障保护时，应在建筑物内作总等电位联结。需要联结的部分如前所述，所需联结的各导电体应尽量在进入建筑物处接向总等电位联结端子，如图 12-2 所示。

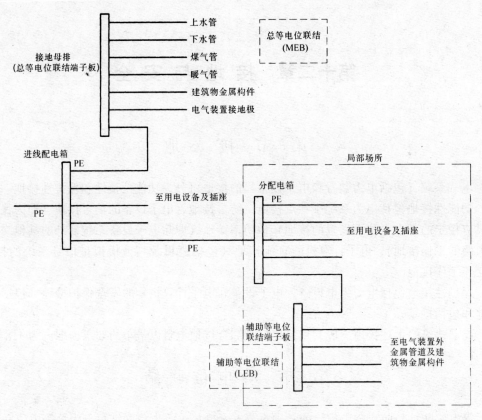

图 12-1 等电位联结示意图

在采取了总等电位联结的措施后,固然大大降低了接触电压。但是,如果建筑物离电源较远,建筑物内的配电线路过长,而且导线截面较细时,由于回路阻抗大,接地故障电流小,接地故障保护装置的动作时间以及接地故障时的接触电压都可能超过规定值。这时,应在局部范围内作辅助等电位联结,以进一步减小接触电压。当可能发生电击的电气设备少而集中时,可将这些设备以及周围 2.5m 范围内可能同时触及到的水、暖管道等外露可导电部分互相直接连接来实现辅助等电位联结。

在做等电位联结时,以下几点尚需注意。

由于各种管道的连接处填有麻丝或聚乙烯薄膜,一般不会影响到连接处的导通,因而连接处无需跨接。但为可靠起见,在施工完毕后应进行测试,对个别导电不良处需做跨接处理。

水管的联结应与其主管部门协调。这倒不是担心水管会带电伤人,因为等电位联结后不但不会产生电位差伤人,而且由于接触电压的降低反而更安全。而是考虑检修时断开水管破坏了等电位联结。为此,在检修水管时需事先通知电气人员做好跨接线。另外,水表两端应予跨接。

煤气管的联结也应与其主管部门协调,这也是基于上述同样的考虑。另需指出,煤气管道和暖气管道应纳入总等电位联结,但不允许用作接地极,以防通过故障电流引起爆炸事故。因此,煤气管在进户后应插入一段绝缘管,并在两端跨接一过电压保护器,煤气表

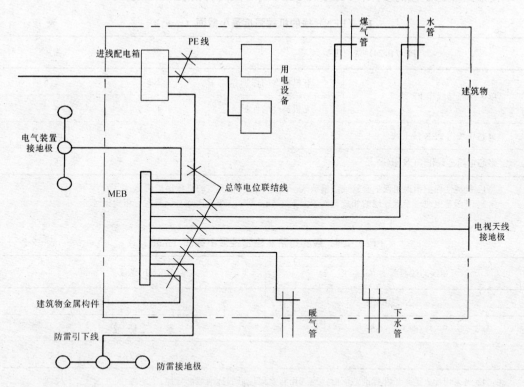

图 12-2 总等电位联结联结点示意图

如在绝缘管前不需作跨接线,户外地下暖气管因包有隔热材料不需另行采取措施。

下水管入户处、浴盆下水管等需作等电位联结。

等电位联结虽说是防止触电危险的一项重要安全措施,但并不是一项唯一的、绝对的安全措施。它可以大大降低接地故障情况下的预期接触电压,但并不能使任何情况下的接触电压都降到安全电压以下,也不能最终切断故障。而作为接地故障保护的熔断器、低压断路器和漏电保护器等保护电器,虽能切断故障,但由于产品的质量、电器参数的选择和其使用中的变化以及施工质量、维护管理水平等因素,保护电器的动作并不完全可靠(如熔断器和低压断路器作为接地故障保护的灵敏度不高,漏电保护器则易造成误动、拒动或失效的可能)。因此,为了提高电气安全水平,避免或减少人体遭受电击的危险,应根据具体情况将各种安全保护措施结合使用。

第三节 PE 线、PEN 线和 EB 线的选择与敷设

一、PE(PEN)线的选择与敷设

作为保护线,PE 线和 PEN 线的截面应满足的条件是:具有足够的机械强度;在接地故障电流通过时具有热稳定性;其阻抗保证在发生接地故障时不致产生过高的接触电压,并满足接地故障时保护装置的灵敏性要求。

按机械强度的要求,PE 线和 PEN 线的截面应满足表 12-1。

按短路热稳定性的要求，PE 线和 PEN 线的截面可按表 12-2 选择。

PE（PEN）线的机械强度最小截面（mm²）　　　表 12-1

PE（PEN）线的类型		铜	铝
单芯绝缘导线作 PE 线	有机械性的保护	2.5	2.5
	无机械性的保护	4	4
单芯导线作 PEN 线干线		10	16
多芯电缆芯线作 PEN 干线		4	4

注：1. 机械性保护指采用保护套管或线槽敷线，或者采用其他等效的机械保护措施；
　　2. 当多芯电缆或绝缘导线的相线截面不大于 2.5mm² 时，PE（PEN）线截面与相线相同。

PE（PEN）线的短路热稳定性最小截面（mm²）　　　表 12-2

相线芯线截面 S（mm²）	PE（PEN）线截面（mm²）
S≤16	S
16< S ≤35	16
S >35	S /2

注：1. 当采用此表若得出非标准截面时，应选用与之最接近的标准截面导体；
　　2. 表中数值只在 PE（PEN）线与相线材料相同时才有效。

在选择 PEN 线的截面时，由于 PEN 线还兼有 N 线的作用，因此其截面选择应满足 N 线的截面要求。一般情况下，N 线比 PE 线所要求的截面大，所以，PEN 线的截面多按 N 线的要求选择。

PE 线宜采用与相线相同材料的导线，也可以采用其他的金属导线（包括裸导线与绝缘线），还可以以下列材料代用：电缆、护套线的金属护套、屏蔽层、铠装等金属外皮；配线用的钢管、金属线槽、电缆桥架；某些非电气装置的固定安装的金属管道和构架。在利用上述材料代用时，必须注意：其电导不应低于专用 PE 线的电导，这样才能不降低自动切断故障电路的保护装置的灵敏度；应保证代用材料不受机械的、化学的或电化学的损蚀，以保证电路的导通；线槽、桥架等应便于引出 PE 分支线；如利用金属水管，应保证在修理水管时通知电气有关人员采取措施保证 PE 线的不中断；严禁煤气管用作 PE 线。

高层建筑的低压配电系统宜采用 TN-S 制的接地形式，为了提高过电流保护装置的接地故障保护的灵敏度，降低 PE 线上的接触电压，应尽量降低故障回路的阻抗。一般地，当线路流过的电流小于 40A 时，线路中的阻抗主要取决于线路上的电阻；但当电流大于 40A，尤其在 200A 以上时，线路中的阻抗则主要取决于线路上的电抗。线路电抗是与线路的导线间距离成正比的。因此，为了尽量降低故障回路的阻抗，应尽量将 PE（PEN）线与相线靠近并同路敷设。所谓同路敷设，即是 PE（PEN）线与相线同管、同线槽或同桥架敷设。如在三相四线制系统中需设专门的 PE 线，但又无法获得五芯电缆时，应将单根的 PE 线与四芯电缆捆在一起来代替五芯电缆。

二、EB 线的选择与敷设

等电位联结线只承受电位、不承载电流,其截面可按表 12-3 选择。

MEB、LEB 线的截面（mm²）　　　　　　　　　　　　表 12-3

	总等电位联结线 （MEB 线）	辅助等电位联结线(LEB 线)	
一般值	（电源进线保护线截面）/2	两外露可导电部分(即两设备)间	等于其中较小的保护线截面
		外露可导电部分与装置外可导电部分间	（保护线截面）/2
最小值	6mm² 铜线或相当载流量的导线	有机械保护时	2.5mm² 铜线或 4mm² 铝线
		无机械保护时	4mm² 铜线或 20mm×2.5mm 扁钢
最大值	25mm² 铜线或相当载流量的导线		

第四节　接 地 装 置

接地装置包括接地体、接地线和接地母排。

接地体和接地线的设置应满足:接地电阻值应能始终满足工作接地和保护接地规定值的要求;应能安全地通过正常泄漏电流和接地故障电流;选用的材质及其规格在其所在环境内应具备相当的抗机械损伤、腐蚀和其他有害影响的能力。

在高层建筑中,应充分利用自然接地体,如水管、基础钢筋、电缆金属外皮等。但应注意以下几点:选用的自然接地体应满足热稳定的条件;应保证接地装置的可靠性,不致因某些自然接地体的变动而受影响,例如,当利用自来水管作自然接地体时,应与其主管部门协议,在检修水管时应事先通知电气人员作好跨接线,以保证接地始终接通有效;为安全起见,在利用自然接地体时,应采用至少两种以上,比如在利用水管的同时还利用基础钢筋;可燃液体或气体以及供暖管道禁止用作保护接地体。

人工接地体可以采用水平敷设的圆钢或扁钢,垂直敷设的角钢、钢管或圆钢,也可采用金属接地板。人工接地体一般宜优先采用水平敷设方式。人工接地体的最小尺寸应不小于表 12-4 所列数值。

人工接地体的最小尺寸（mm）　　　　　　　　　　　表 12-4

类　　　别		最　小　尺　寸
圆　钢（直径）		10
角　钢（厚度）		4
钢　管（壁厚）		3.5
扁　钢	截　面（mm²）	100
	厚　度	4

埋入土内的接地线在任何情况下均不应小于表 12-5 所列数值。

埋入土内的接地线的最小截面（mm²） 表 12-5

有 无 防 护	有防机械损伤保护	无防机械损伤保护
有防腐蚀保护的	按热稳定条件确定	铜 16、铁 25
无防腐蚀保护的	铜 25	铁 50

接地母排或总接地端子作为一建筑物电气装置内的参考电位点，通过它将电气装置的外露导电部分与接地体相连接，也通过它将电气装置内的诸总等电位联结线互相连通。接地母排宜靠近进线配电箱装设，每一电源进线箱都应设置单独的接地母排，它不应与配电箱的 PE 线或 PEN 线母排合用，以便在近旁无带电导体条件下安全地进行定期检验。接地母排可嵌墙暗装，也可在墙面明装，但都必须加门或加罩保护，且需用钥匙或工具才能开启，以防无关人员误动。

对于地下等电位联结，一般要求地面上任意一点距接地体不超过 10m，即要求地面下有 20m×20m 的金属网格。由于高层建筑一般采用基础钢筋作接地体，因此，要求作为接地体的基础钢筋做成不大于 20m×20m 的网格。

第十三章 智能建筑自动化系统

第一节 智能建筑构成

一、智能建筑的定义

智能建筑是为了适应现代信息社会对建筑物的功能、环境和高效率管理的要求,特别是对建筑物应具备信息通信、办公自动化和建筑设备自动控制和管理等功能的要求而发展起来的。

智能建筑的概念于1984年诞生于美国,随后,美国、日本和欧洲先进国家等相继对智能建筑做了综合研究,并建立了一批智能建筑。例如,纽约的帝国大厦和世界贸易中心,日本的标致大厦,香港的中银大厦等等。我国于90年代才有较大发展,尤其北京、上海、广州和深圳等大城市发展较快。

智能建筑一词虽已不陌生,但尚无统一的定义,其重要原因是智能建筑是信息时代的产物,当今科学技术正处于高速发展阶段,其中相当多的成果将应用于智能建筑,使其具体内容与形式相应提高并不断发展。

美国智能建筑学会定义"智能建筑"是将结构、系统、服务、管理及其相互联系全面综合,并达到最佳组合,所获得的高效率、高功能与高舒适性的大楼。

日本智能建筑研究会定义"智能建筑"是指具备信息通信、办公自动化信息服务,以及楼宇自动化各项功能的、便于进行智力活动需要的建筑物。

国内比较通俗的定义是:智能建筑是通过综合运用计算机技术和信息通信技术等先进技术,使建筑物在功能上具有通信自动化(CA)、办公自动化(OA)、建筑物自动化(BA)和提供舒适健康的环境及灵活的建筑空间。

由此可见,智能建筑是社会信息化与经济国际化的需要。智能建筑主要包括建筑设备自动化系统(BAS)、通信自动化系统(CAS)和办公自动化系统(OAS)三大功能系统。

二、智能建筑的技术基础

智能建筑是建筑技术与信息技术相结合而发展起来的,并将随着科学技术的进步而逐步发展和充实。现代建筑技术、现代计算机技术、现代控制技术和现代通信技术,是智能建筑发展的技术基础,即所谓的"A+3C"技术。

(1)现代计算机技术。当代先进的计算机技术是分布式计算机网络技术,它是多机系统联网的一种新形式。该技术的主要特点是采用统一的分布式操作系统,把多个数据处理系统的通用部件有机地组成为一个具有整体功能的系统。分布式计算机系统强调分布式计算和并行处理,对多机系统重构、冗余和容错能力有很大的改善和提高,因而系统具有更快的响应,更大的输入/输出能力和更高的可靠性。

(2)现代控制技术。目前,先进的自动控制技术是集散型的监控系统,该系统具有实时多任务、多用户、分布式操作系统,组成系统的硬件和软件采用标准化、模块化和系列化的设计。系统的配置通用性强,组合灵活,控制功能完善,数据处理方便,显示操作集中,人机界面友好,同时系统安装、调试和维护也更方便。

(3) 现代通信技术。现代通信技术主要体现在具备 ISDN/B－ISDN 等功能的通信网络,它能在一个通信网络上同时实现语音、数据及图像的通信。在一个建筑物内,通过结构化的综合布线系统(SCS)实现上述功能。

三、智能建筑的服务功能

智能建筑固有的服务特征是:建筑物自动化系统(BAS)、办公自动化系统(OAS)和通信自动化系统(CAS)。智能建筑的服务功能正是由上述内容组成。

1. 建筑物自动化功能

建筑物自动化系统是指对建筑物内的各种设备进行综合自动控制与管理。在一个建筑物内设置 BAS 的目的是使建筑物成为具有最佳工作与生活环境、设备高效运行、整体节能效果最佳,而且安全的场所,因此 BAS 的整体功能可以概括为:

(1) 对建筑设备实现以最佳控制为中心的过程控制自动化;
(2) 以运行状态监视和积累为中心的设备管理自动化;
(3) 以安全状态监视为中心的防灾自动化;
(4) 以节能运行为中心的能量管理自动化;
(5) 创造舒适、安全环境。

2. 通信自动化功能

随着计算机、数字交换机等信息交换技术和光缆、微波通信技术的进展,高度信息化的社会即将到来。因此,对智能建筑来说,大楼应有高度化的信息处理功能。

(1) 外部通信。除了利用市话局中继线通信外,还有通过同轴电缆、光缆等与外部相连的有线系统,以及微波通信、卫星通信等无线系统。利用大楼内设置的数字交换机、计算机等信息设施进行内外信息通信。

(2) 内部通信。通过同轴电缆、双绞线和光缆等信息通信线路,将建筑物内的终端机之间以及数字交换机、计算机之间有机地结合起来,建立高度的信息通信功能。

智能建筑中的通信设施一般以数字式交换机为基础,并与其他外部通信设施联网,能够利用高速数字传输网络或卫星通信系统进行信息传输,使用户可以分享到各类服务,内容包括:多功能程控电话系统;电视电话会议系统和电子电话会议系统;电子邮政系统;传真、电传系统;卫星通信系统和专用无线通信系统。

3. 办公自动化功能

所谓办公自动化就是将各种先进技术(包括计算机技术、通信技术、系统科学和行为科学)和设备运用于办公活动,使办公活动实现科学化和自动化,从而达到最大限度地提高工作质量和工作效率,改善工作环境的目的。

办公自动化的主要功能如下:

(1) 支持不同的信息处理对象的数据处理、文字处理、声音处理、图形及图像处理、文件处理等功能;
(2) 支持信息处理环节方面的电子邮递功能;
(3) 支持办公活动的电子会议、电子报表、电子日程、电子行文办理等功能。

办公自动化的目的不仅仅是尽可能地借助机器来完成常规的办公事务处理，更主要的是通过办公自动化为领导者提供决策支持所需要的信息，而这些信息的提供又依赖于管理信息系统的数据库。这样办公自动化与决策支持系统（DSS）和管理信息系统（MIS）之间便形成了密切联系，即形成了综合办公自动化系统（IOAS）。

四、智能建筑的结构化综合布线

综合布线技术是美国贝尔实验发明的新技术，结构化综合布线系统是智能建筑的神经网络系统，为实现各功能子系统的集成提供了物理传输介质。综合布

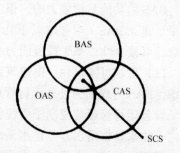

图 13-1　智能建筑环境

线系统的特点是将语音、数据和视频信号，综合在一套标准的布线系统中，它将智能建筑的三大子系统有机地连接起来，见图 13-1。

第二节　建筑物自动化系统

一、系统服务功能与网络结构

1. BAS 的含义及服务功能

建筑物自动化系统（BAS-Building Automation System）是建立在微机控制技术和现代通信技术的发展之上的工程内容，它的含义是将建筑物内的电力、照明、空调、给排水、防火与保安、运输、通讯等设备，以集中监视、控制和管理为目的而构成的一个综合监控系统。系统不但能对整个大楼的机电设备进行统一的监视、控制及管理，而且能够为大楼提供舒适、安全的环境，同时还能节约设备的运行与维护费用。

BAS 对大楼及用户提供的服务功能，是通过对建筑物内各类设备的集中监控与管理来实现的，近些年来兴建的建筑大厦把重点都放在节能与安全性上。随着社会的不断进步与新技术的不断出现，BAS 的服务功能也会向更全面发展。BAS 的服务功能包括：

（1）最佳运行自动化，即通过优化控制提高工艺过程的控制水平。

（2）灾害御防自动化，即通过对防火、防盗等系统的监控，提高建筑物及内部人员与设备的整体安全水平和灾害御防能力。

（3）设备维护自动化，即通过计量与检测，不断提供设备运行状况的资料，并作为设备维护与管理的依据，同时也减少了劳动工作量。

（4）能源管理自动化，即提供可靠的、最佳的供应方案，实现电力、给水以及供热等能源供应与管理自动化。

（5）创造舒适环境。通过检测与控制，根据不同要求、不同外部环境，确保建筑物的内部环境舒适。

如果一个建筑以达到"智能建筑"水准为建筑意图，那么设置 BAS 就是必然的，否则，对于智能建筑的要求是无法全面满足的。但是并非 BAS 仅存于智能建筑之中。事实上，目前国内外一些远未达到理想智能化的工业与民用建筑，也有不少安装了 BAS，目的是用以提高建筑物的总体安全水平和设备运行水平（其中包括能源利用的管理水平和节能技术的运用水平）。

2. 系统服务功能的规划

BAS 的功能是很强大的，但并非所有建筑物的 BAS 的服务功能均有如此要求。因此，如果要建立 BAS，应考虑以下几点：基于技术发展水平考虑的可实现性；基于管理体制考虑的可接受性；基于投资能力考虑的可支持性。

(1) 系统可实现性。据建筑物内部各设备专业所设置的系统的服务功能，从可实现性考虑，BAS 可规划为设备运行管理与控制子系统和防灾子系统。

设备运行管理与控制子系统包括：供热、通风与空气调节（HVAC）系统；给水（含冷水、热水及饮用水）与排水系统；变配电与自备电源等电力供应系统；照明（含室外与室内照明）系统；电梯（含客梯与货梯）系统；其他弱电系统，如电缆电视系统、音响广播系统、扩声系统等。

防灾子系统包括：火灾自动报警与消防联动控制系统；保安系统；其他需要实现集中监控的系统。

(2) 管理体制要求。基于管理体制可行性考虑，防火与保安系统宜单独构成系统，设专用控制室，这是我国现行管理体制的要求所限制的，其目的是保证技术措施可靠地发挥作用。但管理体制并不是绝对的，而且管理体制是与现有的技术水平相适应的，一旦技术上有飞跃进步，体制会随之相应变动。基于以上考虑，对于防灾子系统可按下列原则方法之一处理：

1) 在防火与安全业务主管部门同意且经济上可行的条件下，将防火与保安系统纳入 BAS，使 BAS 真正具有综合监视、控制与管理功能。为满足管理体制上的需要，该子系统应具有外观上和使用管理上的独立性，具体技术措施是：在消防控制室（中心）等专管部门设置专用终端（二级操作站或远方操作站），提供专用的显示、打印与操作终端设备。事先编程，将管理体制上要求属于某主管部门的全部监控点，安排为该部门专设终端的分离点。赋予对所属分离点的最高操作级别进行数据访问，子系统自检、数据存取和修改，接受报警或联动信号和发出远动操作指令。

2) 防火与保安子系统单独设置，不纳入 BAS，系统功能与设备控制各自独立。

3) 防火与保安系统仍作为独立系统设备，只是在其"控制室"与 BAS 监控中心建立信息传递关系，使两者同时具有状态监视功能，按约定实现操作权转移。

随着智能建筑的发展，从"集成系统"的角度看，将防火与保安系统纳入 BAS 的处理方法符合发展要求。目前，能够满足上述集成要求的产品有美国霍尼韦尔的 EXCEL 5000，美国江森的 METASYS，瑞士能德的 S600 和新加坡科技电子与工程有限公司的 ST8100 系统等。

(3) 关于投资能力的可支持性。BAS 的初投资取决于系统整体服务功能的规划，纳入 BAS 的子系统越多系统投资越大，系统服务功能越强大。一般来讲，若采用进口产品，目前每个监控点约需 300~400 美元，统计数据为 0.6~2.5 点/100m^2，这样对于一个建筑面积为 40000m^2 的建筑，其初投资约 15 万至 30 万美元之间，大约占整个建筑物投资的 1%~2% 左右。

BAS 的投资也可参照近期的、同等规模与性质的、已建成的系统进行造价计算，同时参考产品的实际报价。

总之，BAS 的服务功能规划应根据建筑物的特点进行，重点应放在集中控制与管理和节能方面。据有关资料介绍，只要系统可靠运行，每年节约运行费用10%~30%。其节能效果是显著的，其初投资一般在3~8年内回收。

3．系统网络结构

目前，BAS的网络结构多为计算机局域网络（LAN），但从发展的前景看，BAS会发展成为广域网络（WAN），远地的建筑可以用标准的调制解调器通过电话线传输数据进行控制。所谓计算机网络是通过通信信道，把地理上分散配置而又独立的计算机和终端设备连接起来，实现多用户资源共享的多机系统。计算机网络分为局域网和广域网。广域网可以跨过很大距离，甚至是全国或更大，其通信设备通常是使用公用通信设备、地面无线通信设备及卫星通信设备；而局域网是一种限制在一定范围内的计算机网络。

局域网的拓扑结构（节点和线路的几何排列）有总线型、环型和星型结构形式，BAS的网络结构可以是上述三种形式的任一种，但总线型网络对于BAS有更突出的优越性。其主要表现如下：

（1）随着建筑设备日益增多，分散配置，采用集散系统（TDS）的型式是十分合适的，这种TDS有集中管理、资源共享的特点；而对于这种系统采用总线型拓扑结构是一种能够把BAS的中央站和分站连接在同一通信信道、最能简化线路敷设的方案。

（2）拓扑结构增减分站都十分方便，当增设设备或建筑物使用意图改变时，分站的增减都很容易，而且分期建造BAS时，其灵活性更显突出。

（3）在某些控制要求条件下，可以为其相对独立的监控对象或系统（如消防与保安监控）设置专用的终端，实现全局监视和集中协调控制。

目前，应用在我国建筑市场的大多系统为总线型结构，如美国HONEYWELL的Excel 5000系统，ANDOVER的CX9200系统，ALERTON的IBEX3500系统等。采用环型结构的产品也有，如英国TREND的IQ系列等。

网络结构不同，其信道访问控制方法也不同。总线型结构采用载波监听、多路访问/冲突检测（CSMA/CD）方法或令牌总线（Token-Passing Bus）方法，环型结构则采用令牌环（Token-Passing Ring）方法。

典型的总线型网络如图13-2所示。系统的网络分为两级：一级网络和二级网络，在网络上连接着三级系统控制装置，此外，还有同区域控制器连接的各种信号传感器和执行器。

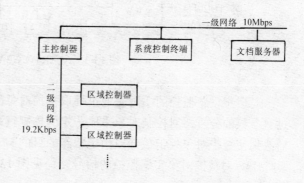

图13-2 BAS网络结构框图

连接在一级网络上的一级控制装置，包括控制终端（中央控制工作站）和文档服务器等。连接在一级网络和二级网络之间的二级控制装置，包括系统控制器（主控制器）和网络控制器。连接在二级网络上的三级控制装置，包括区域控制器，可编程式触摸屏等。

组成系统的设备可用四级来描述：中央站控制终端及管理设备、系统主控制器、区域控制器（分站）及现场各种信号传感器与执行器共四级。其中第一级设备对系统实现集中监控与管理，第二级设备（主控器）负责协调第三级控制器之间的动作，且储存各控制器的数据，并发出报警信息。第三级控制器接收来自设备末端的探测元件传来的信号，由控制器本身带有的 CPU 根据控制程序进行计算，然后发出控制信号到设备末端的执行机构来控制设备的运行，同时负责将报警信号通过网络发送到上级的控制装置。第一级、二级设备一般设置在 BAS 监控室内，实现集中监控与管理；第三级、四级设备则分布在各设备房间内，如制冷机房、空调室、变电所内等。

图 13-3 为美国 ALERTON 公司 BAS 产品系统结构图。

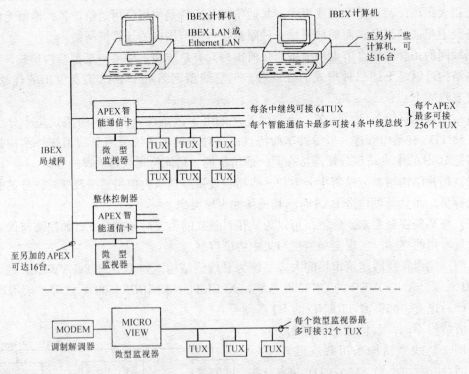

图 13-3　ALERTON BAS 系统结构图

对楼宇设备监控的实现是通过抽取被控对象的参数，如温度、湿度、设备状态等，经过对参数的分析，对控制对象采取一定的控制行动，如启动与停止风机、调节阀门等，从而达到使被控对象处于最佳或预定状态的目的。

BAS 对被控对象实施监控的信号路径见图 13-4。

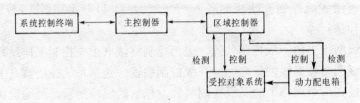

图 13-4　BAS 信号传递路径

4. BAS 基本应用术语

（1）控制终端。它一般在中央控制室内，控制人员通过操纵键盘及鼠标器可以对整个系统内的设备进行监视和控制，并执行如打印报表等管理功能。

（2）主控制器。它是楼宇自控系统的协调者，它负责协调各个区域控制器的工作，储存各个区域控制器的有关信息，并实现同控制终端的联络。

（3）区域控制器。它是楼宇自控系统实现的具体执行者，它接收被控对象的参数，对参数根据控制方式或控制模型进行一系列的处理，然后对被控对象采取控制行动。同时它还负责同其他控制器之间通信联络。

（4）监控点与监控表。每一个被控对象的参数，或对被控对象采取的控制行动就是一个监控点。反映监控内容、功能及所属设备系统等内容的表格即为监控表。监控表是规划与设计系统的重要依据。

（5）数字输入量。它指设备的两位状态，如风机状态就是正常或警报，开关状态就是闭合或断开等等。

（6）模拟输入量。它指被控对象的具体状态，表现为一定的数值，如温度、湿度、压力、电流、电压、流量等。

（7）数字输出量。它指对被控对象的两位控制，如控制风机、水泵的开启和停止，灯光回路的闭合和断开等。

（8）模拟输出量。它指对被控对象的连续控制。如控制阀门开启的程度。

（9）控制网络。把各个分散在不同位置的区域控制器、主控制器及控制终端用通信线联络在一起，就形成了一个网络。

（10）数字输入点。它指区域控制器接受的输入方式必须为数字输入量，一般表现为干触点方式，即闭合或断开。

（11）模拟输入点。它指区域控制器接受的输入方式必须为模拟输入量，同时还必须满足下列技术要求：电压输入，范围为 0～5VDC 或 0～10VDC；电流输入，范围为 0～10mA 或 4～20mA；温度输入，直接从热敏传感器上取信号；计数输入，频率为 0～5Hz。

（12）万能输入点。它指区域控制器接受的输入方式不受输入类型的限制，即可以是数字输入又可以是模拟输入。不需要额外的辅助插板。

（13）数字输出点。它指区域控制器提供的输出方式为数字输出量，一般均为继电器输出。

（14）模拟输出点。它指区域控制器提供的输出方式为模拟输出量，一般有下面几种方式：电流输出，范围为 0～20mA；电压输出，范围为 0～20VDC；气压输出，范围为 0～20PSI。

（15）万能输出点。它指区域控制器提供的输出方式即可以是数字输出量，又可以是模拟输出量，不需额外的辅助插板。

（16）三态输出点。它指区域控制器提供的输出方式为三态输出，即可以提供双向的控制，可以用于阀门或风门的双向控制调节等。

二、系统监控内容的确定

一个良好的 BAS，应通过规划与设计把监控功能与管理功能融合为一体。如果单纯以监控为中心，舍弃管理，BAS 的直接经济效益将大大降低。所以，在设计 BAS 时，就必须综合两方面内容来确定纳入 BAS 的内容与各系统的控制功能。

设计 BAS 的第一步是确定哪些系统需要监控。通常在建筑物内有如下功能的子系统：空调系统、电力供应系统、给水与排水系统、热力系统、照明系统、火灾自动报警与消防联动控制系统、保安监控系统、电梯系统、其他弱电系统，如电缆电视系统、音响广播与扩声系统。上述系统涉及采暖与空调专业、给排水专业和电气专业等，各子系统的设置与系统设备的多少取决于建筑物的种类和规模等要求。

BAS 的服务功能很强，上述全部子系统均可纳入进来做为监控内容。但由于种种原因，并非所有 BAS 都这样做，要视具体情况而定，这样便出现了等级差异。BAS 的规模（监控内容）是依据监控与管理设备（或系统）的多少来划分的。

(1) 基本型 BAS。基本型的 BAS 应包括空调系统、电力供应系统、给排水系统和热力系统。因为这几个系统反映了大楼内的能量消耗，而且集中了主要设备。若 BAS 不监控这些基本内容，则失去了它的主要服务功能。

空调系统包括冷冻系统、空气处理及通风系统；电力供应系统则包括变配电系统、自备电源系统；给排水系统包括生活给水系统、排水系统；而热力系统包括锅炉房及热交换站。上述系统集中了大量的设备。

(2) 增强型 BAS。所谓"增强型"即 在基本型的基础上增加了某些可选择的内容，例如照明系统、电梯系统等。此时，增加内容的多少应视建筑物的类型、规模、管理体制及建设单位的要求而定，因而有较大的灵活性。

(3) 全面型 BAS。这是最高级别的 BAS，对大楼内所有系统包括防灾子系统和设备运行管理子系统的设备进行全面监控与管理。

三、监控系统控制功能的确定

当 BAS 的监控内容确定后，便应对各系统的设备确定对其监控的具体功能。下面做全面介绍，以供选择。

(一) 各系统监控功能

1．空调系统

(1) 冷冻系统。冷冻系统包括冷冻机组、冷冻水系统、冷却水系统及冷却塔系统。下面列出各系统的控制功能。

1) 冷冻机组：启停控制、冷冻水旁通阀控制、冷冻水再设定、机组运行状态、过载报警、冷冻水供水温度及流量检测与显示、冷冻水回水温度及流量检测与显示、运行时间累计、冷冻水压差开关、燃油机组油压与油温的高低限报警等。

2) 冷冻水泵及冷却水泵：水泵起停控制、运行状态显示、过载报警、水流状态及水压检测与显示、运行时间累计等。

3) 冷却塔：冷却塔风机起停控制、运行状态显示、过载报警、水温及水位检测与显示、运行时间累计等。

4) 集水器：温度与压力的检测、显示等。

5) 水箱：水箱高低水位检测与报警等。

(2) 空气处理机。对空气处理机的控制功能包括：机组启停控制、运行状态显示、送风温湿度检测与显示、回风温湿度检测与显示、过滤器堵塞报警、冷冻水阀及加热水阀的开度控制与显示、加湿控制、防冻开关控制、风机转速控制、风门调节、运行时间累计等。

(3) 新风机组。对新风机组的控制功能主要包括：机组起停控制、运行状态显示、过滤器堵塞报警、运行时间累计等。

(4) 风机盘管。对风机盘管的控制功能包括：风机起停控制、运行状态显示、调节阀门控制、过载报警等。

(5) 排风系统。对排风机的控制功能包括：风机起停控制、运行状态显示、过载报警、CO 和 CO_2 浓度显示、运行时间累计等。

2．电力供应系统

(1) 变电所供配电系统。高层建筑物内通常设 10kV 变电所，内设高压配电柜、变压器、低压配电柜等。对各设备的监控功能如下：

1) 高压配电柜：高压进线侧相电压及电流显示、高压断路器状态显示、用电量显示、功率因数显示、频率显示等。

2) 变压器：变压器温度显示、强迫风冷系统运行控制及状态显示、运行时间累计等。

3) 低压配电柜：低压侧受电柜的电压与电流显示、功率因数与频率显示、受电柜与馈电柜的状态显示、用电量显示等。

(2) 自备电源供电系统。在高层建筑内的自备电源为柴油发电机，对发电机组的监控功能包括：机组起停控制、运行状态显示、过载报警、电流与电压输出显示、频率显示等。

3．给排水系统

给排水系统包括各种水泵、水箱或水池及管路等设备，这里主要论述生活给排水系统。

(1) 给水泵。对给水泵的监控功能包括：水泵起停控制、运行状态显示、过载报警、水流状态及水压显示、调速控制、水流调节控制、运行时间累计等。

(2) 水箱（水池）。对水箱的监控功能包括：水位检测、水压检测、高低限报警等。

4．热力系统

热力系统主要包括锅炉房及热交换站。

(1) 锅炉泵。锅炉房内设有锅炉、各种水泵和各种风机等。对设备的监控功能包括：

1) 水泵：起停控制、运行状态显示、过载报警、运行时间累计等。

2) 风机：起停控制、运行状态显示、过载报警、风机转速控制、风门挡板控制、运行时间累计等。

(2) 热交换站。热交换站设各种水泵、换热器及水箱等。对各设备的监控功能包括：

1) 水泵：同上。

2) 水箱：同上。

3) 换热器：出水温度显示、出水压力显示、出水流量显示等。

5．照明系统

照明系统包括室内照明和室外照明。室内照明一般考虑用电量大的场所，如大厅、会议室、多功能大厅等；室外照明一般考虑霓虹灯、喷泉灯、立面投光灯照明的控制。该部分的监控功能包括：各回路开关控制、程序开关控制、各回路低压断路器或开关的状态显示、故障报警等。

6．电梯系统

BAS对客梯的监控功能包括：电梯在高峰、低峰时间的运行控制、电梯运行状态显示、火灾时电梯降至首层等。

7. 火灾自动报警及消防联动控制系统

(1) 火灾报警控制系统。该部分的监控功能包括：报警控制器的状态显示、故障报警、火灾报警、报警点地址等。

(2) 消防联动控制系统。对联动控制柜的监控功能包括：应急照明系统的控制、消防广播系统的控制、防排烟系统的控制、自动灭火系统的控制、非消防电源切断控制等。这部分的具体联动控制要求同消防控制中心的功能一致。

8. 保安系统

保安系统主要包括出入口控制系统（门禁系统）、闭路电视监视系统、防盗报警系统和巡更系统等。该部分的监控功能包括：监视系统控制器报警状态、控制有关控制器的输出、系统运行及故障报警显示等。

9. 停车场出入控制系统

对大型停车场的监控功能包括：车道出入口的电脑刷卡进出控制、车道出入口电动门的防盗报警、车道出入口红外线遥控等。

10. 其他弱电系统

对电缆电视系统、扩声及音响广播系统等主要是对机房内设备进行监控，如控制系统投入运行的时间和关闭时间，监视系统的运行状态及故障报警等。

以上对各系统的监控功能的论述在BAS具体设计时，应根据设备型式和控制要求做相应选择，并非任何一个BAS都有完全相同的内容，例如空调机组的类型不同就会使得对其监控功能的选择有所不同。

(二) 应用实例

图13-5为定风量空气处理机的监控原理图。其主要监控功能说明如下：

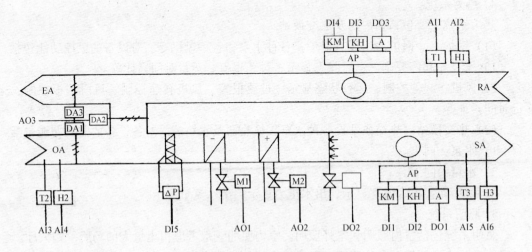

图13-5 空调机组监控原理图

(1) 按时间程序和最佳启停控制送回风机运行、启停次数及运行时间累计。根据新风温度、室内温度和温度设定值，通过最佳启停（OSS）控制，计算出空调机的最佳时间，以达到节能目的。

(2) 温/湿度自动控制，以达到节能与舒适的最佳组合。夏季，根据回风温度与湿度对换热盘管内冷冻水流量进行控制，因表冷器对空气同时起到降温和除湿的作用，故采用自动选择调节原理，表冷阀通过信号选择器选择温湿参数中偏差较大的作为输入，如此可以同时维护温湿双参数都具有一定的调节精度，又可以在一定条件下减少制冷又加湿或减湿又加热的冷热抵消现象，达到节能效果。冬季，根据回风温度控制加热水阀来保证温度精度。根据回风湿度与室内湿度设定值偏差，控制加湿器间断加湿。

(3) 根据回风温度和新风温度控制回风、排风和新风比例。DDC控制器将测出的回风温度和新风温度，经过比例运算、逻辑判断后，输出信号控制新风阀、排风阀和回风阀开度，以保证冬夏季用最小的新风量，过渡季节最大限度地使用新风能源。冬季到过渡季节，冬季使用最小新风量（如20%），随着回风温度的提高，在比例范围内，按比例自动开大新风阀门，开大排风阀门，当回风温度达到给定值时（如18℃），新风阀全开。过渡季节到冬季，与上述相反。过渡季节到夏季，当新风温度大于或等于给定值时（如24℃），控制回路自动使用新风温度通道，在此范围内，随着温度的升高而自动地按线性关小新风阀。夏季到过渡季节，与上述动作相反。

(4) 加热器前设冬季防冻保护，避免盘管内结冰冻裂。

(5) 过滤器阻塞报警，提醒运行人员及时清洗。

四、监控点与监控表

1. 监控点的划分

BAS的监控点是指每一个参数或一个控制输出，它的数量直接反映了系统的规模，同时也是编制监控表的依据和选择控制器的基础。

根据监控性质，监控点划分为显示型、控制型和记录型三类。

(1) 显示型。显示型监控点包括：设备即时运行状态检测与显示（包括单显、巡显），含模拟量数值显示及开关量状态显示；报警状态显示，包括参数越限报警、设备运行故障报警及火灾、防盗报警等。

(2) 控制型。控制型监控点包括：设备节能运行控制、设备投入运行程序控制、直接数字控制（DDC），包括各种简单的、高级的、优化的、智能的控制算法的选用。

(3) 记录型。记录型监控点包括：状态检测与汇总输出、积算记录及报表生成、巡更过程的记录等。

某些监控点具有两种以上的监控需要，即为复合型的，此时应分别划分并计算各自点数。

BAS的规模按监控点数量划分，如表13-1所示。

2. 监控表的编制

监控表是BAS规划与设计意图的集中体现，在各工种设备选择确定后，由BAS设计人员与各工种人员共同完成编制。中型以上系统可按不同对象系统分别编制，组合成总表。

编制的总表必须满足下列的基本需要：

(1) 为划分分站、确定分站模件选型提供依据；

(2) 为确定系统硬件和应用软件设置提供依据；

BA 系统规模区分　　　　　　　　表 13-1

系 统 规 模	监 控 点 数（个）
小型系统	40 以下
较小型系统	41～160
中型系统	161～650
较大型系统	651～2500
大型系统	2500 以上

（3）为规划通信信道提供依据；

（4）为系统能以简捷的键盘操作命令进行访问和调用具有标准格式显示报告与记录文件创造前提。

总表的格式以简明、清晰为原则，根据选定的建筑物内各类设备的技术性能，有针对性地进行制表。

所编制出的总表，对于每个监控点应明确表出下列内容：所属设备名称及其编号；设备所属配电箱/控制盘编号；设备安装楼层及部位；监控点的被监控量；监控点所属类型；对指定点的监控任务由哪个分站（区域控制器）来完成。

图 13-6 为某工程对新风机组的监控原理图，表 13-2 为该新风机组的监控表。其中数字输入点 3 个（DI_1，DI_2，DI_3），分别为机组运行状态输入、过载报警输入及过滤器阻塞报警输入；模拟输入点 4 个（AI_1、AI_2、AI_3、AI_4），分别为进风温湿度与送风温湿度输入；数字输出点 3 个（DO_1、DO_2、DO_3），分别是风机起停控制、进风风门开关控制与加湿控制；模拟输出点为 2 个（AO_1、AO_2），分别为冷却与加热控制。

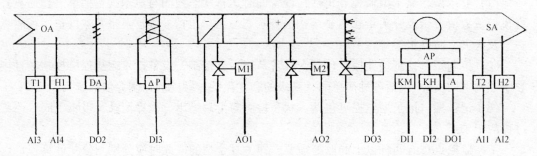

图 13-6　新风机组监控原理图

新 风 机 组 监 控 表　　　　　　　　表 13-2

设备编号	配电箱编号	监控功能	监控点编号	控制器编号	控制器型号
X8-1	AP8-1	进风温度	AI_3	DDC8-1	APLC
		进风湿度	AI_4		
		送风温度	AI_1		
		送风湿度	AI_2		

续表

设备编号	配电箱编号	监控功能	监控点编号	控制器编号	控制器型号
		过滤器状态	DI_3		
		风机运行状态	DI_1		
		过载报警	DI_2		
		风阀开/关控制	DO_2		
		电机起停控制	DO_1		
		加湿控制	DO_3		
		冷却控制	AO_1		
		加热控制	AO_2		

五、系统设备选择及线路敷设

（一）设备选择

BAS设备包括系统控制终端、主控制器、区域控制器以及传感器与执行装置等。

1．系统控制终端选择

系统控制终端置于BAS监控室内，它是管理型微机，并配有操作终端及显示、打印设备，更高级的系统则配有大容量的外部储存设备等。控制终端类型取决于BAS产品的选择，即当BAS产品厂家或公司明确后，控制终端便基本确定，只是微机的类型、配置要据系统的大小规模和当前产品应用动态来选择确定。例如，美国安德沃（ANDOVER）楼宇自控系统的控制终端如下：

（1）工作站。工作站是一台486以上的微机，可采用COMPAQ、IBM机型，RAM至少8MB，硬盘至少200MB，配置一台彩色VGA监视器和一个鼠标器，在扩展槽上加ARCNET或ETHERNET网卡，若与高速LAN联接应在扩展槽上加置一个LAN通信卡。

（2）文档服务器。文档服务器也是一台微机，但配置高些。微机可以选用486或586型，可选用DELL、COMPAQ、IBM的机型，RAM至少12MB，硬盘至少300MB和彩色VGA监视器。若软件需要备份则应配置磁带机。

（3）调制解调器（MODEM）。当需要远程监控时，则配置调制解调器，型号应是UDS9600V32/5系列或类似产品。

2．控制器选择

控制器包括主控制器与区域控制器。

（1）主控制器。主控制器是楼宇设备监控系统重要的一环，它提供了基于以太网的非常有效的网络通信和信息管理。主控制器作为系统的各个离散化的控制器的协调者处于终端电脑和区域控制器之间，它的作用是实现全面的整体的信息共享控制。控制器带有同高速控制网络、调制解调器、打印机等的RS-232或RS-485通讯接口。

主控制器均配有完善的软件包，以满足复杂的控制要求，如ANDOVER的CX9200主控制器，它的动态储存库可以储存简明英语程序、日程表、报警、报告和数据的记录；在普通的算法上又包含上PID、曲线对应等高级功能。应用以上功能便可以在较短时间内完成应用程序的编制。

选择主控制器时，应考虑如下内容：

1) 系统容量，即主控制器可带区域控制器的数量。不同系列产品，其值不同。如美国 ANDOVER 的 CX9200，两个通道，每个通道可连接 127 个区域控制器，共计 254 个；ALERDON 的 APEX，4 个通道，每个通道 64 个区域控制器，共计 256 个。

2) 控制网络的通信速率，一般一级网络应在 1MBPS 以上（常用 10MBPS），二级网络应在 19.2KBPS 以上。

3) 总线长度。一般一级 网络总线长度应在 100m 以上，而二级网络应在 1200m 以上。

4) 存储容量，包括 RAM、EPROM 和 EEPROM 的容量。较大型系统应有 8MB 的 RAM，1MB 的 EPROM，2KB 的 EEPROM。

5) 后备电池容量，一般应有 24 小时以上的存储和实时时钟，1 小时的不间断电源。

6) 总线介质。一级网络可用同轴电缆或光缆，二级网络则用铜芯屏蔽软线（1.5mm^{2}以上）。

7) 人机界面与软件能力。通常要有良好的汉化功能。

8) 工作电源、安装方式等。

(2) 区域控制器。区域控制器是以微处理器为基础的独立的控制器，它主要完成对监控对象系统设备的信号采集与处理以及实现直接数字控制（DDC）。它通过二级网络实现与其他控制器之间的通讯。

区域控制器有操作终端和程序员终端插孔，以供采用便携式终端设备进行临时性现场操作和参数修改。区域控制器应能接受多种信号输入，以适应各种不同类型的监控点所采用的传感器与变送器。通常小容量控制器为箱式结构，大容量的有落地式结构。

区域控制器也可采用高性能的可编程逻辑控制器构成，如美国 ALERDON 的 APLC 控制器，它采用 CMOS 电路，硬件和软件均有滤波处理，电源部分采取了净化装置，这样使得 APLC 有较高的可靠性和稳定性；通讯线路采用了光电隔离，有效地防止了干扰。另外，其内部有看门狗，随时监视电源状态，所有的数据均被存贮在 EEPROM 中。

选择区域控制器是一个非常仔细的工作，下面几点内容供参考：

1) 区域控制器的性能指标。区域控制器的最主要指标是输入与输出容量，以及对输入与输出的要求。例如前面提到的 APLC，它有 11 个通用输入端，模拟量采集具有 10 位精度，输入信号可是干接点、热电阻、电位计、0～5VDC、0～10VDC 或 4～20mA 的信号。它的输出共有 10 个数字输出和 4 个 8 位精度的模拟输出，数字输出为双向可控硅输出，容量为 24VAC，0.5A。此外，控制器还有 20VDC 输出，用来给变送器提供电源。再如 ANDOVER 的 CX9500 区域控制器，它有 32 个通用输入点，输入电压为 0～10VDC，输入电阻为 30kΩ 或 10MΩ；输出则有 16 个数字输出和 16 个模拟输出（0～20VDC，0～20mA）。

2) 监控范围对控制器的影响。一个区域控制器的监控范围可不受楼层限制，依据平均距离最短的原则设置于监控点附近。监控设备越多，监控点越多，则控制器的容量应越大。每个分站至监控点的最大距离应根据所用传输介质、选定波特率以及导线截面等按产品规定来确定。

如果防灾系统被允许纳入 BAS 进行监控时，应设置独立的分站并确定区域控制器的监控范围,以提高可靠性。

3)分站对控制对象系统实施 DDC 控制时必须满足实时性的要求。一个分站对多个回路实施分时控制时,尤其要考虑数据采集时间、数字滤波时间、控制程序运算及输出时间的综合时间,避免因分时过短而导致失控。

解决的办法是不要将多个控制要求让一个控制器来完成,应多划分分站,使控制器的容量减下来。

4)每个控制器应留备用监控点或可扩展模块箱,以利于变动修改或增加设备时使用。一般情况下,控制器的监控点留有 20% 的余量即可。

5)在可执行同样功能的前提下,要综合考虑每种组合控制方案的价格高低、现场安装、编程的方便性,以及运行的可靠程度等等。

6)控制器的工作电源及功耗。区域控制器的工作电源应引自 BAS 监控室,即集中供电。控制器的工作电压有两种情况,交流 220V 和直流 24V,采用交流供电比较方便。

3. 传感器与执行装置选择

为使 BAS 能正常工作,采集各机电设备运行参数及状态,控制各机电设备动作的准确性、实时性,传感器及执行装置的选择起了决定性的作用。

(1) 传感器种类选择。传感器种类繁多,现按系统将常用的传感器列出:

1)空调系统。空调系统所用传感器包括:温度传感器,包括水温传感器、气温传感器;湿度传感器;感应开关,含水流开关、气流开关、压差开关、压力开关等;流量传感器,包括液体流量与气体流量传感器;压力与压差传感器;液位传感器;一氧化碳传感器与二氧化碳传感器;辅加触点。

2)电气系统。电气系统所用传感器包括:电压变送器;电流变送器;频率变送器;功率变送器与功率因数变送器;KWH 变送器;辅加触点。

3)给排水系统。给排水系统所用传感器包括:液位传感器;感应开关,包括水流开关与压力开关;液体流量传感器;压力传感器;辅加触点;pH 值变送器。

(2) 传感器参数选择。传感器参数主要包括:测量范围与精度;现场安装环境与被测介质性质;输出信号是否与控制器要求相符;工作电源要求等。传感器参数选择一定要结合具体检测对象特点,并与其他工种设计人员密切配合。

(3) 执行装置选择

系统所用执行装置有阀门执行机构、风门执行机构、控制继电器和变频器等,其中阀门执行机构与风门执行机构归 BAS 设计人员与空调设计人员共同选定。

1)阀门执行机构:阀门可以选用符合国际标准的任何厂家产品,惯例是由空调设计人员根据管径、压力、流量等参数予以确定阀体。其执行机构主要有两位控制和模拟信号控制两种,前者靠控制器提供的脉冲输入信号控制阀门的开启与关闭;后者靠接收控制器提供的 0~10VDC 的模拟信号控制阀门的开关量。两种执行机构的工作电源均可以是交流 220V 或直流 24V 的电源。

一种执行机构可以和几种管径的阀体相配,执行机构一般都设有手动操作及过载保护。选择执行机构时还应考虑其工作环境要求等。

2)风门执行机构:风门执行机构内部有过载保护,不需要设置行程开关,一旦过载或到执行器的端点,执行器立刻自动停止。执行器有手动装置,以利于调试和维修。其工作电源为 24VDC 或 220VAC。

（二）线路敷设

BAS 中的配线应考虑可靠性、维修性和安全性，同时还应考虑设备增加、改变位置时的灵活性等。系统线路可选择屏蔽或非屏蔽铜芯软线。

1. 网络传输线路

BAS 的网络传输线连接着主控制器与各层的区域控制器，通常可选屏蔽线单独敷设，如在电井内明敷或在墙、楼板内穿钢管暗敷，也可在综合布线系统中统一考虑。

2. 区域控制器与被控设备之间的线路

此部分导线很多、距控制器近，且比较集中，一般采用金属电缆线架或线槽敷设。电缆线架与线槽走线容易，便于施工以及维护。

六、监控中心及系统供电

1. 监控中心

BAS 应设独立的监控中心，以便集中控制与管理，系统的控制终端、管理微机、文档服务器及主控制器都设在监控中心内。监控中心的位置和满足的有关条件可考虑以下几点：

（1）监控中心一般设在建筑物的低层，以便靠近地下设备层。面积视规模而定，一般在 $25\sim50m^2$ 左右。

（2）监控中心应远离变电所、配电室等产生电磁干扰的场所，也不应靠近潮湿房间。

（3）监控中心内应设空调系统，确保计算机等设备正常工作。

（4）监控中心应采用卤代烷或烟烙尽自动灭火方式。

（5）监控中心内设备的布置应满足控制设备与电源设备等的布置条件，如屏（台）前操作距离，屏后的维护距离等。

（6）监控中心内应设应急照明，并满足正常照度要求。

（7）监控中心内应设接地端子，并采用专用接地干线引至接地装置上，接地电阻应小于 1 欧姆。

2. 系统供电

BAS 应采用专用电源回路供电，且为双电源引到监控中心。电压等级为 220VAC。一般均引自变电所和柴油发电站，在监控中心内设双电源箱。监控中心内一般应设 UPS 电源，确保控制终端及微机工作。系统区域控制器应由监控中心的双电源箱用一条或多条回路集中供电。

第三节　办公自动化系统

一、办公自动化系统综述

1. 办公自动化定义

办公自动化（OA）是信息化社会最重要的标志之一。办公自动化就是利用先进的科学技术，不断使人的部分办公业务活动物化于人以外的各种设备中，并由这些设备与办公人员构成服务于某种目标的人机信息处理系统。其目的是尽可能充分地利用信息资源，提高生产率、工作效率和质量，辅助决策，求得更好的效果，以达到既定目标。办公自动化的特征如下：

(1) 办公自动化是一门综合性新学科。办公自动化的支持理论是行为科学、管理科学、社会学、系统工程学、人机工程学等，其直接利用的技术是计算机技术、通信技术、自动化技术等。

(2) 办公自动化是一个人机信息系统。信息是加工的对象，机器是加工的手段，人是加工过程的设计者、指挥者和成果的享用者。设备是重要条件，但人始终是决定因素。

(3) 办公自动化是包括语音、数据、图像、文字等信息的一体化处理。它能把基于不同技术的办公设备用联网的办法联成一体，将语音、数据、图像、文字处理等功能组合在一个系统中，使办公室具有综合处理这些信息的功能。

(4) 办公自动化的目标是为了提高办公效率和办公质量，办公自动化是人们作为产生价值更高信息的一个辅助手段。

2. 办公自动化系统与管理信息系统、决策支持系统的关系

办公自动化除了涉及许多科学和技术，还涉及人的因素，即许多管理方面的问题，因此就不可避免地与管理信息系统（MIS）决策支持系统（DSS）之间存在着既密切联系，又基本独立的关系。

管理信息系统是一个由人和计算机组成的能进行信息收集、存储、加工、传递、维护和使用的系统。决策支持系统是指利用计算机对数据进行分析，利用决策模型来帮助决策人员选择方案的计算机系统。决策支持系统一般由以下3个部分组成：数据库系统；模型库和方法库系统；对话生成管理系统。

办公自动化系统的实施目的并不在于仅仅完成常规的办公事务就可以了，更重要的是要为管理层及决策层提供管理控制信息，帮助进行决策，因此这3个系统互相独立又紧密联系，互相渗透。3个系统之间的纽带就是有关的数据库、模型库和方法库。

3. 办公自动化设备

办公自动化设备可以分为计算机类设备、通信类设备和办公类设备，见图13-7。

4. 办公自动化系统信息流管理

办公活动的核心是实现管理，实现管理要通过处理信息来进行，所以，办公活动是以处理信息流为主要业务特征的。

信息的载体主要有数据、文本、声音、图形和图像。数据是指各种统计数据、计算数据、报表数据和各种原始数据等；文本是指用各种语言文字所表示的文件、公文、信件、电报和报告等；语音是指用语音形式表达的各种信息，如口头命令、指令、通知、决定和电话等。图形是指静态的图形，如各种产品样本，照片、图案、文件图章、公章、签名以及各种图表等；图像是指动态的图形，如电视转播、电视会议、闭路电视的图像等。

信息的流程为信息生成和输入、信息处理、信息复制与分发、信息通信直至销毁或保存等。

(1) 信息生成与输入。信息生成和输入是信息处理系统的入口点。例如负责人手写草拟的文件的输入或某些文件的录入等。输入可以是语音输入、键盘输入和图像输入。

(2) 信息处理。实现全自动化办公室的最根本的一步是要把数据处理和字处理合并成一个综合的信息处理系统。

数据处理一般应用在工资、库存清单、会计、帐单、飞机票预订清单、大的邮政名单

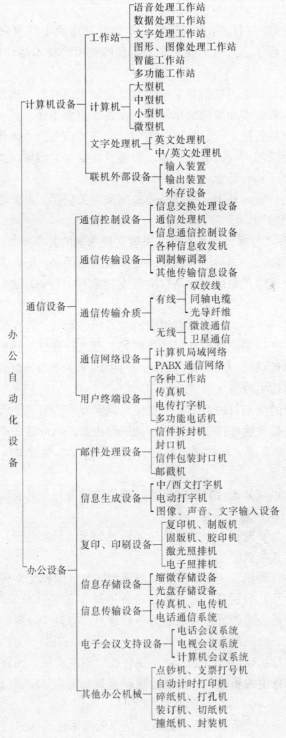

图 13-7 办公自动化设备分类

等数值计算；字处理一般应用在生成和修改信件、备忘录、发布的新闻、内部出版物等。

(3) 信息复制和分发。信息被人们接受的方式叫做信息的分发，信息的多个副本是靠复制来生成的。信息复制与分发的方式有复印、照相排版、计算机制图、电子印刷、电子邮政等。

（4）信息通信。信息通信是用电子方法将数据从信息系统的一处传送到另一处。现在的办公室中，远程通信被视为连接计算机和其他系统，以加速事务处理信息的交换工具。

传送信息必须事先建立传输标准和传输过程，要根据实际需要确定选择什么样的传输技术；要规定传输时报文的速率和格式，以选择相应的设备和协议；要选择到达指定目的地的路径。

5. 办公自动化系统在智能建筑中的实施

办公自动化系统的设计与实施对电气专业设计人员来说，主要是硬件环境的设计和软件环境的规划。硬件部分包括计算机网络的设计、工作站的设置与选型、布线系统的设计等。软件部分包括网络软件的选择与配置、应用软件的规划等。

（1）计算机局域网络。局域网技术能使得一间办公室或一层办公楼的办公自动化系统互相连接，而且局域网的分段技术以及多个局域网的互连技术使得高层建筑中的各个办公结点能够通过垂直布置的干线网进行联络。这部分详见本章第四节介绍。

（2）结构化布线系统（SCS）为 OAS 提供了物理平台。高层建筑必须有意识地为大楼内各楼层安装办公自动化设施做好准备，即做好布线系统的设计。布线系统包括垂直和水平的电缆接线。其中垂直电缆为干线电缆，必须为其考虑到传输速率的要求。水平电缆分布在各个楼层上，必须设置集中的配线架、主机房。主机房中安放集线器、交换集线器、桥路器、服务器和网管系统等设备，以及到达各楼层办公室的信息接口，例如从集线器来的线缆接到各楼层的配线架上，再从配线架通过敷设在墙内的双绞线对接到各个办公室的接口上，可以象接拆一台通常的电器一样，接拆计算机设备。这部分详见本章第五节介绍。

二、办公自动化系统的模式

办公自动化的模式有三种，即事务型办公自动化系统、管理型办公自动化系统和决策型办公自动化系统。

这三种模式，代表了三种层次，也体现了办公自动化系统设计中的三个发展阶段。目前在日常办公事务管理中采用较多的是属于事务型的办公系统模式，只有在一些管理层次较高的政府部门或管理功能复杂的金融机构等，选择具有管理型办公系统或决策型办公系统的功能。

1. 事务型办公自动化系统

事务型办公自动化系统由计算机软件与硬件设备、基本办公设备、简单通信设备和处理事务的数据库组成。

硬件部分一般以微机为主，多机系统常常包括小型机或微机以及各种工作站。公用支撑软件为支持有关事务处理的字处理软件、电子报表软件、小型关系数据库管理系统等。应用软件包括针对公文管理、档案管理、报表处理、行政事务等开发的独立系统。办公用基本设备包括通用及专用文字处理机、轻印刷系统、复印机、缩微设备、邮件处理设备和会议用各种录音、投影仪设备等。单机系统不具备计算机通信能力，主要靠人工信息方式及电信方式通信。多机系统通信可采用程控交换机综合通信网、计算机局域网或广域网等。数据库则包括小型办公事务处理数据库以及基础数据库等。

办公事务处理中，最为普遍的应用是文字处理、电子排版、电子表格处理、文件收发登录、电子文档管理、办公日程管理、人事管理、财务统计、报表处理、个人数据库等。针对这些常用的办公事务处理的应用可以做成应用软件包，包内的不同应用程序之间可以互相调用或共享数据，以便提高办公事务处理的效率。此外，在办公事务处理级上可以使用多种办公自动化子系统，如电子出版系统、电子文档管理系统，全文检索系统、光学汉字识别系统。一般将文字处理、公文管理、档案管理、编辑排版、印刷等以文字为对象的功能，统称为字处理（WP）；而将报表处理、工资管理、财务管理、数据采集等以数据为对象的功能统称为数据处理（DP）。

2. 管理型办公自动化系统

管理型办公系统由各种较完善的信息数据库和具有通信功能的多机网络组成，能对大量的各类信息综合管理，使数据信息，设备资源共享，使办公效率得到很大提高。

管理型办公系统是把事务型办公系统和综合信息（数据库）紧密结合的一种一体化的办公信息处理系统。综合数据库存放该有关单位的日常工作所必需的信息。

管理型办公系统各个部门之间有较强的通信能力，可方便实现本部门微机网之间或者与远程网之间的通信。

在数据库方面，管理型办公系统要在事务型办公系统的基础上加入专业数据库，也就是在对基础数据库中的数据进行加工、处理的基础上，根据各组织不同的主要功能进行分类形成专业数据库。

3. 决策型办公自动化系统

决策型办公系统综合了事务型和管理型的全部功能，并具有专家系统和人工智能组成的决策功能，如经济发展预测、经济结构分析等，这对辅助领导层的决策有极大的作用，是系统的高级层次。

决策系统的任务就是实现对策的提供及其优选的结果，它不同于一般的信息管理。决策支持必须建立各种可供决策分析参考的模型，包括经济模型和数学模型。不同的决策者，根据各自不同的习惯、爱好、文化水平和考虑重点，需要有不同的模型，作系统的模型库。应该根据本系统的需要，尽可能多地收入各种模型，为决策者提供各种决策建议和参考，以求从中寻得最佳方案。常用模型包括计划模型、预测模型、评估模型、输入/产出模型、反馈模型、结构优化模型、经济控制模型、仿真模型、综合平衡模型等。由于知识的规律太多（创造性的活动较强）或者说还没有能力总结出足以令计算机能够接受的数学模型，因而，只有较少的计算机系统能够执行这种任务。目前虽然有些专门的决策支持系统，但其功能大部分仍然是事务及操作层的处理结果，水平还不高。然而随着技术的进步和社会对决策系统需求的日益增加，各类成熟的决策型办公自动化系统正在逐步推出。

三、办公自动化软件

办公自动化软件的体系是层次结构，分为系统软件和应用软件。系统软件层包括操作系统、编译系统等。应用软件层包括公用支撑软件、应用软件等。

1. 系统软件

操作系统负责控制诸如存储器、中央处理器、时间、盘空间和外围设备等硬件资源的分配和使用的软件。目前微机上流行的操作系统有 MS－DOS, Macintosh OS, OS/2, UNIX, Windows 等等；一些中、小型机也都分别有自己的操作系统，如 AS/400 上的

OS/400 操作系统，VAX 机上的 VMS 操作系统等等。

编译程序是能在程序执行前，把用高级语言编写的源代码翻译成目标代码即可执行机器代码的一种程序。常见的编译系统如 COBOL 语言、C 语言、BASIC 语言、PASCAL 语言、FORTRAN 语言等。

2．应用软件

办公自动化系统的作用最终体现在所有应用软件的功能上。应用软件的数量及质量在很大程度上决定了办公自动化的使用价值。应用软件在办公自动化系统中起着重要的作用，所以应把应用软件的开发放在办公自动化的核心地位。

（1）公用支撑软件。公用支撑软件是办公自动化应用中通用的工具型软件，包括数据库管理系统、文字处理软件、中文校对软件、表格处理软件、图形及图像处理软件等。

数据库管理系统是办公自动化应用软件的基本支撑环境。在中小型机上应用的关系型数据库主要有：SQL/DS、INFORMIX、ORACLE、SYBASE 等等，在 DOS 上应用的有 FOXBASE 等，WINDOWS 上则流行 ACCESS、FOXPRO、PARODOX 等等。

文字处理软件是办公自动化系统用量最大的工具型软件之一，它能满足办公室众多的文件和表格的编辑、排版和打印要求，具有文件编辑、文件排版、打印、公文格式生成、管理，以及简单的图形支持功能，DOS 上的文字处理软件有 WORDSTAR、WPS、WORDPERFECT 等等，而 WINDOWS 上则有 WORD 等等。

（2）应用软件。应用软件包括办公事务处理软件、管理信息系统软件和决策支持应用软件。

办公事务处理软件是整个办公自动化系统的基础层，担负着各种办公信息的收集、加工、存储和事务性处理，为管理控制层和决策层提供基础信息。

管理信息系统软件是建立在办公事务处理层之上，是信息的全面综合应用。其主要功能是管理该部门信息活动的全过程，对信息进行归纳、综合和整理，并发出管理控制指令。由于规模大，结构复杂，因此需要强有力的数据库系统支持。

决策支持应用软件是办公自动化的高层应用软件。它为中高层管理人员提供决策支持。它以最优化的管理和最高的社会经济效益为目标，以智能化方式提供专家知识、经验咨询和决策模型多种方案解答。

四、计算机网络和数据通信技术的应用

目前，计算机技术和通信技术已融为一体，构成了各种各样的计算机网络，并正在不同的领域内发挥其作用。

（1）联机事务处理。这方面的应用包括金融系统、民航系统等。例如金融系统的中国人民银行的金融卫星数据通信专用网、中国工商银行和建设银行的储蓄系统、中国农业银行的微机远程数据通信网等。

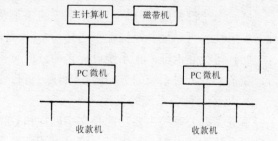

图 13-8　POS 系统框图

（2）POS（Point-of sales）系统。POS 系统又称"销售实时管理系统"，这种系统适用于大型百货商场和购物中心，见图 13-8。

(3) 电子信息技术服务。电子信息技术服务包括电子邮件系统（MHS）和电子数据交换系统（EDI）。

MHS 的应用包括计算机网络电子邮件系统，例如全球最大的 Internet；电子信箱等。

EDI 是 MHS 应用的特例，是一种对处理数据格式要求很严的报文处理系统。它通过通信网络，按照协议在商业贸易伙伴的计算机系统之间快速传送和自动处理订单、发票、海关申报单、进出口许可证等规范化的商业文件。其模型如图 13-9 所示。

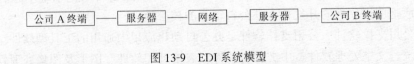

图 13-9　EDI 系统模型

(4) 其他信息技术服务。这方面包括可视图文、会议电视等系统。

五、办公自动化系统设计

1. 设计步骤

办公自动化系统设计可根据具体系统的功能要求进行，一般的办公自动化系统设计需经过以下的步骤：

(1) 办公事务调查。全面弄清楚本项目的信息量大小，信息的类型、信息的流程和内外信息需求的关系。简而言之，就是要调查清楚办公自动化系统做些什么，解决什么问题，这是办公自动化系统建设的基础。

(2) 办公环境调查。要弄清楚本部门与相关部门及相关机构之间的关系，要了解本部门现有设备配置和办公资源的使用情况、工作能力大小，为系统进行设备配置及选择提供依据。

(3) 系统目标分析。根据办公事务需求，分析该办公自动化系统能完成的基本任务（如事务管理、信息管理和决策管理等），包括近期、中期和远期的目标，以及系统将来获得的社会效益和经济效益。

(4) 系统功能分析。确定为实现系统目标应该具有的所有功能，如办公事务管理信息资料的存储、查询等，这是设计办公具体管理事务模块所必需的。

(5) 系统设备配置分析。根据系统的需求及系统实际的资金投入，从确保系统的先进性、实用性、可靠性、经济性来选择 OAS 设备的配置，并要考虑到发展的需要。

(6) 可行性论证。在系统设计之前，应对系统的总体方案进行分析、评估、论证、修订，在依靠专家对系统的方案的科学性、可行性进行全面论证和评估后才能够实施。

2. 事务型办公系统的设计

事务型办公系统主要功能是文字处理和数据处理。有通信功能的多机事务处理型办公自动化系统，还要担负起电子会议、电子邮递、联机检索、系统加密和图形、图像、声音等处理的任务。

(1) 硬软件设备。硬件以微型计算机为主，多机系统则还包括小型或微机及各种工作站。应用软件以独立支持它的各基本功能的软件为主，如文字处理软件、电子报表软件、小型关系数库软件。它的专用办公应用软件也是支持办公公文处理、办公事务处理和机关行政事务处理活动的独立的应用系统，如行文办理、文件查询检索系统等。

（2）办公用基本设备。支持事务处理的办公用基本设备包括中文打字机、电子打字机、轻印刷制版机、胶印机、复印机、缩微设备、邮件处理设备和会议用各种录音、投影仪等设备。

（3）通信。事务型中的单机系统，不具备计算机通信能力，它主要靠人工信息方式及邮电通信方式中的电话通信完成其信息的传输。

多机系统通信可采用程控交换机综合通信网、计算机局域网或广域网。以选用微机网实现计算机通信最为普遍。

（4）数据库。数据库包括小型办公事务处理数据库、小型文件库、基础数据库。其中小型办公事务处理数据库主要存放处理机关内部文件、会议、行政、基建、车辆调度、办公用品发放、财务、人事材料等与办公事务处理有关的数据。基础数据库主要存放与整个系统目标相关的原始数据。

3. 管理型办公系统的设计

管理型办公自动化系统由下列设备组成：中小型机/微机网；微机工作站；各类办公设备；通信设备。

管理型办公自动化系统是在事务型系统的基础上，使用的主机档次更高，各种硬件、软件都较复杂。

（1）计算机类设备。管理型系统的计算机设备以中、小型计算机或微机配以多功能工作站为主要形式。

计算机的应用软件除具有事务型办公系统的各种公用、专用办公自动化应用软件外，还要建立起各种管理信息系统。这些系统应支持各专业领导的数据采集处理及数据分析，为最高领导的决策提供各业务领域中的综合信息。

（2）办公用基本设备。其设备与事务型办公系统基本相同。

（3）通信。管理型办公系统在各个部门之间有很强的通信能力。可方便地实现本部门微机网之间或者是与广域网之间的通信。这一模式以采用中、小型主机系统与微机和办公处理机加工作站三级通信网结构最为典型。中、小型机将主要完成管理信息系统功能，处于第一层，设置于计算中心的机房；微机处于中层，设置于各职能管理机关，主要完成办公事务处理功能；而工作站设置于各基层科室，为最底层。这种结构有很强的分布处理能力、很好的资源共享和很高的可靠性。

（4）数据库。本系统要在事务型办公系统的基础上加入专业（或专用）数据库，即在对基础数据中的原始数据进行加工、处理的基础上，按对组织主要功能的不同分类形成专业（或专用）数据库。

4. 决策型办公系统的设计

决策型的办公自动化系统以事务处理、信息管理为基础，主要担负辅助决策的任务。办公自动化系统中除了低层次的事务处理以外，都存在一定的辅助决策活动，系统帮助决策能力的强弱反映了该系统水平的高低。

决策型办公自动化系统主要由计算机设备和各种类型的数据库组成。

（1）计算机设备、办公用基本设备、办公应用软件。决策型办公自动化系统的计算机设备、办公用基本设备、办公应用软件和管理型办公系统相同，只不过这些设备一般是在综合通信网或综合业务数字服务网的支持下工作的。

它的应用软件，则是在管理型办公系统的基础上，扩充决策支持功能，通过建立综合数据库得到综合决策信息，通过知识库和对专家系统进行各种决策的判断，最终实现综合决策支持系统。如经济信息决策支持、经济计划决策、经济预测决策等系统，以及针对最高领导建立的某一业务领域中使用的专家系统。

（2）数据库。在事务型、管理型办公自动化系统的数据库基础上，加入综合数据库和大型知识库。

综合数据库把各专业数据库的内容进行归纳处理，把与全局或系统目标有关的重要数据和历史数据存入综合数据库。

大型知识库包括模型库、方法库和综合数据库。从本质说，模型库和方法库也是数据库，只是其内容不是数据，而是各种模型和开发模型的方法。它们的存储管理工具仍然是数据库管理系统，所以可以认为大型知识库是系统最高层次的数据库。

5. 办公自动化系统设计的数据安全

办公自动化系统是由很多计算机硬件、软件、辅助设备和人共同组成的人机信息系统，系统信息的安全采集、处理、存储与传输，是保证信息资源安全的关键，因此，确保系统内的信息资源与信息传输的安全，即数据与数据传输的安全是尤关重要的。它包括的主要内容有：软件安全、数据存取安全、数据传输安全等。

（1）软件安全。软件是计算机信息处理系统的核心，也是使用计算机的工具，是系统的重要资源。

（2）数据存取安全。数据存取安全考虑的主要方面是数据存储安全与数据存取控制安全。数据存储安全是对有数据信息存储的文件或数据在访问或输入时均有监控措施。数据的存取控制安全是从信息系统信息处理角度对数据存取提供保护。

（3）数据传输安全。数据传输安全是指确保在数据通信过程中数据信息不被损坏或失落，因此这方面的保护方法主要有以下几个措施：

1）链路加密。在通信网络中的两个节点之间的单独通信线路上的数据进行加密保护。

2）点到点保护。在网络中数据提供从源点到目的地的加密保护。

3）加密设备的管理。对加密设备的使用、管理、保护都有完整有效的技术措施。

同时，在数据传输的安全中，我们也必须防止通过各种线路与金属管道的传导泄漏和电磁波形式的辐射泄漏，类似电源线和通信线等。因此我们也必须采取相应的保护措施：其中包括选用低辐射显示器，使用屏蔽电缆，使用电源滤波器，可靠的接地，以及计算机房的设计应符合国家安全标准的规定等。

第四节 通 信 网 络

一、智能建筑通信网络

智能建筑的信息通信系统是保证楼内的语音、数据、图像传输的基础，同时它与外部通信网（如公用电话网、数据网及其他计算机网）相连，完成与外界的通信。通信网络是智能建筑的中枢，它主要包括电话通讯网、局域网、广域网及卫星通信网等。

1. 程控数字用户交换机系统

智能建筑中通信系统的控制中心是程控数字用户交换机（PABX）系统，它不仅能向用户提供已有的模拟通信环境，而且还能提供当前的数据通信、多媒体通信以及正在发展的综合业务数字网（ISDN/B-ISDN）通信环境。

程控数字用户交换机能实现语言、数据及图像的综合通信。系统具有多种接口，可通过与其他设备组合形成下列通信网络：

（1）通过数字微波、卫星、光纤等与其他建筑中的 PABX 等设备组成专用网；

（2）在智能建筑内组成专用 ISDN 网；

（3）采用分组交换设备，连接多种计算机局域网，并与楼外分组交换设备组成分组交换网；

（4）在智能建筑楼群区域内，组成一个全数字的有线和无线的综合通信网。

2．计算机网络系统

计算机网络系统就是通过某种通信媒体将处于不同地理位置的具有独立功能的若干台计算机连接起来，并以某种网络硬件和软件进行管理，以实现网络资源的通信和共享的系统。计算机网络分为局域网和广域网两种。

在一座现代化大楼或楼群内，要建设计算机网络系统，必须根据大楼的组成与功能、信息需求、信息来源、信息种类、信息量大小以及发展等情况进行详细的系统调查和需求分析，进行总体设计。这包括对计算机网络系统的组成、拓扑结构、协议体系结构及网络结构化布线设计。

一般地讲，一座智能大厦的计算机网络主要有 3 部分组成，见图 13-10。

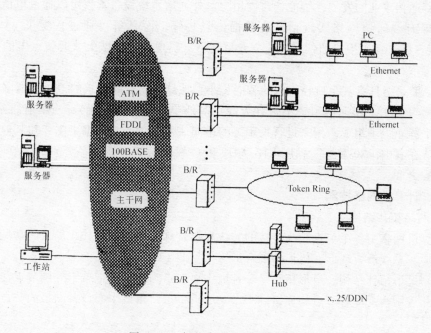

图 13-10　智能大厦网络总体结构

（1）主干网。主干网将根据需要覆盖智能大厦楼群中的各个大楼和大楼内的各楼层。楼内的中心主机、服务器、各楼层的局域网以及其他共享的办公设备，通过主干网互连，构成智能大厦的计算机网络系统。智能大厦的主干网是一高速网，用以保证满足大厦各种业务需要而进行高速信息传输和交换，一般其传输速率要求达到100Mbps。高可靠性也是对主干网的一项基本要求，主干网的链路设计要有冗余度，设备要有容错能力。具有灵活性和可扩充性是对主干网的又一基本要求，它能支持多种网络协议。因此，对智能大厦的主干网的要求可归结为：高传输速率、一定的覆盖范围，高可靠性，灵活支持多种网络协议，根据需求可以随时扩充配制新的网络。

目前能构成高速主干网的网络技术主要有快速以太网，FDDI、ATM以及各种类型快速网络互连设备等。

(2) 楼层局域网。楼层局域网分布在一个或几个楼层内。局域网的类型选择和具体配置要根据实际应用、信息量大小、对服务器访问的频繁程度、工作站点数及网络覆盖范围等因素来进行。一般局域网采用总线以太网（Ethernet）和环型令牌网（Token Ring）为主。以粗同轴电缆、细同轴电缆或无屏蔽双绞线，甚至光纤作为传输介质。

一个楼层内可以配置一个或几个局域网网段，或几个楼层配置一个局域网。这些不同的局域网或网段可以通过路由器或集线器连接起来。随着需求和技术的发展，交换式虚拟网络将会更适合在智能大厦中配置。

(3) 智能大厦与外界的通信和连网。智能大厦与外界的通信和连网主要借助于邮电部门公用通信网。目前主要可利用的公用通信网有 X.25 公用分组交换网 PSDN，数字数据网 DDN 和电话网。如有需要和可能，也可利用卫星通信网或建立微波通信网。

3. VSAT 卫星通信系统

随着通信事业的发展，智能建筑内用户对外通信系统设备不仅可以通过电话线路、光纤网络等有线通信网络实现话音、数据信息传输，而且可以通过 VSAT（Very Small Aperture Terminal）卫星通信系统建立专用网络，实现分布区域大、通信点多的数据信息传输。

VSAT 是指具有甚小口径天线的智能化小型地球站。智能建筑的卫星通信网是安装在各建筑物 VSAT 卫星通信用户小站（天线、室外单元、室内单元）、一个枢纽站（主站）以及一个静止卫星组成，用来进行长距离的单向或双向话音、数据、图像和其他业务信息的通信。在我国，VSAT 系统使用 Ku 频段和 C 频段，其天线口径分别为 1.2～1.8m 和 1.8～3m 之间。

二、计算机网络技术

1. 网络拓扑结构

计算机网络中各个节点相互连接的方法和形式称为网络的拓扑。局域网常见的拓扑结构有星形、总线形、环形、树形和混合形等。见图13-11。

(1) 星形拓扑结构。星形拓扑是一种以中央节点为中心，把若干外围节点连接起来的辐射式互连结构，即各节点均连接到一个中心设备上，由该中心设备向目的节点传送数据包。

星形拓扑的优点是配置灵活、故障易排除、存取协议简单，缺点是费用较高、中央节点的可靠性和冗余度要求很高。

采用星形拓扑的网络产品有：IBM 的 SNA，DEC 的 DECnet，Novell 的 Netware 等。

(2) 总线拓扑结构。总线拓扑采用单根传输媒体，让所有的节点通过其相应的硬件接口直接连接到传输媒体上。总线网络是从多机系统的总线互连结构演变而来的，它有单总

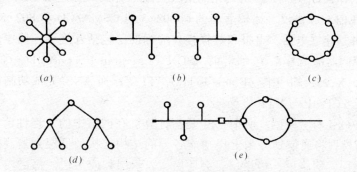

图 13-11 计算机网络的拓扑结构
(a)星形；(b)总线形；(c)环形；(d)树形；(e)混合形

线和多总线之分，但局域网一般都是单总线。因为所有节点共享一条公用的传输媒体，所以一次只能由一个设备传输信号，所以要有一种访问控制策略，来决定下一次哪一个节点可以发送。

总线形拓扑的优点是易于扩展、费用低；不足之处是故障诊断与隔离困难。

目前，有相当多的网络产品支持总线拓扑，例如：Novell、Ethernet、Omninet、PCnet等。

(3) 环形拓扑结构。当网络上的节点被连接成闭合的环路时，称为环形结构。

在环形网络中，任何两个节点之间都要通过环路相互通信，单条环路往往只支持单一方向的通信，所以任何两个节点的通信信息（包括回答信息）都要绕行环路一周才能实现互相通信，这样使得控制比较简单。但环形结构也有缺点，当节点故障时会引起全网的故障，而且诊断困难。另外，环形结构不易重新配置网络。

当前最具代表性的局域网产品是 IBM 的 Token Ring。

(4) 树状拓扑结构。树形拓扑是从总线拓扑演变过来的，作为局域网它通常是二叉树的树形结构，一般采用双绞线或同轴电缆作为传输媒体，通常使用宽带传输技术。

二叉树是树形拓扑中最简单的一种。从根节点开始向下分级和左右分叉，在网络中的任何两个节点之间都不形成回路，通路都必须支持双向传输。当节点发送信息时，根接收该信号，然后再重新发送到全网，在这种结构中不需要中继器。

树形结构的优点是易于扩展，故障易排除；不足之处是对根的依赖性太大。

(5) 混合拓扑结构。在较大系统中，有时需要将各种结构的局域网连在一起，从而形成混合拓扑结构。

2．网络体系结构和协议

智能大厦计算机网络系统由高速主干网、楼层局域网、对外通信的广域网和多种服务器、工作站或 PC 机等组成。这是一种异型网络互连的网络环境，这种网络系统必须具备开放系统的特性：系统互连、信息互操作和协同工作，这就要求具有开放系统互连的网络协议体系结构。

目前，制定网络标准的组织机构有国际标准化组织（ISO）、国际电子与电气工程师协会（IEEE）、国际电报电话咨询委员会（CCITT）、美国国家标准协会（ANSI）和高级计划研究署（ARPA）等。ISO 对网络的最大贡献是开放式互连（OSI）参考模型；IEEE 的贡献则是 IEEE802 协议，比较著名的是 802.3 的 CSMA/CD 和 802.5 的 Token Ring；CCITT 的任务是建立电话、电报和数据接口的标准，包括互连不同国家的电话网络，以及使用调制解调器的信号系统。例如，ISDN（Intergrated Services Digital Network，综合业务数字网），X.25，帧中继（Frame Relay），T1 等；而 ANSI 则成功制定了 FDDI 标准，ARPA 制定了 TCP/IP 与 FTP 协议。

（1）ISO/OSI 参考模型。所谓 OSI 是指计算机在网络中的互连性、互通性和互操作性。OSI 参考模型将通信划分为七层功能各异的结构，从最低层到最高层依次为：物理层、数据链路层、网络层、传送层、会话层、表示层和应用层，每层均有各自的通信协议。其中底 3 层为通信子网，其协议由专门的通信芯片实现，直接做在网卡上。而 OSI 的高层协议基本上由软件实现，被网络操作系统所控制。

（2）TCP/IP 协议。TCP/IP 是多台相同或不同类型的计算机进行信息交换的一组通信协议所组成的协议集，其准确的名称是 Internet 协议族，而 TCP 和 IP 是其中两个极为重要的协议：除此之外，还包括 UDP、ICMP 和 ARP 协议等。

传输控制协议（TCP）可确保所有传送到某个系统的数据能正确无误的到达该系统。网际协议（IP）制定了所有在网络上流通的包标准。

网际协议提供跨越多个网络的单一包的传送服务。传输控制协议在网际协议的上面，提供面向连接的可靠数据传输服务。Novell 在 Netware V3.11 以上版本开始提供 TCP/IP。Unix 作为当今最流行的操作系统之一，在其近期的 Unix 版本中，都将网络功能放在了重要的位置，其作法就是将 TCP/IP 网络协议溶入 Unix 操作系统中。成为操作系统的一个部分。其他著名的操作系统如 DOS、VMS 上也推出了相应的 TCP/IP 软件。

（3）IEEE802 参考模型。IEEE802 参考模型以 ISO/OSI 为基础，也采用了 7 层参考模型，而且只定义到最低两层即物理层和数据链路层，并将这两层进行了再分解，将数据链路层分解为逻辑链路控制层与介质存取控制层。至于第 3 层到第 7 层基本未作修改，其功能留给网络厂商去做决定。

概括地说，IEEE802 委员会主要建立了以下标准：三种访问方式（CSMA/CD 总线，令牌总线、令牌环）与四种传输媒体（基带同轴电缆，宽带同轴电缆，双绞线，光缆）。

IEEE802 标准体系如下：

1）IEEE802.1A 局域网络体系结构。

2）IEEE802.1B 寻址、网际互连和网络管理。

3）IEEE802.2 逻辑链路控制 LLC。

4）IEEE802.3 载波监听多重访问/冲突检测（CSMA/CD）。

5）IEEE802.4 令牌总线（Token Bus）。

6）IEEE802.5 令牌环（Token Ring）。

7）IEEE802.6 城域网 MAN-DQDB。

8）IEEE802.7 宽带技术推荐标准。

9）IEEE802.8 光导纤维推荐标准。

10）IEEE802.9 综合语音数据终端。

11）IEEE802.10 网络安全。

12) IEEE802.11 无线网络。

3. 网络硬件配置

所谓网络硬件即构成网络的物理设备。这些设备按其功能以及它们在网络中的作用可划分为：传输媒体类、网卡类、服务器/工作站类、网络互连设备等。

(1) 传输媒体。网络中各结点之间的数据传输必须依靠某种传输媒体来实现，它起到了相互连接和通信的作用。按其传输方式，传输媒体可以分为：有线传输媒体和无线传输媒体。

在有线媒体中，信号和数据只能在媒体中传输，而且在一定程度上与外界环境相屏蔽，常用的有同轴电缆、双绞线和光纤等。在无线传输媒体中，凡是具有正确的接收装置并在一定接收范围以内的结点都可以接收到信号。其优点在于安装移动以及变更都较容易，受环境影响小，但要注意传输距离限制与干扰等问题，且初期的安装费用会比较高，它包括：红外线、无线电、微波及卫星。

不同媒体的传输速率和传输距离各不相同，这是因为它们的电气特性不同，对其评价的指标有阻抗、反射、衰耗、带宽和噪声吸收等。

双绞线包括屏蔽双绞线（STP）和非屏蔽双绞线（UTP），有 2 对、4 对等规格。同轴电缆常用的是 RG-58A/U、RG-11、RG-59U 和 RG-62U 等。光缆包括多模及单模光纤，目前常应用的是 $62.5\mu m/125\mu m$ 的多模光纤。

(2) 网络适配器。网络适配器也叫网络接口板或网卡，它是网上设备（如工作站、服务器等）到网络传输媒体的通信枢纽，是完成网络数据传输的关键部件。

网络适配器一般与网络传输媒体共同实现 ISO 七层网络模型中的最低两层，即物理层与链路层。有些适配器还实现了网络层及传输层的功能。

网络适配器通常以它所支持的通信协议进行分类，但也可按网络适配器与网络设备间的数据传输宽度或总线类型分为 8 位网卡，16 位网卡，EISA 网卡，微通道网卡等。

由于网络适配器完成了物理层与链路层的功能，所以网络适配器对网络的拓扑结构，传输媒体及通信协议的选择有决定性的影响。反之，网络的拓扑结构及通信媒体等也确定了网卡的可选用范围。

(3) 网络工作站。网络工作站是指连接到计算机网络并通过应用程序或实用程序来执行任务的个人计算机。它是网络数据主要的发生和使用场所。用户主要是通过工作站使用网络资源并完成自己的作业。网络操作系统通过在个人计算机上运行网络通信管理程序和操作系统外壳程序为个人计算机增加网络功能，并使之成为网络工作站。虽然它们是一些中低档的微机，其资源有限，正是基于此，才将它们与高档服务器主机相连组网而使其能够共享服务器的资源。

工作站可分为本地工作站和远程工作站。本地工作站是由网络传输线连接在一起的，它们能与网络进行高速的数据交换。而远程工作站是通过异步远程网桥或其他异步连接设备连接到 LAN 的一台计算机或终端。某一网络中的远程工作站也可以是另一网络中的本地工作站。一般的远程工作站是通过电话网或其他公用网络来进行远程通信，因而数据传输速率受到一定的限制，使得远程工作站与网络只能以较低的速率进行数据交换。

(4) 网络服务器。服务器是指能为网络提供服务和进行管理的计算机系统。由于要求服务器所提供的特定功能，故对其在系统结构、性能和可靠性方面都有一定特殊和严格的要求。以微机专用服务器为例，一般要求以 EISA 或 PCI 总线结构，SCSI 智能硬盘接口，高速 CPU 和内存，采用容错技术，大容量硬盘以及整机能在长时间下安全可靠的运行。

由于整个网络的用户均依靠不同的服务器提供不同的网络服务，因此网络服务器是网络资源管理和共享的核心。网络服务器的性能对于整个网络的共享性能有着决定性的影响。

网络中常用的服务器有：文件服务器；打印服务器；通信服务器；数据服务器。

（5）调制解调器。在局域网的覆盖范围内，其传输媒体一般为双绞线，同轴电缆或光纤等，但在实际应用中，往往要进行城市中不同区域间，不同城市间，甚至于不同国家间的远程通信。进行数据交换，最简便而又经济的方法就是通过遍布于世界各个角落的公用电话系统，于是，人们设计出了能够把数字信号转换成音频信号并发送到电话网络，又能把电话网络上的音频信号转换成数字信号的装置——调制解调器（Modem）。

Modem 将来自计算机或其他数据装置送来的数字信号"调制"成一定频率范围的音频信号并发送出去，同样可将传输媒体（电话线）上的音频信号"解调"为计算机能接收的数字信号。它的一端和计算机的 RS232 接口相连，它们之间使用串行数字通信，其另一端与公用电话网（PSTN）连接，它通过电话网与远端的另一个 Modem 相连，Modem 之间使用音频信号进行通信。

三、局域网

1．局域网的特征

局域网（LAN）是在小区域范围内（如一座大楼或一个建筑群），对各种数据通信设备提供互连的数据通信网络。在此环境下可提供给用户信息与资源共享、分布式数据处理、网络协同计算、管理信息系统和办公自动化、计算机辅助设计与制造等各种应用系统。

局域网具有下列特性：

（1）地理范围较小，覆盖直径一般数百米到数公里。

（2）数据传输速率较高，一般为 1~100Mbps，且误码率较低（$10^{-8} \sim 10^{-11}$）；传输延迟小。

（3）网络拓扑结构灵活多变，便于扩展和系统重构，易于管理。

（4）局域网协议一般远比广域网简单。常用的介质访问协议有：载波监听多路访问/冲突检测 CSMA/CD，令牌环 Token Ring，令牌总线 Token Bus，光纤分布数据接口 FDDI 及电缆分布数据接口 CDDI，还有正在迅速发展的异步传输模式 ATM。

（5）局域网通过集线器 Hub，网桥 Bridge，路由器 Router，交换器 Switch 很容易实现异种网络互连，特别是在 TCP/IP 协议系列支持下，实现互操作和协同工作。

（6）随着高速网络技术的发展，局域网可以实现多媒体（数据、语言、图像等）信息传输，开发多媒体会议系统。

（7）网络建设配置容易。入网工作站及服务器都直接通过网络适配器直接连到传输设备或介质上，很容易实现一种非常有效的客户/服务器（Client/Server）结构，满足多种用途需要。也可以通过局域网实现一些较为昂贵的大型设备（诸如大容量磁盘，激光打印机，大型绘图仪等）的共享。

2．Ether net 组网设计

以太网（Ethernet）是局域网中最为知名和广为应用的一种总线局域网。它是美国 Xerox 公司于 1975 年研制成功的。1980 年由 DEC, INTEL, Xerox 3 家公司联合宣布了 Ethernet 技术规范，IEEE802.3 标准就是以此为基础制订的。由这 3 家公司联合组建的 3COM 公司根据这一技术规范，不断推出其系列产品，包括 Ethernet 网络适配器、网络服务器、网络系统软件，其他厂商也在技术、配置和协议等方面与之靠拢，推出一系列以太网产品。

以太网主要包括传输速率为 10Mbps 的 10BASE-5、10BASE-2、10BASE-T 和传输速率为 100Mbps 的 100BASE-T 和 100BASE-L。介质访问控制方法是载波监听、多路访问/冲突检测（CSMA/CD）方法。

（1）10Base-5。10Base-5 采用 RG-11 粗同轴电缆作传输媒体，采用带 DIX 接口的以太网卡总线连接。同时要求每个网络节点均需通过外部收发器与电缆线连接。当粗缆总长度超过 500m 时，必须把总线分成若干长度不足 500m 的区段，采用中继器连接。

（2）10Base-2。10Base-2 采用 RG-58A/U 细同轴电缆作输媒体，采用带 BNC 接口的网卡总线型连接，不需要外部收发器，用适配器内部的收发器。不用中继器时最大传输距离为 185m。

（3）双绞线 10Base-T。10Base-T 采用无屏蔽双绞线作传输媒体，星型连接，其关键硬件是集线器 HUB。HUB 上有多个双绞线接口，一个 BNC 和/或 DIX 接口，网络站点的网卡通过双绞线连接到 HUB 的双绞线接口上。双绞线和 HUB 之间及双绞线和网卡之间采用 RJ45 标准接口。如果网卡上没有 RJ45 接口，则应用 10Base-T 收发器。HUB 与 HUB 之间最大距离为 100m，HUB 与网卡之间最大距离为 100m。图 13-12 为三级 HUB 的 10BASE-T 网络图。

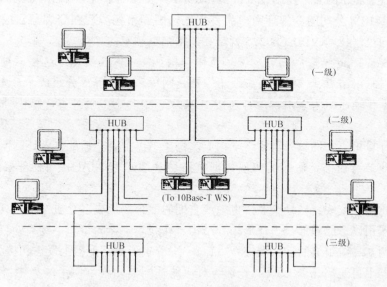

图 13-12 三级 HUB 的 10BASE-T 网络

3. Novell 网

Novell 网是美国 Novell 公司开发的高性能局域网络，其核心是网络操作系统 Netware，它已成为应用最广泛的网络操作系统，全球市场占有率达67%。

Novell 网络体系结构称为 Novell 综合计算体系结构（NICA）。它采用开放系统技术策略，在分布式和多用户环境中，为应用的统一性提供网络服务。Novell 利用分布式网络服务结构，使用统一标准的开放软件编程方法，使已有的或新编的应用软件能共享信息和系统资源，无需考虑所使用的应用软件来自何处及所依赖的工作平台。这样，可使来自不同厂家的产品和应用构成一个功能很强的网络计算系统。

Novell 网络系统技术特征如下：

(1) 高性能的网络操作系统 Netware，这是 Novell 网络系统的核心，也是它提供分布式服务、网络计算功能的基础。版本不断更新，最新版本 4.1 将分布式目录、综合通信、多协议路由、网络管理、网络安全、文件和打印等 7 项核心网络服务功能集于一身的网络操作系统。

(2) 广泛的连网支持能力，这包括支持目前流行的上百种网络通信适配器。例如：3COM 的 3^+ Ethernet，IBM 的 Token Ring，PCnet，ARCnet，STARLAN 等。支持多种广域网的连网，Novell 提供各种通信产品把 Netware 扩展成广域网系统。提出开放性协议技术 OPT，支持多种通信协议，如 IEEE802.3，IEEE802.5，IPx/SPx，TCP/IP，X.25，OSI，SNA，Apple TALK 等。

(3) 支持多种操作系统，包括 DOS，Windows，OS/2，UNIX，Macintosh，DEC/VMS，IBM/MVS，VM 等。

(4) Netware 提供文件和打印、数据库、通信、电子邮件和网络管理等多种服务，它们构成了 Novell 网络计算系统的核心。

4. Token Ring 局域网

令牌环（Token Ring）控制技术最早在 1969 年贝尔实验室研制的 Newhall 环上采用。80 年代中期，IBM 公司的令牌环网产品首先进入国际市场。现在令牌环已成为最流行的环网介质访问控制技术，IEEE802.5 就是在此基础上制定的。

IBM Token Ring 结构：IBM 令牌环总体结构如图 13-13 所示。这是一种星形——环形拓扑结构，它由结点、传输介质、线集中器、网桥、网关等部分组成。最多可连接 260 个节点，数据传输速率为 4Mbps，可连接 IBM 大、中、小、微各类计算机外部设备和控制器等。

节点由计算机、文件服务器或终端构成，每个结点配有一适配器入环网，并通过它与环网上的其他节点通信。适配器实现数据链路层（LLC 和 MAC）和物理层的大部分功能。

传输介质由双绞线、光纤或宽带电缆或它们的混合，形成多介质网络。

线集中器用以形成星形——环形拓扑结构。在线集中器的每一个接头处装有几个电子继电器，由两对导线组成的插入器连线（Lobe），分别形成适配器上发送和接收两条路径。一个线集中器上可连接几个 Lobe，分别与对应的适配器相连。使用线集中器给整个环网结构的配置带来很大的灵活性，同时也增加了网络的可维护性和可靠性。

网桥作为 IBM 令牌环之间的互连设备。通过网桥可把多个令牌环接成一个分级的复合环结构。网桥作为高速数字转接设备，具有帧缓冲能力，还可进行传输速率转换。由网桥连接起来的各个环网具有自治性，每个环都有自己的令牌和标识，可单独运行，彼此能

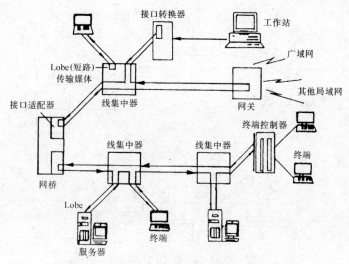

图 13-13　IBM 令牌环结构和工作原理图

隔离故障。使用网桥增强了网络结构的可扩充性、灵活性和层次性。

网关是令牌环用以与其他局域网或广域网甚至 PABX 系统互连的设备。它执行网络地址、传输速率、协议等转换的功能。

5．FDDI 组网设计

光纤分布式数据接口（FDDI）是由美国国家标准化协会制定的 100Mbps 光纤环形局域网的标准。它是一种物理层和数据链路层标准，规定了光纤介质、光发送器和接收器、信号传送速率和编码、介质访问控制协议、帧格式、分布式管理协议和可使用的拓扑结构等规范。

（1）访问控制方法。FDDI 的访问控制方式为分时令牌环，它与令牌环的区别在于：FDDI 运行速度非常快，每一刻可以有多个令牌，允许在同一时间有多个包在环上传送。

（2）基本结构。FDDI 的基本布局结构是环形，与普通的环形拓扑不同的是，FDDI 需要两个环，即主环和备份环，主环用于数据传输，备份环则当主环出现断点时使用。FDDI 的最大节点数据为 500 个，节点间最大距离为 2km，总距离为 100km。

在智能建筑中，一般采用 FDDI 作为高速主干通信网，以解决计算机中心与楼内各个局域网与楼外的通信连网等。图 13-14 为 FDDI 设备连接图。其中与双环直接连接的设备称为双连接站（DAS），而通过集中器（DAC）只连一个电缆的设备称为单连接站（SAS）。

（3）硬件设备。FDDI 硬件设备主要包括 FDDI 网卡和 FDDI 集中器。网卡有单环网卡，具有冗余的双环网卡和独立的双环网卡，用于工作站和服务器。集中器是主环上的主要连接设备，它包含连接 SAS 的 M 口模块和连接以太网或令牌环网的翻译型网桥模块。

6．异步传输模式技术

异步传输模式（ATM）是一种新的传输和交换数字信息的技术，目前正由 ANSI、CCITT 和 ATM 论坛等组织制定标准。ATM 是一种很好的时分复用和分组交换技术，被推荐用于宽带综合业务数字网（B-ISDN）。ATM 可用于 LAN 和 WAN，传输速率为一

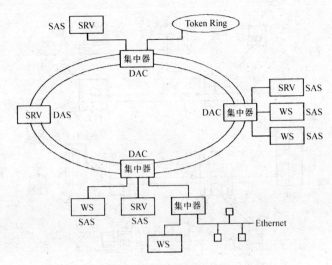

图 13-14 FDDI 设备连接

一般为 155Mbps-2.5Gbps，但也有 25Mbps，50Mbps 的 ATM。

ATM 技术可在下列组网中应用：

(1) 高速局域网的主干网，见图 13-15。

(2) 高速用户组局域网；

(3) 作为 B-ISDN 的核心在 WAN 中组网。

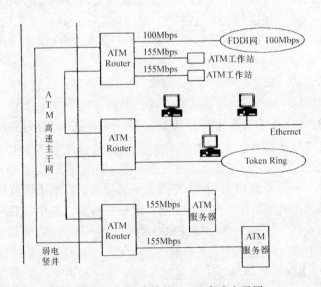

图 13-15 智能建筑的 ATM 高速主干网

四、广域网

广域网（WAN）的覆盖范围很大，甚至环绕整个地球，远在两地的局域网要实现信息交换和资源共享就必须采用广域网技术和产品。

在广域网环境中，通信传输一般采用公共传输系统（公共网络），包括分组数据网、电话网、卫星网等大范围内的网络传输系统。

目前通信传输网络正向基于异步传输 ATM 技术的宽带综合业务数字网发展，主干网将提供每秒上千兆比特的速率，支持多媒体网络应用，并拥有强大的网络管理功能。

1．X.25 公共分组数据网

公共分组数据网（PSDN）是广域网中重要的传输系统。在公共数据交换网中，最常用的协议是 X.25 协议，它将公共数据交换网的通信功能划分为三个互相独立的不同层次，分别称为物理层，数据链路层和网络层。X.25 是一种中速数据网络，一般速率为 64Kbps 以内。我国的 CHINAPAG（中国公共分组交换数据网）是一个采用 X.25 协议公共分组交换网，它覆盖全国并与国际联网。

2．公用电话网络（PSTN）

借用 PSTN 进行远程组网是最廉价的应用方法，PSTN 入网方式简便灵活，并可与公共数据网转接。经过 PSTN 入网方式有：

（1）用普通拨号电话线；

（2）租用一条电话专线；

（3）用普通或专用电话线经 PSTN 转接入公共分组数据网。

3．数字数据网（DDN）

数字数据网是利用光纤（或数字微波和卫星）数字电路和数字交叉连接设备组成的数字数据业务网，它是同步数据传输网，主要为用户提供永久、半永久型出租业务。该网具有传输延时短，可用传输带宽范围宽（2.4～2048Kbps），传输质量高，具有路由自动迂回等特点。

DDN 网的业务范围适用于：

（1）信息量大并要求实时性强的中高速数据通信业务，如局域网互连、中大型同类主机间互连以及业务量大的专用系统等；

（2）图像传输业务，如会议电视业务等；

（3）为专用系统提供话音和传真业务。

利用 DDN 的主要方式是定期或不定期租用专线，即高速宽带专用信道。数据终端设备和 DDN 之间距离短不需要 Modem 接口，而是用数据服务单元/信道服务单元（DSU/CSU）接口。

4．综合业务数字网（ISDN）

ISDN 是 CCITT 和各国标准化组织正在开发的一组标准，它以综合数字电话网（IDN）为基础演变而成的通信网，能提供端到端的数字连接，用来支持包括话音和非话音在内的多种电信业务。用户仅使用一对用户线和一个 ISDN 用户号码就可将多个不同业务类型的终端接入网内，并按照标准的协议进行通信。ISDN 能够综合现有各种公用网的业务，并提供方便用户的许多新业务，以数字形式统一处理通信业务。

ISDN 标准化接口有基本速率接口和一次群速率接口。基本速率接口为两条 64Kbps 的信息通路和一条 16Kbps 的信号通路，一次群接口有 30 条 64Kbps 的信息通路和一条 16Kbps 的信号通路。一个 ISDN 的基本速率用户接口可以连接 8 个终端，而且使用标准化的插座，易于各种终端的接入。

5．Internet

Internet 是由美国的 ARPA net 发展和演化成的，采用 TCP/IP 协议，是世界上最大的互连网络。连接 Internet 的方法有：

（1）通过局域网直接连接。条件是需要连接到一个与 Internet 连接的网络，及一个网络适配卡和相应的驱动程序。

（2）通过电话拨号直接连接。条件是需要一个调制解调器和相应软件，同时还需要一个服务提供者，允许用户通过电话拨号进入的服务器。调制解调器的速率至少要 14.4Kbps。

（3）通过电话拨号间接连接。条件是需要一个调制解调器、标准的通信软件和一个联机服务帐号。

五、网络互连设计

网络互连是通过互连设备和适当技术把具有不同协议体系结构的网络互连起来，实现信息通信与资源共享，这是一项系统集成技术。网络互连的形式有：LAN - LAN，LAN - WAN，WAN - WAN，LAN - WAN - LAN。

根据 ISO/OSI 参考模型，网络互连可在物理层到应用层的任何一层中进行，相应的设备是中继器、网桥、路由器和网关。

1．中继器方式

在物理层实现网络互连的设备称为中继器或重发器，这是具有相同接口和介质访问控制协议的同构网段的互连。中继器不能控制和分析信息，只能简单地接收数据帧，逐一再生放大信号，然后把数据发往更远的网络节点。中继器不能用于互连不同类型的网络。

2．网桥方式

链路层的互连设备称为网桥，它是互连具有不同介质访问控制协议的局域网。网桥在链路层将数据帧进行存储转发，并送到数据链路层（LLC）进行差错校验等处理，然后根据目的地址转发到另一个子网上。网桥的互连特点是将实际上分离的 LAN 连成一个逻辑上单一 LAN。如图 13-16 所示。

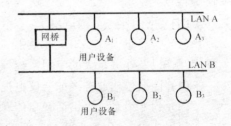

图 13-16　网桥连接

3．路由器方式

在网络层的互连设备称为路由器。网络层上的互连通常涉及广域网。路由器需要处理网络层的数据分组或网络地址，决定数据分组的转发，由于处理的层次高，因而它具有更强的网络互连功能。路由器的寻址及路由选择是最关键的问题，图 13-17 给出了两个局域网通过广域网互连的连接方式。

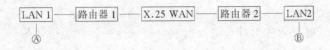

图 13-17　路由器连接

路由器和网桥相比，前者是和 OSI 模型网络层协议相关，后者却独立于网络层协议。路由器能有效地利用多条路径，设计适应通信的快速变换的路径表，信息沿最佳路径传送；网桥则无法实现上述功能。下面给出选择路由器和网桥的一般原则，见表13-3。

4. 网关方式

支持任何比网络层高的层次上的网络互连设备称为网关或网间连接器。网关通过转换不同结构网络之间的协议来互连不相似的网络，如一个 X.25 网关用来连接局域网和 X.25 分组交换网。网关比路由路的功能更强，它将数据完全重新分组，甚至进行数据转换，以便在两个网络间进行通信。

5. 集线器方式

集线器（HUB）是将分散的网络线路集中在一起，从而将各个独立的网络分段线路集中在一个设备中，也可以把集中器看成是星形布线的线路中心，线路由这个中心向外辐射到各个局域网。

网桥和路由器的适用范围表　　　　　　　　　　表13-3

	网　　　桥	路　由　器
互连网络类型	同种类型	多种类型
互连网络数量	小于15个子网	大于15个子网
流量控制能力	无	均衡多条链路上的负载

（1）普通集线器。目前，很多局域网方案都采用带集线器的星形结构，如 IEEE802 委员会的以太网 10Base-T 标准。HUB 的主要功能为：

1）每个双绞线接口只与一个工作站（网卡）相连，信号点对点传输。

2）当某一端口接收到信号时，HUB 将其整形再生后发往其他所有端口。

3）HUB 本身可自动检测信号碰撞，当碰撞发生时，立即发出阻塞信号通知其他端口。

4）某端口的传输线或工作站发生故障时，HUB 将自动隔离该端口，不影响其他端口。

（2）多功能集线器。多功能集线器具有智能性质，其主要功能有：

1）支持多种传输媒体。因为网间互连包括各种类型的 LAN，因此 HUB 应支持光纤、双绞线和同轴电缆等各种传输媒体，从而提高了网络布线的灵活性。

2）支持网桥和路由器。HUB 可以和网桥及路由器协同工作，从而提高了整个网络的性能。有的集线器甚至可以协调以太网和令牌环的通信，而不需要增加路由器或网桥。

3）支持网络管理功能，具有容错功能和自处理等功能。

第五节　结构化布线系统

一、概述

1. 结构化布线及其特点

结构化布线系统（SCS）是建筑物或建筑群内部综合信息传输的网络系统，它能使建筑物或建筑群内部的语言与数据通信设备、信息交换设备和其他信息管理设备彼此相连，也使这些设备与外部的信息网络相连。

SCS是全新概念的开放式布线系统,这项卓越的技术是1985年由美国电报电话公司(AT&T)贝尔实验室首先推出,并于1986年通过美国电子工业协会(EIA)和通信工业协会(TIA)的认证。于是很快得到世界广泛认同并在全球范围内推广。世界上其他著名的通信与网络公司:美国安普(AMP)公司、法国的阿尔卡特(ALCATEL)公司、加拿大北方电讯(NT)公司、英国的BICC公司、德国克罗内(KRONE)公司等也都相继推出了各自的综合布线系统产品。SCS出现的意义,在于它彻底打破了数据传输和语音传输的界限,并使这两种不同的信号在一条线路中传输,从而为迎接未来综合业务数字网络(ISDN)的实施提供了传输保证。

AT&T公司的SCS是个总称,根据不同的应用范围又分不同的系统,这包括建筑物与建筑群综合布线系统(PDS)、智能大楼布线系统(IBS)和工业布线系统(IDS)。近来,AT&T SCS的注册商标改为Lucent Technologies SYSTIMAX SCS。

SCS采用高质量的标准材料,以模块化的组合方式,把语音、数据、图像和部分控制信号用统一的传输媒介进行综合,形成了一套标准、灵活、开放的布线系统。

系统具有如下特点:

(1) 兼容性。布线系统将语音信号、数据信号、图像信号和监控信号的配线经过统一的规划和设计,采用相同的传输介质、信息插座、交连设备、适配器等,把这些性质不同的信号综合到一套标准的布线系统中。

(2) 开放性。布线系统由于采用开放式体系结构,符合多种国际上流行的标准,因此它几乎对所有著名厂商的产品都是开放的,如IBM、HP、DEC、SUN的计算机设备,AT&T、NT、NEC等的交换机设备。并对几乎所有通信协议也是开放的,如EIA-232-D, RS-422, RS-423, Ethernet, Token Ring, FDDI, CDDI, ISDN, ATM等。

(3) 灵活性。布线系统所有信息通道都是通用的,每条信息通道可支持电话、传真、多用户终端。所有设备的开通及更改均不需改变系统布线,只需增减相应的网络设备以及进行必要的跳线管理即可。另外,系统组网也可灵活多样,为用户组织信息流提供了必要条件。

(4) 可靠性。布线系统采用高品质的材料和组合压接的方式构成一套高标准信息通道,所有器件均通过UL、CSA及ISO认证。系统布线全部采用物理星形拓扑结构,点到点端接,任何一条线路故障均不影响其他线路的运行,同时为线路的运行维护及故障检修提供了极大的方便,从而保障了系统的可靠运行。

(5) 先进性。布线系统采用世界上最新通信标准,信息通道均按B-ISDN设计标准,按八芯双绞线配置,通过5类双绞线,数据最大速率可达到155Mbps。干线光缆可设计为500M带宽,为将来的发展提供了足够的裕量。通过主干通道可同时传输多路实时多媒体信息,同时物理星形的布线方式为将来发展交换式网络奠定了坚实基础。

(6) 经济性。布线系统的应用降低了传统布线时各系统布线的重复浪费,同时降低了用户重新布局或设备搬迁的费用,以及维护费用等。

2. 应用范围

由于信息应用领域日益扩展,SCS在高层建筑应用领域的对象很多,如商务领域的银行、股票证券交易所、宾馆、百货商场等;办公领域的写字办公楼、商务贸易中心等;新闻广播、电视出版领域的新闻报社总部、广播电视总部及出版社等；此外，在交通运输领域、卫生领域、居住领域等都得到了很好的应用。

由于综合布线系统主要是针对建筑物内部以及建筑物群之间的计算机、通信设备和建筑物自动化等设备的布线而设计的，所以布线系统应用范围是满足于各类不同的计算机、通信设备、建筑物自动化等设备传输弱电信号的要求。

综合布线系统网络上传输的弱电信号有：
（1）模拟与数字话音信号；
（2）高速与低速的数据信号；
（3）传真机、图像终端、绘图仪等需要传输的图像资料信号；
（4）会议电视与安全监视电视的视频信号；
（5）建筑物的安全报警和自动化控制的传感器信号，等等。

由此可见，在建筑电气设计中很多弱电系统都可进入综合布线系统之中，如电话与传真系统、公共广播与背景音乐系统、传呼对讲系统、保安监控系统、建筑物自动化系统和办公自动化系统的计算机局域网络系统等。当然是否全部系统均进入综合布线，以及进入的层次（干线网络与支线网络）则可视具体情况有不同的选择。

二、布线系统构成

SCS 产品是由不同系列的器件所组成，系统产品包括：建筑物或建筑群内部的传输电缆、信息插座、插头、转换器（适配器）、连接器、线路的配线及跳线硬件、传输电子信号和光信号线缆的检测器、电气保护设备、各种相关的硬件和工具等。系统产品还包括建筑物内到电话局线缆进楼的交接点（汇接点）上这一段的布线线缆和相关的器件。但不应包括交接点外的电话局网络上的线缆和相关器件以及不包括连接到布线系统上的各个交换设备，如：程控数字用户交换机、数据交换设备、工作站中的终端设备和建筑物内自动控制设备等。这些器件可组合成系统结构各自相关的子系统，分别起到各自的功能。

以 EIA/TIA568 标准和 ISO/IEC11801 国际综合布线标准为基准，综合布线系统结构的设计组合可以划分为六个独立的子系统。这六个子系统依次为：工作区子系统；水平子系统；干线（垂直干线）子系统；管理子系统（包括楼层电信间子系统）；设备间系统；建筑群子系统。

综合布线系统的结构图见图 13-18。括号内为传统电话配线系统名称。

1. 工作区子系统

工作区子系统由终端设备连接到信息插座的连线（或软线）组成，它包括装配软线、连接器和连接所需的扩展软线，并在终端设备的信息插座之间搭桥。

2. 水平子系统

它的功能是将干线子系统线路延伸到用户工作区。水平系统是布置在同一楼层上的。一端接在信息插座上，另一端接在层配线间的跳线架上。水平子系统主要采用 4 对非屏蔽双绞线，它能支持大多数现代通信设备，在某些要求宽带传输时，可采用"光纤到桌面"的方案。当水平区间面积相当大时，在这个区间内可能有一个或多个卫星接线间，水平线除了要端接到设备间之外，还要通过卫星接线间，把终端接到信息出口处。

3. 管理子系统

它是干线子系统和水平子系统的桥梁，同时又可为同层组网提供条件。其中包括双绞

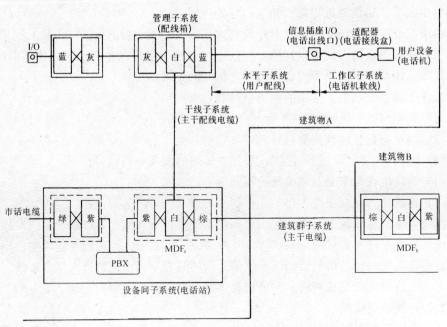

图 13-18　结构化布线系统结构图

线跳线架、跳线（有快接式跳线和简易式跳线之分）。在有光纤需要的布线系统中，还应有光纤跳线架和光纤跳线。当终端设备位置或局域网的结构变化时，只要改变跳线方式即可解决，而不需重新布线。

4．干线子系统

通常它是由主设备间（如计算机房、程控交换机房）至各层管理间。它采用大对数的电缆馈线或光缆，两端分别端接在设备间和管理间的跳线架上。

5．设备间子系统

它是由设备间中的电缆、连接跳线架及相关支撑硬件、防雷电保护装置等构成。比较理想的设置是把计算机房、交换机房等设备间设计在同一楼层中，这样既便于管理，又节省投资。当然也可根据建筑物的具体情况设计多个设备间。

6．建筑群子系统

建筑群子系统将一个建筑物中的线缆延伸到建筑物群的另一些建筑物中的通信设备和装置上，它由电缆、光缆和入楼处线缆上过流过压的电气保护设备等相关硬件所组成。

各系统在建筑环境下的示意图见图 13-19。

三、系统设计

1．设计等级

设计人员应根据智能建筑物中的用户的通信及使用要求或建筑物中物业管理人员的使用要求、设备配置和内容进行全面评估，并按用户的投资能力及用户的使用要求进行等级设计，从而设计出一个合理的、良好的布线系统。

综合布线系统一般可根据非屏蔽双绞线缆、屏蔽双绞线缆和光纤线缆以及相关支撑的硬件设备材料的选择分为三个设计等级。

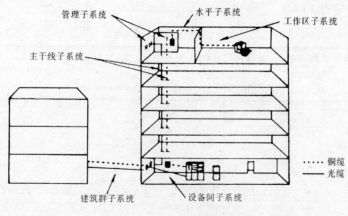

图 13-19 SCS 各子系统构成图

（1）基本型设计等级。适用于配置建筑物标准较低的场所，通常采用铜芯线缆组网，以满足语音或语音与数据综合而传输速率要求较低的用户。

基本型系统配置为：

1）每一个工作站（区）至少有一个单孔 8 芯的信息插座（每 10m² 左右）；

2）每一个工作站（区）对应信息插座至少有一条 8 芯水平布线电缆引至楼层配线架；

3）完全采用交叉连接硬件；

4）每一个工作站（区）的干线电缆（即楼层配线架至设备室总配线架电缆）至少有 2 对双绞线缆。

（2）增强型设计等级。适用于配置建筑物中等标准的场所，布线要求不仅具有增强的功能，而且还具有扩展的余地。可先采用铜芯线缆组网，满足语音、语音与数据综合而传输速率要求较高的用户。

增强型配置为：

1）每一个工作站（区）至少有一个双孔（每孔 8 芯）的信息插座（每 10m² 左右）；

2）每一个工作站（区）对应信息插座均有独立的水平布线电缆引至楼层配线架；

3）采用压接式跳线或插接式快速跳线的交叉连接硬件；

4）每一个工作站（区）的干线电缆（即楼层配线架至设备室总配线架电缆）有 3 对双绞线缆。

（3）综合型设计等级。适用于建筑物配置标准较高的场所，布线系统不但采用了铜芯双绞线缆，而且为了满足高质量的高频宽带信号，采用了多模光纤线缆和双介质混合体线缆（铜芯线缆和光纤线混合成缆）组网。

综合型配置为：

1）每一个工作站（区）至少有一个双孔或多孔（每孔 8 芯）的信息插座（每 10m² 左右），特殊工作站（区）可采用多插孔的双介质混合型信息插座；

2）在水平线缆、主干线（垂直干线）线缆以及建筑物群之间干线线缆中配置了光纤线缆；

3）每一个工作站（区）的干线电缆（即楼层配线架至设备室总配线架电缆）有 3 对

双绞线缆。

各等级比较见表13-4。

SCS 类型比较选用　　　　　表13-4

类型	工作区面积 (m²)	信息插座(I/O)数量(只)	对数/工作区(水平布线对数)	接线间 (IDF)	对数/工作区(干线对数)	设备间 (MDF)	缆线类型	备注
基本型		1 (当要求不确定时可设2只)	4	110A系列	≥2 (至少有2对双绞线)	110A系列交叉连接硬件	水平：三类UTP 垂直：三类UTP(三类为1010型)	1.能支持所有话音和某些数据 2.传输速率≤10Mbps 3.用户可利用配线架,跳线控制变动 4.1010型UTP容量系列为25、50、100、200等 5.UTP为非屏蔽双绞线
增强型	10	≥2	≥8 (每个I/O有4对绞线)	110A/110P	≥3	110P插拔式容量为300对、900对 110A:卡拉式容量为100对、300对	水平：三类或五类UTP 垂直：三类或五类UTP (五类为1061型)	1.增强在:I/O数量增多;传输速率提高;为多厂商环境提供经济有效的布线方案 2.用户可用配线架的跳线控制 3.1061型电缆传输速率为100Mbps 容量只有25对一种 4.任一I/O均提供语言与数据
综合型		≥2	≥8 (每个I/O有4对绞线)	110A 110A/110P 加LIU (光缆互联装置)	≥3	110P 110A/110P 加LCU/LIU	水平：五类UTP 垂直： 1.五类UTP 2.光缆	1.I/O提供语音和高速数据传输服务 2.光缆干线可提供FDDI、ATM等高速干线应用,提供宽带和视频 3.对某些特殊场合可提供光纤到桌的应用 4.其余同增强型

2．设计步骤

设计人员在系统设计时，应做好以下几项工作：

（1）评估和了解智能建筑物或建筑物群内办公室用户的通信需求；

（2）评估和了解智能建筑物或建筑物群物业管理用户对弱电系统设备布线的要求；

（3）了解弱电系统布线的水平与垂直通道、各设备机房位置等建筑环境；

（4）根据以上几点情况来决定采用适合本建筑物或建筑物群的布线系统设计方案和布

线介质及相关配套的支撑硬件,如:一种方案为铜芯线缆和相关配套的支撑硬件;另一种方案为铜芯线缆和光纤线缆综合以及相关配套的支撑硬件;

(5) 完成智能建筑中各个楼层的平面布置图和系统图;

(6) 根据所设计的布线系统列出材料清单。

综合布线系统设计步骤流程图可参见图 13-20 所示。

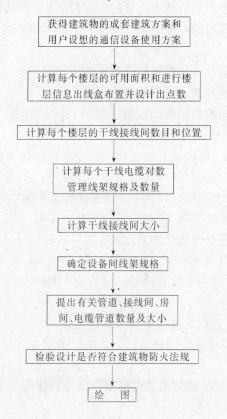

图 13-20 综合布线系统设计步骤流程图

3. 工作区子系统设计

一个独立的需要设置终端的区域划分为一个工作区。工作区域可支持电话机、数据终端、计算机、电视机、监视器以及传感器等终端设备。

(1) 确定信息插座的数量和类型。PDS 的信息插座大致可分为嵌入式安装插座、表面安装插座、多介质信息插座。其中嵌入式和表面安装插座是用来连接 3 类和 5 类双绞线的。多介质信息插座是用来连接双绞线光纤,即用以解决用户对"光纤到桌面"的需求。

根据已掌握的客户需要,确定信息插座的类别。单个 3 类线连接的 4 芯插座,宜用于基本型低速率系统;单个 5 类线连接的 8 芯插座,宜用于基本型高速率系统;双个 3 类线连接的 4 芯插座,宜用于增强型低速率系统;双个 5 类线连接的 8 芯插座,宜用于增强型高速率系统。

根据楼层平面图计算实际可用的面积,估计工作区和信息插座数量。一般可按每 $10m^2$ 为一个工作区,按布线系统的等级来确定信息插座数量。

(2) 适配器的选用。综合布线系统是一个开放系统，它应满足各厂家所生产的终端设备，通过选择适当的适配器，即可使综合布线系统的输出与用户的终端设备保持完整的电器兼容。

工作区的适配器应符合如下要求：

1) 在设备连接采用不同信息插座的连接器时，可用专用电缆与适配器；

2) 当在单一信息插座上进行两项服务时，宜用"Y"型适配器；

3) 在水平子系统中选用的电缆类别（介质）不同于设备所需的电缆类别（介质）时，宜采用适配器；

4) 在连接使用不同信号的数模转换或数据速率转换等相应的装置时，宜采用适配器；

5) 对于网络规程的兼容性，可用配合适配器；

6) 根据工作区内不同的电信终端设备（例如 ISDN 终端）可配备相应的匹配器。

4. 水平布线子系统设计

水平布线由每一个工作区的信息插座开始，经水平布置一直到管理区的配线架的线缆所组成。水平布线线缆均沿大楼的地面或吊平顶中布线，最大的水平线缆长度应为 90m。根据 EIA/TIA568 标准和 ISO/IEC11801 国际综合布线系统标准，水平布线系统可采用以下几种类型线缆：4 对 100Ω 非屏蔽双绞线（UTP）；4 对（或 2 对）100Ω（或 120Ω）平衡双绞线；2 对 150Ω 屏蔽双绞线（STP）；$62.5/125\mu m$ 光纤线缆；50Ω 同轴电缆。

水平布线系统还可采用双介质混合型线缆（内有 4 对 100Ω 非屏蔽线缆和 $62.5/125\mu m$ 多模光缆）和双介质混合型信息插座（内有 ISDN8 芯 RJ45 的标准插座和 ST 型光缆接口）。

(1) 确定导线类型。导线类型按下列原则选定：

1) 对于 10Mbps 以下低速数据和话音的传输，采用 3 类双绞线（1010）；

2) 对于 100Mbps 以下，10Mbps 以上的高速数据的传输采用 5 类双绞线（1061）；

3) 对于 100Mbps 以上，宽带的数据和复合信号的传输，采用光纤。比较经济的方案是光纤、5 类、3 类混合的布线方案。

(2) 确定导线长度。按下列步骤确定导线长度：

1) 确定布线方法和线缆走向；

2) 确定管理间或卫星接线间所管理的区域；

3) 确定距接线间最远的信息插座的距离；

4) 确定距接线间最近的信息插座的距离；

5) 计算平均电缆长度（为两条电缆路由总长的 1/2）；

6) 总电缆长度 = 平均电缆长度 + 备用部分（平均长度的 10%）+ 端接密差（6m）。

(3) 布线方式。水平布线是每一楼层上楼层配线架至信息插座间的电缆布线。线缆的布线路由不但要考虑建筑物内使用者功能上的要求，还要考虑建筑内部各楼层布线的美观，并以最短的路由进行布线，并考虑相应的防火措施。水平布线可采用各种方式，要求根据建筑物的结构特点、用户的不同需要灵活掌握。一般采用走廊布金属线槽，各工作区用金属管沿墙暗敷设引下的方式。对于大开间办公区可采用在混凝土层下敷设金属线槽，采用地面出线方式；或沿四周墙、柱等布线。

5. 管理子系统设计

管理子系统设备分布在建筑物每层的弱电配电间内。它是由交接间的配线设备（双绞线跳线架、光纤跳线架）以及输入输出设备（集线器、适配器等）等组成。其交连方式取决于工作区设备的需要和数据网络的拓扑结构。

(1) 管理方式。管理方式有单点管理与双点管理，其工作均在连接场上实现，场是表示在配线设备上，用不同颜色区分各种用途线路所占的范围。

单点管理中只有一"点"可以进行线路交连操作，一般均在设备间（交换机房、主机房）内，采用星形网络，实现对信息插座的变动控制，属于集中管理，只适用于较小规模的系统。单点管理方式中常用的是单点管理双交连方式，见图13-21。第一个交连在设备间，第二个交连在卫星接线区用硬接线实现，但不具备管理功能。

双点管理属于集中、分散管理型，第一点在设备间，第二点在干线接线间，因此适应于大、中型系统，是高层建筑常用的方式，见图13-22。由于有双点管理，使得管理有层次之分，减少了设备间的负担，对信息插座的变动控制也更方便。

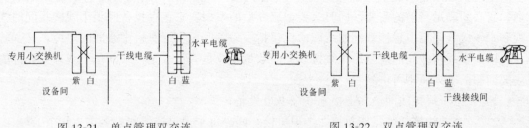

图 13-21　单点管理双交连　　　　　　图 13-22　双点管理双交连

(2) 管理设备。管理子系统设备包括跳线架、跳线和标志等，线架与跳线有双绞线与光纤两类。

双绞线电缆跳线架按跳线类型不同分类，分为跨接线管理类（A类）、插入线管理类（P类）。这两种跳线架的特性完全相同，只不过是占用的墙面空间的大小有所不同。A型的价格较低；P型便于使用快接跳线，对管理人员水平要求不高。

A型跳线架有100对、300对两种，若有其他对数需要，可根据现场随意组合。P型跳线架有300对、900对两种。

双绞线跳线有跨接式跳线和插入式跳线。跨接式跳线（简易跳线）有1，2，3和4对线4种，使用专用工具直接压入跳线架完成跳线操作。插入式跳线（快速跳线）有1，2，3和4对线4种。只要把插头夹到所需的位置，就完成了跳线操作。其内部特殊结构可防止插接极性接反或各个线对错开。

常用的光纤跳线架（LIU）有100A型线架，可支持12根光纤端接。构成一个光纤交连模块除100A LIU外，还需两个10A连接面板和一个1A4跨接线过线槽。若光纤交连模块不止一个，则还需一个1A6水平过线槽。一个光纤交连场可以将6个模块堆积在一起，最多可扩充到12列，即每列6个100A LIU。带ST头的多模光纤跳线用来连接100A LIU。

计算机主机房一般采用可端接48根光纤的400A LIU，通过跳线，可方便地组建LAN的拓扑结构。

(3) 线架类别和数量的确定。对于不经常修改或重组线路的线架可选A型（110A），而有经常修改或重组的可能时,可选 P 型 (110P)。当有光纤应用时,应选光纤跳线架。

线架是由许多行组成的。如 100 对的接线架有 4 行,每行端接 1 条 25 线组或 6 路 4 线对 (4×UTP),若用 3 线对连接块,每行能连接 8 路(或 8 块)。

线架的容量应根据端接水平系统信息插座的数量以及端接干线的对数而定。

蓝场 → $\dfrac{I/O 数}{72}$ = 300 对线跳线架的数量

紫/橙和灰场 → $\dfrac{I/O 数}{96}$ = 300 对线跳线架的数量

白场/基本型 → $\dfrac{2 \times 线路数}{144}$ = 300 对线跳线架的数量

增强/综合型 → $\dfrac{3 \times 线路数}{96}$ = 300 对线跳线架的数量

6. 干线子系统设计

干线系统是建筑物中的主馈电缆。干线把各管理接线间的信号传送到设备间上下贯通。它必须满足当前的需要,同时又要适应今后的发展。它包括设备间至干线接线间的线缆和干线接线间至卫星接线间的线缆,也包括主设备间至主计算机中心间的电缆。

(1) 干线接线间的规划。干线接线间的数量以及是否设卫星接线间是干线系统设计的主要问题,下列原则可供参考:

1) 一个干线接线间最多端接 600 个 I/O 设备;

2) 一个干线接线间只能负担 2 个卫星接线间,每个卫星接线间最多接 200 个 I/O。

3) 卫星接线间设置条件是 I/O 距干线间大于 75m 或所在楼层 I/O 数量大于 200 个,若 I/O 数量不确定时,可按 1800m² 的建筑面积设一个卫星接线间。

(2) 干线最长距离。按照 EIA/TIA568 标准和 ISO/IEC11801 国际布线标准,规定了设备间主交叉连接架(总配线架 MDF)与中间交接架以及与楼层管理区的楼层配线架 IDF 之间各类主干线线缆布线的最长距离。其中 62.5/125μm 光缆为 2000m,100ΩUTP 电缆为 800m,150ΩSTP 电缆为 700m,50Ω 同轴电缆为 500m。

(3) 干线接线方式。目前光缆常采用点对点接线方式,铜缆则有点对点端接、分支接合、端接和连接电缆三种方式,AT&T 建议采用点对点方式。点对点接线方式见图 13-23。

1) 点对点端接方式的特点是供每层的电缆(包括至干线接线间、卫星接线间)均由设备间采用专用电缆直接引至,不再分支延伸。

2) 分支接线方式是用很大容量的主馈电缆,足以支持若干楼层的通信容量,经过绞接盒分出若干根小电缆,分别到邻近楼层的管理接线间。

3) 端接与连接电缆方式可称直接连接,位置是处在卫星接线间与干线接线间,见图

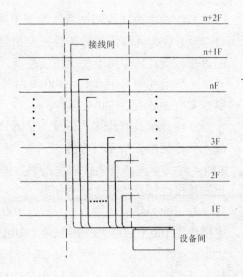

图 13-23 点对点接线方式

13-24。

这种方式采用原因是：当用户要求将一个楼层的所有水平端接都集中到干线接线间，以便方便管理；卫星间面积太小无法容纳传输所需的全部电子设备、用户需要在卫星接线间完成端接，同时还要在干线间实现另一套完整的端接。

(4) 线缆选择与敷设。干线子系统包括主干电缆（铜、光缆）和连接电缆。选择的依据是信息类型、传输速率、信息的带宽和容量。

以 AT&T 为例，干线电缆有三种：

1010 型，为三类；传输速率 10Mbps，容量规格有 25、50、100、200……。

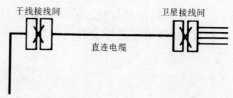

图 13-24 端接与连接电缆方式

1061 型，为五类；传输速率 155Mbps，甚至更高；容量规模目前仅有 25 对一种规格；

光缆：62.5/125μm，多模光纤，传输速率可达 500Mbps，光缆与铜缆间连接时必须加 RS232 连接器，SCS 推荐采用的光纤为多模渐变折射增强型光纤。

光缆处在干线子系统、水平子系统和建筑群子系统。布线密度可按 0.2 根光纤/$10m^2$ 配置。干线通常敷设在电井内。

7. 设备间子系统设计

设备间布线子系统由设备间中的线缆、连接器和相关支撑硬件所组成，它把公共系统的各种不同设备（如 PABX、HOST、BAS 等通信或电子设备）互连起来（直接连接起来）。

设备间子系统的硬件大致同管理子系统的硬件相同。基本是由光纤、铜线电缆、跳线架、引线架、跳线构成，只不过是规模比管理子系统大得多。不同的是设备间有时要增加防雷、防过压、过流的保护设备。通常这些防护设备是同电信局进户线、程控交换机主机、计算机主机配合设计安装，有时需要综合布线系统配合设计。

(1) 设备间的电缆线架通常选用 P 型，用于端接干线的白场最大容量为 3600 对线，若用 A 型跳线架，则最大规模可为 10800 对线。

(2) 为了便于线路管理和未来线路的扩充，应认真考虑安排设备间中继场/辅助场的位置。在设计交连场时，其中间应留出一定的空间。以便容纳未来的交连硬件。在中继场/辅助场和主布线场的交连硬件之间应留有一定空间来安排跳线路由的引线架。

(3) 系统电气保护措施有过压与过流保护。

1) 过压保护。过压保护由气体管或固态保护器实现。气体管保护器在内部设有两个电极，并充有惰性气体，当两极之间的电压超过 350VAC 或 700V 浪涌电压时，气体管开始出现电弧，为导体和地电极之间提供导电通路。固态保护器的保护电压为 60~90V，对线路提供了最佳的保护，但它非常贵。

2) 感应电流保护（过流保护）。过流保护可以由加热线圈或熔丝提供，一般采用熔丝保护。加热线圈在动作时将导体接地。

保护器安装在保护器板上，保护器板有 110ANA1、188、189、190 和 195 型。SCS 常用 188 和 190 型保护器板。

110ANA1保护器板提供室内工作站保护,有6对线和25对线两种规格。188保护器板为暴露于浪涌电压和感应电流环境下的通信设备和线路提供保护,有50对线和100对线两种规格。189保护器板对输入业务线提供工作站保护,有25、50和100对线规格。190型和195型保护器板为建筑物入口端的裸露线路提供室内工作站保护,前者有50对线、100对线两种规格,后者有100对线,专为数目大的应用而设计的。

8. 建筑群子系统设计

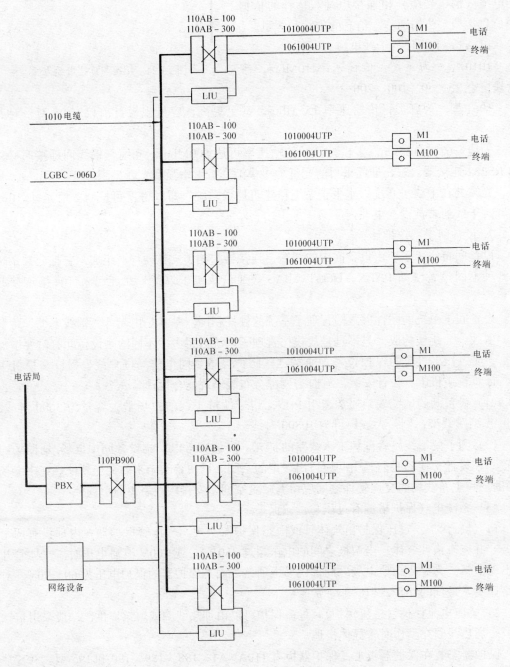

图13-25 SCS系统图

建筑群系统连接两个建筑物的通信设备，系统设计包括导线的入口路由、位置、敷设方式以及线缆型号及规格，同时要考虑电气保护措施。

从室外引入的中继线与其他线路以及引至其他建筑物的线缆应选择最短又方便敷设的路径，根据具体情况可采用架空或埋地的方式引入（引出），线缆的容量应留有余量，以备扩展。

9．设计应用实例

图 13-25 为某工程 SCS 方案实例。

四、各类信息在 SCS 环境中的应用

1．电话系统

传统二芯线电话机与综合布线系统之间的连接通常是在各部电话机的输出线端头上装配一个 RJ11 插头，然后把它插在信息出线盒面板的 8 芯插孔上就可使用。特殊情况下，有时可在 8 芯插孔外插上连接器（适配器）插头后，就可将一个 8 芯插座转换成两个 4 芯插座，供两部装配有 RJ11 插头的传统电话机使用，采用连接器还可将一个 8 芯插座转换成一个 6 芯端座和一个 2 芯插座，供装配有 6 芯插头的电脑终端机以及装配有 2 芯插头的电话机使用。这时，系统除在信息插座上装配连接器（适配器）外，还需在楼层配线架（IDF）上和在主配线架（MDF）上进行交叉连接（跳接），构成终端设备对内或对外传输信号的连接线路。

数字用户交换机（PABX）与综合布线之间的连接是由当地电话局中继线引入建筑物后，经系统配线架（交接配线架）外侧上保安装置（过流过压）后跳接至内侧配线架与用户交换机设备连接。用户交换机与分机电话之间的连接是由系统配线架上经几次交叉连接（跳接）后，构成分机电话线路。

建筑物内直拨外线电话（或专线线路上通信设备）与综合布线系统之间的连接是由当地电话局直拨外线引入建筑物后经配线架外侧上保安装置（过流过压）和经各配线架上几次交叉连接（跳接）后构成直拨外线电话的线路。如图 13-26 所示。

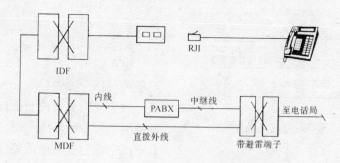

图 13-26　SCS 与电话系统之间的连接图

2．计算机网络

计算机与综合布线系统之间的连接是先在计算机终端扩展槽上插上带有 RJ45 插孔的网卡，然后再用一条两端配有 RJ45 插头的线缆分别插在网卡的插孔和布线系统信息出线盒的插孔上，并在主配线架上与楼层配线架上进行交叉连接或直接连接后，就可与其他计算机设备构成计算机网络系统。如图 13-27 所示。

3. 建筑物自动化系统

建筑物自动化控制设备与综合布线系统之间的连接是装配有 RJ45 插头的适配器与自控系统中网络接口介面设备、直接数字控制 (DDC) 设备相连，经双绞线和配线架上多次交叉连接（跳接），构成楼宇自动化控制系统中集中监控设备与直接数字控制设备之间的链路。

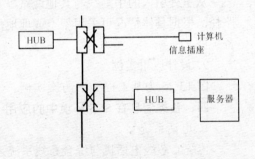

直接数字控制设备与各传感器之间也可以采用综合布线系统中的线缆（屏蔽或非屏蔽双绞线）、RJ45 等器件构成连接链路。

4. 闭路电视监控系统

电视监控系统中所有现场的彩色（或黑白）摄像机（附带遥控云台及变焦镜头的解码器）

图 13-27 SCS 与计算机网络系统之间的连接图

除采用传统的同轴屏蔽视频电缆（75Ω）和屏蔽控制信号电缆与监控室控制切换设备连接构成监控电视系统方法外，还可采用综合布线系统中（100Ω）非屏蔽双绞线缆为链路以及采用视频信号、控制信号适配器与监视部分、控制室部分的监控电子设备匹配相连，构成各摄像机及解码器与监控室控制切换设备之间采用综合布线系统进行通信的监控电视系统。如图 13-28 所示。

五、布线系统与建筑设计的关系

智能建筑中综合布线系统的各个子系统的设计不但与用户、建筑内各通信设备、电子设备有关，而且还与建筑设计的土建专业、各设备专业密切相关。系统设计人员应以用户现在所需的布线系统规模为基础，考虑到用户中、远期的需求发展，需在系统有关的建筑平面中留有充分地扩展空间，来保证系统的扩展。

1. 设备间的设置要求

设备间不但是安放大楼用户共用的通信设备的场所，如安放综合布线系统的主配线架、数字用户交换机、计算机主机、计算机局域网络设备的场所，而且还是建筑物内综合布线系统与所有电话局线缆以及计算机局

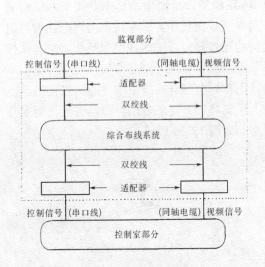

图 13-28 SCS 与电视监控系统之间的连接图

域网与外界广域网连接接口的交汇间，是整个建筑物或建筑群布线的重要管理所在地。

（1）位置。设备间的位置要兼顾建筑物内的网络中心、水平与垂直配线路由、室外线路（包括市话线路引入，设备间线路引出）的端接以及网络规模情况等因素。一般设在一至四层的范围内，市话电缆的引入点与设备间的线路端接的距离应控制在 15m 以内。设备间面积应视设备的多少而定。

（2）环境条件。设备间的环境条件要求：室温 18～27℃；相对湿度 30%～55%，室内无尘，通风良好；远离危险物品场所；远离电磁干扰源（如发电机、电动机、变配电室

等）；设置保安措施，接地系统及备用电源。

提供的设备间所需的安装空间：房间净高不小于3m；从地面以上有效利用空间不小于2.6m；线路交接所需的联接设备所安装的墙面作耐火或阻燃处理；楼板荷重大于$5000N/m^2$；门向外开启，大小为2.4m×1.2m。

设备间应采用防静电的活动地板，并架空0.25～0.3m高度，便于通信设备大量线缆的安放走线。

2．干线接线间的设置要求

干线交接间也可称楼层配线间或垂直干线配线间。干线接线间应根据建筑物平面的规模和内部布线分区来考虑。详见干线子系统的设计部分。

当布线系统单独设置干线交接间时，其面积为$1.8m^2$（1.2m深×1.5m宽）的扁长管道间，可安装200个单孔信息插座的工作区所需的连接硬件和相关设备。一但单孔信息插座超过200个时，可在该楼层增加1个或2个二级交接间。综合布线单独设置干线交接间（楼层配线间）时，其设备与面积对照表可参见表13-5所列。

设 备 与 面 积 对 照 表　　　　　　　表13-5

单孔信息插座工作区数量(个)	交 接 间		二 级 交 接 间	
	数量(个)	面积(m^2)	数量(个)	面积(m^2)
≤200	1	1.2(深)×1.5(宽)		
201～400	1	1.2(深)×2.1(宽)	1	1.2(深)×1.5(宽)
401～600	1	1.2(深)×2.7(宽)	1	1.2(深)×1.5(宽)
>600	2	1.2(深)×2.7(宽)		

通常，干线交接间兼作楼层弱电电信间，即在交接间内安放弱电各个通信设备，如：集线器（HUB）、路由服务器、楼层的电视、监控报警、广播等分接设备时，其面积应适当增大，具体面积视设备多少而定，其内部设备布置应满足安装、操作及维护空间要求。

干线接线间内要预留交流电源（2个20A插座板）以供终端设备（如集线器HUB和路由器）使用，电源应按计算机设备供电要求而设计。

3．电气线路保护及接地要求

（1）布线系统的周围环境存在电磁干扰时，必须采用屏蔽防护措施，抑制外来的电磁干扰。

（2）当布线电缆从建筑物外引入时，为了避免受到雷击、电力线碰地、电源感应电势或地电势上浮等外界影响，必须采用牢靠的保护器装置（如：气体放电管过压保护器、自复过流等不同形式的保护器）。

（3）布线系统在需要屏蔽的场所采用非屏蔽铜芯线缆在金属铁管或金属电缆走线槽（桥架）内敷设时，各段铁管或金属桥架都应有牢靠的电气连接并接地。

（4）与布线系统有关的有源设备的外壳、干线电缆屏蔽层和连接的接地线均采用联合接地方式（接地电阻值不大于1Ω）。

（5）大对数布线主干线电缆和光纤线缆在建筑物内垂直布线或在平面过道吊平顶内敷

设安装时，都必须采用防火型（阻燃型）电缆或光缆外加金属电缆走线槽或金属铁管予以保护；当主干线电缆和光缆采用非防火型（非阻燃型）电缆或光缆时，必须把主干线电缆和光缆都敷设安装在带有安全可靠的防火措施的金属管道内或电井内。当水平线缆（多束小对数电缆和光缆）在楼层的平面吊平顶内敷设安装时，应安放在涂有多道防火油漆的金属管道予以保护。

参 考 文 献

1. 丁明往等编. 高层建筑电气工程. 北京：水利电力出版社，1988
2. 陈一才编著. 高层建筑电气设计手册. 北京：中国建筑工业出版社，1990
3. 沈恭主编. 上海八十年代高层建筑设备设计与安装. 上海：上海科学普及出版社，1994
4. 本手册编写组. 电气工程标准规范综合应用手册. 北京：中国建筑工业出版社，1994
5. （日）本手册编辑委员会. 电气设备设计计算手册. 谢小平等译. 北京：国防工业出版社，1992
6. 张九根. 高层民用建筑的负荷分析与计算. 电工技术，1997 (3)：53～56
7. 中国航空工业规划设计研究院等编. 工业与民用配电设计手册（第二版）. 北京：水利电力出版社，1994
8. 陈小丰编著. 建筑灯具与装饰照明手册. 北京：中国建筑工业出版社，1995
9. 戴瑜兴编著. 现代建筑照明设计手册. 长沙：湖南科学技术出版社，1993
10. 全国通信工程标准技术委员会北京分会编著. 程控用户交换机工程设计. 北京：人民邮电出版社，1993
11. 王鸿麟等编著. 现代通信电源. 北京：人民邮电出版社，1987
12. 梁华. 宾馆广播音响系统的设计. 建筑电气，1995 (3)：23～30
13. （德）海因利希·黑布根著. 房屋安全手册. 李俊峰等译校. 北京：中国建筑工业出版社，1995
14. 王厚余. 低压电气装置的安全接地和接地故障防护. 中国工程建设标准化协会技术咨询部，1996
15. 华东建筑设计研究院编著. 智能建筑设计技术. 上海：同济大学出版社，1996
16. 张瑞武主编. 智能建筑. 北京：清华大学出版社，1996
17. 《计算机应用指南》编委会编. 计算机应用指南. 北京：电子工业出版社，1991
18. 汪日康等编著. 计算机局域网络技术与应用. 上海：上海科学普及出版社，1989
19. 北京德达数据系统公司编译. AT&T SYSTIMAX PDS 建筑物综合布线系统设计和工程. 1993
20. 赵义堂主编. 民用建筑电气设计规范详解手册（1）. 北京：中国建筑工业出版社，1997
21. 陈一才. 楼宇自动化设计手册. 北京：中国建筑工业出版社，1994
22. 中国建筑东北设计研究院. 民用建筑电气设计规范. 北京：中国计划出版社，1993
23. 中华人民共和国公安部. 高层民用建筑设计防火规范. 北京：中国计划出版社，1995
24. 中华人民共和国机械工业部. 10kV 及以下变电所设计规范. 北京：中国计划出版社，1994
25. 中华人民共和国机械工业部. 建筑物防雷设计规范. 北京：中国计划出版社，1994
26. 中华人民共和国机械电子工业部第一设计研究院. 全国通用建筑标准设计. 电气装置标准图集（电气竖井设备安装）1990
27. 中华人民共和国机械电子工业部第十设计研究院. 全国通用建筑标准设计. 电气装置标准图集（封闭式母线安装）1991
28. 中华人民共和国原城乡建设环境保护部. 民用建筑照明设计标准. 北京：中国计划出版社，1991
29. 中华人民共和国广播电影电视部. 民用闭路监视电视系统工程技术规范. 北京：中国计划出版社，1994

30. 中国工程建筑标准化协会．建筑与建筑群综合布线系统工程设计规范．北京，1995
31. 中华人民共和国机械工业部．低压配电设计规范．北京：中国计划出版社，1995
32. 中华人民共和国机械工业部．供配电系统设计规范．北京：中国计划出版社，1995
33. 吕光大主编．建筑电气安装工程图集（第二版）．北京：水利电力出版社，1996